出題形式

(1) **筆記試験**は，解答を解答用紙（マークシート）に記入する多肢選択方式により行なわれる。
(2) **技能試験**は，筆記試験の合格者と筆記試験を免除された者に対して，必要な技能に関する試験が行なわれる。試験方法としては，実作業を課す**実技試験**と，技能を等価的に評価する**等価実技試験**とに分けて行なわれる。

　実技試験は，支給される材料で，持参した指定工具（指定された作業用工具）により，配線図で与えられた問題を一定時間に完成させる方法で行われる。

　等価実技試験は，鑑別・選別・施行方法等についての解答を答案用紙に（マークシート）記入する多肢選択方式により行なわれる。

受験申込み手続き

(1) 受験申込みに必要なもの
　イ．**受験願書一式**（「受験願書」，「写真票」及び「入力票」）
　ロ．**写真**（申請前6ヵ月以内に，脱帽，正面，上半身を撮影した縦45 mm，横35 mmのもの）
　ハ．**受験手数料**　8,100円
　ニ．**筆記試験免除を申請する者**　筆記試験免除を証明する書類（〔5〕の筆記試験の免除の項参照）
(2) 受験願書・受験案内等

受験願書・受験案内等については，電気技術者試験センター本部事務局に問い合せること。なお，受験願書の受付は例年6月下旬から8月初旬頃に実施されている。

詳しくは，下記の（財）電気技術者試験センター，またはホームページで確認してください。

　　財団法人　電気技術者試験センター　本部事務局
　　〒100-8401　東京都千代田区有楽町1-7-1 有楽町電気ビル北館3階
　　TEL：03-3213-5991　　FAX：03-3287-1282
　　ホームページ　http://www.shiken.or.jp/

第一種電気工事士テキスト
第3版

東電学園高等部編

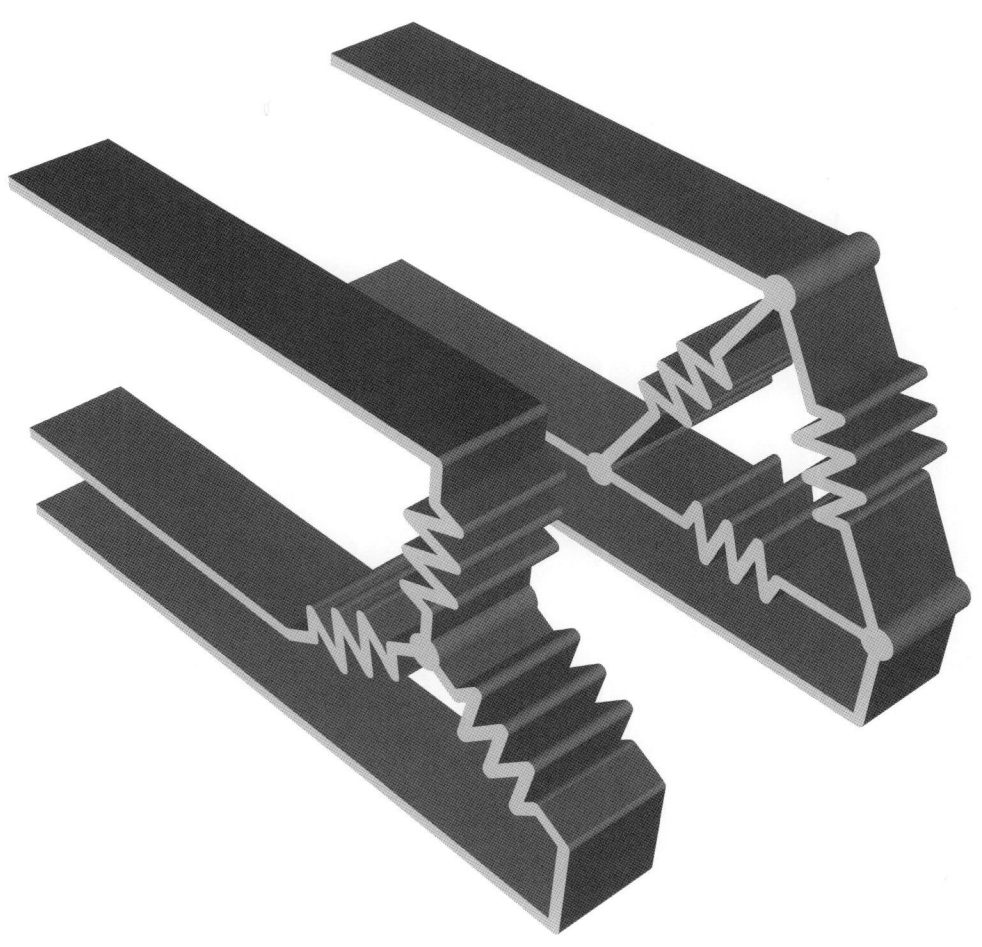

TDU 東京電機大学出版局

本書の全部または一部を無断で複写複製（コピー）することは，著作権法上での例外を除き，禁じられています．小局は，著者から複写に係る権利の管理につき委託を受けていますので，本書からの複写を希望される場合は，必ず小局（03-5280-3422）宛ご連絡ください．

── ま え が き ──

　高度情報化社会の到来により，電気に対する信頼度が一層求められておりますが，電気知識の高まりや電気材料，工法の進歩とあいまって，安全に電気工事ができる時代になりました。しかし，電気は目に見えないので，一歩間違えば電気事故だけでなく，人命までも失う恐れがあることから，電気関係に携わる者は，相応の知識と技能を身につける必要があります。

　この目的で，電気工事士法が制定（昭和35年）され，法的に電気工事士の資格を取らなければ600 V以下の一般電気工作物の工事はできないように制度化されています。

　さらに，電気技術の目覚ましい発展と電気設備の近代化に伴い，7000 V以下の高圧について建設・保守に関する安全上の要請が高まりました。これらの要請に応じるため，より高い知識と技能の向上を図る目的で，日本電気協会により「高圧電気工事技術者試験」制度が発足（昭和37）しましたが，その後，昭和62年9月に関係法令が改正され，「第一種電気工事士制度」が設けられて昭和63年9月から施行になりました。これによって，従来の「電気工事士」は「第二種電気工事士」になりました。

　「第一種電気工事士」の資格は，電気を勉強する者にとって実践的な力を付ける格好の場であり，電気工事を職業とする人は勿論，最近は工業高校で勉強している生徒も必須として積極的に受験する傾向にあります。

　本書は，東京電力の企業内学校である東電学園により『第一種電気工事士受験必携』として1989年に初版が発行されて以来，信頼のおける受験書として好評をもって版を重ねてまいりました。この程，最新の出題傾向を十分に検討して内容の見直しをはかり，書名も新たにいたしました。基礎理論から鑑別の写真まで体系的に集大成することにより，学校の教材としては勿論，一人で電気の勉強をされる方にも十分理解できるように配慮してあります。

　編集に当たり留意した事項は次のとおりです。
- 出題傾向を分析した例題を重点的にに取り上げ，平易に解説した。
- 電気機器，電気応用・シーケンスに関するものを多く取り入れ，これらについて解説を加えた。
- 「電気設備技術基準」の改訂内容および「電気設備技術基準の解釈について」の内容を取り入れた。
- 新しい鑑別の写真やマークシートで答える出題方式を例題に加えた。
- 付録として，電卓を使わなくても簡単に計算できる「便利で役立つ暗算法」を参考に載せた。

最後に，本書を活用されることにより，電気の知識と技術をより深く理解されるとともに，"第一種電気工事士の資格取得の栄冠"を達成されることを心から願っております。

今後とも読者の皆さんのご意見，ご希望をお寄せいただければ幸いです。

2000 年 6 月

編者しるす

第 3 版にあたって

「電気用品取締法」が「電気用品安全法」へ改正されるなど関係法規の改正を機に全面的に見直し，第 3 版とした。

2003 年 7 月

編者しるす

━━━ 目　　次 ━━━

第1章　基礎理論

- 1・1　直並列回路 …………………………………………………………… 1
- 1・2　導体の抵抗値 ………………………………………………………… 2
- 1・3　ブリッジ回路 ………………………………………………………… 4
- 1・4　磁気と静電気 ………………………………………………………… 5
- 1・5　交流の波形 …………………………………………………………… 9
- 1・6　交流の基本回路 ……………………………………………………… 12
- 1・7　RLC 直並列回路 …………………………………………………… 13
- 1・8　電力と力率 …………………………………………………………… 20
- 1・9　三相交流回路 ………………………………………………………… 22
- 1・10　電圧・電流・電力の測定 …………………………………………… 30
- 1・11　電気計器の分類 ……………………………………………………… 35
- 章末問題① ………………………………………………………………… 36

第2章　電気機器

- 2・1　変圧器の原理と特性 ………………………………………………… 43
- 2・2　変圧器の並行運転 …………………………………………………… 47
- 2・3　変圧器の損失と効率 ………………………………………………… 48
- 2・4　変圧器の結線 ………………………………………………………… 51
- 2・5　変圧器の試験法 ……………………………………………………… 54
- 2・6　同期電動機 …………………………………………………………… 56
- 2・7　誘導電動機の原理と特性 …………………………………………… 57
- 2・8　誘導電動機の起動法 ………………………………………………… 60
- 2・9　絶縁材料の種類と最高許容温度 …………………………………… 62
- 章末問題② ………………………………………………………………… 64

第3章　電気応用

3・1　照　明 …………………………………………………………………… 67
3・2　電　熱 …………………………………………………………………… 73
3・3　電動機応用 ……………………………………………………………… 75
章末問題③ …………………………………………………………………… 77

第4章　発電・送電設備

4・1　水力発電所 ……………………………………………………………… 79
4・2　汽力発電所 ……………………………………………………………… 82
4・3　ディーゼル発電機とコージェネレーションシステム ……………… 83
4・4　送電設備 ………………………………………………………………… 86
章末問題④ …………………………………………………………………… 89

第5章　配電設備

5・1　配電電圧 ………………………………………………………………… 92
5・2　低圧配電方式 …………………………………………………………… 92
5・3　単相2線式と単相3線式との比較 …………………………………… 94
5・4　電圧降下および電圧変動率 …………………………………………… 96
5・5　電力損失および電力損失量 …………………………………………… 102
5・6　支線の強度計算 ………………………………………………………… 104
5・7　電圧調整 ………………………………………………………………… 106
章末問題⑤ …………………………………………………………………… 108

第6章　受電設備

6・1　受電設備の分類と設備制限 …………………………………………… 111
6・2　遮断器・開閉器・断路器 ……………………………………………… 114
6・3　短絡電流・短絡容量計算 ……………………………………………… 118
6・4　変圧器容量の決定と需要率・負荷率・不等率 ……………………… 120
6・5　変圧器の開閉装置と変圧器の保護 …………………………………… 124
6・6　高圧進相用コンデンサとコンデンサの開閉装置 …………………… 125

- 6・7 力率改善に必要なコンデンサ容量の求め方 …………………… 126
- 6・8 計器用変圧・変流器 ……………………………………………… 129
- 6・9 保護継電器 ………………………………………………………… 131
- 6・10 避雷器 …………………………………………………………… 136
- 6・11 直列リアクトル ………………………………………………… 137
- 6・12 蓄電池 …………………………………………………………… 138
- 章末問題⑥ ……………………………………………………………… 139

第7章 配線図とシーケンス制御

- 7・1 配線図 ……………………………………………………………… 143
- 7・2 シーケンス制御の基本回路 ……………………………………… 154
- 7・3 三相誘導電動機の始動・停止制御回路 ………………………… 159
- 7・4 三相かご形誘導電動機のY-△始動回路 ……………………… 162
- 7・5 三相誘導電動機の正・逆回転 …………………………………… 165
- 章末問題⑦ ……………………………………………………………… 168

第8章 電気工作物の工事法

- 8・1 架空電線路 ………………………………………………………… 172
- 8・2 地中電線路 ………………………………………………………… 176
- 8・3 責任分界点 ………………………………………………………… 180
- 8・4 引込線 ……………………………………………………………… 181
- 8・5 高圧屋側電線路 …………………………………………………… 186
- 8・6 高圧屋内配線 ……………………………………………………… 187
- 8・7 低圧屋内配線 ……………………………………………………… 192
- 8・8 接地工事 …………………………………………………………… 206
- 章末問題⑧ ……………………………………………………………… 210

第9章 電気工作物の検査法

- 9・1 導通試験 …………………………………………………………… 214
- 9・2 電路の絶縁抵抗測定 ……………………………………………… 214
- 9・3 絶縁耐力試験 ……………………………………………………… 215

9・4 接地抵抗測定 ……………………………………………………………… 219
9・5 継電器の試験法 ……………………………………………………………… 221
9・6 高圧ケーブル絶縁劣化診断 ……………………………………………… 227
章末問題⑨ ………………………………………………………………………… 228

第10章 法規

10・1 電気事業法及び電気事業法施工規則 ……………………………… 229
10・2 電気工事士法 ……………………………………………………………… 234
10・3 電気工事の業務の適正化に関する法律 ……………………………… 237
10・4 電気用品安全法 …………………………………………………………… 239
10・5 電気設備に関する技術基準 …………………………………………… 241
章末問題⑩ ………………………………………………………………………… 244

第11章 鑑別

11・1 鑑別資料 …………………………………………………………………… 246
章末問題⑪ ………………………………………………………………………… 268

第12章 技能試験

12・1 技能試験の内容 …………………………………………………………… 270
12・2 受験上及び答案用紙記入上の注意事項 ……………………………… 271

便利で役立つ暗算法 …………………………………………………………… 273
　(1) ある数を5倍，25倍，125倍する場合などの解き方 …………………… 273
　(2) ある数を1/5倍，1/25倍する場合などの解き方 ………………………… 273
　(3) 15^2，25^2 など2乗する場合などの解き方 ……………………………… 274
　(4) 簡単に解ける電気関係の計算法 ………………………………………… 275

章末問題解答 ……………………………………………………………………… 277

第1章 基礎理論

1・1 直並列回路

(1) 直列回路と合成抵抗

$$R_0 = \frac{V_0}{I_0} = R_1 + R_2 + \cdots + R_n \ [\Omega]$$

$$\cdots\cdots\cdots\cdots (1\cdot 1)$$

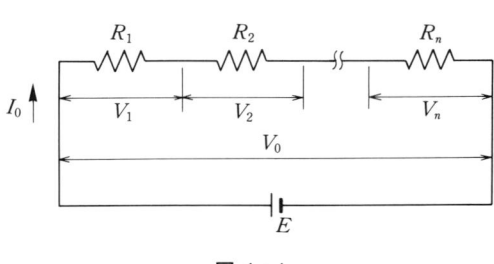

図 1・1

(2) 並列回路の合成抵抗

$$R_0 = \frac{V_0}{I_0} = \cfrac{1}{\cfrac{1}{R_1} + \cfrac{1}{R_2} \cdots \cfrac{1}{R_n}} \ [\Omega]$$

$$\cdots\cdots\cdots\cdots (1\cdot 2)$$

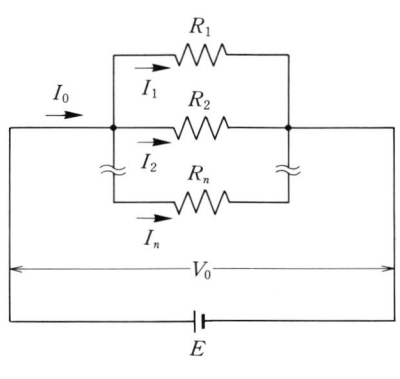

図 1・2

問題 1 図のような回路で、電源 I の値〔A〕はいくらか。ただし、電池の内部抵抗は無視する。

(イ) 10　(ロ) 15　(ハ) 20　(ニ) 30

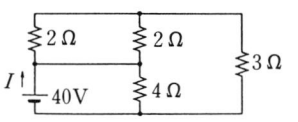

解答　(ハ)

設問の回路は下図のようになる。

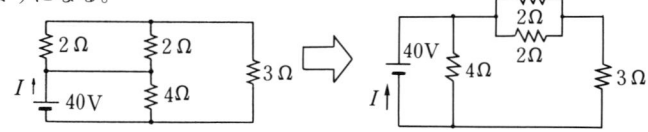

全抵抗を R〔Ω〕とすると,

$$R = \frac{4 \times \left\{\left(\frac{2 \times 2}{2+2}\right)+3\right\}}{4+\left\{\left(\frac{2 \times 2}{2+2}\right)+3\right\}} = 2〔Ω〕$$

よって電流 I〔A〕は,電圧を E〔V〕とすると,

$$I = \frac{E}{R} = \frac{40}{2} = 20〔A〕$$

となり(ハ)が正しい。

問題2

図の回路において,a-b 間の電圧が 104〔V〕の場合に,0.3〔Ω〕の抵抗を流れる電流 I_1〔A〕は,0.6〔Ω〕の抵抗を流れる電流 I_2〔A〕の何倍か。

ただし,電源の内部抵抗は無視するものとする。

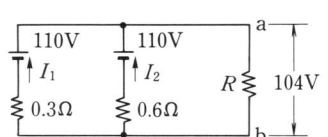

(イ) $\frac{1}{2}$ (ロ) 1 (ハ) 2 (ニ) 4

解答

図において①,②の回路を想定した場合,キルヒホッフの法則により,

①の回路より……$110 = 0.3 \times I_1 + R \times I_3$ ……………………………(1)

②の回路より……$110 = 0.6 \times I_2 + R \times I_3$ ……………………………(2)

また題意より……$R \times I_3 = 104$〔V〕……………………………………(3)

となる。これより I_1, I_2 をそれぞれ求めると,

$$I_1 = \frac{110-104}{0.3} = 20〔A〕$$

$$I_2 = \frac{110-104}{0.6} = 10〔A〕$$

$$\therefore \quad \frac{I_1}{I_2} = \frac{20}{10} = 2〔倍〕$$

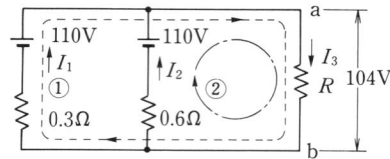

よって答は(ハ)

1・2 導体の抵抗値(長さ,太さ,温度)

(1) 抵抗率

導体に電流を流したとき,断面積が大きくなれば,抵抗値が小さくなるので電流は流れやすくなる。また,導体の長さが長くなれば,抵抗値が大きくなるので電流が流れにくくなる(図1・3参照)。

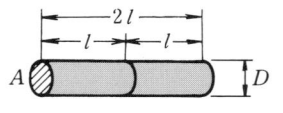
長さが2倍になると,抵抗値は2倍

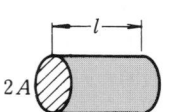
断面積が2倍になると,抵抗値は1/2

図 1・3

したがって，式(1・3)のように，電気抵抗 R は導体の長さに比例し，断面積に反比例することがわかる。

$$R = \rho \frac{l}{A} = \rho \frac{l}{\frac{\pi}{4}D^2} \quad \cdots\cdots\cdots\cdots\cdots\cdots\cdots\cdots\cdots\cdots\cdots\cdots\cdots\cdots\cdots (1\cdot3)$$

ここに，l：導体の長さ〔m〕，A：断面積〔m²〕，ρ：抵抗率〔Ω·m〕，D：直径〔m〕

表 1・1 いろいろな導体の抵抗率

材質	$\rho(\times 10^{-8}\Omega\cdot m)$ (20℃)	α (20℃)	材質	$\rho(\times 10^{-8}\Omega\cdot m)$ (20℃)	α (20℃)
銀	1.62	0.0038	タングステン	5.48	0.0045
銅	1.69	0.0039	水銀	95.8	0.0009
金	2.40	0.0034	マンガニン (Cu, Mn, Ni)	34〜100	0.00001
アルミニウム	2.62	0.0039	ニクロム (Ni, Cr, Fe)	100〜110	0.00004

〔注〕 α は抵抗温度係数　　　　（理科年表 1992 年版，電気工学ハンドブック）

(2) 温度による抵抗値の変化

導体の電気抵抗は温度によっても変化する。

$$R_T = R_t\{1 + \alpha_t(T-t)\} \; 〔\Omega〕 \quad \cdots\cdots\cdots\cdots\cdots\cdots\cdots\cdots\cdots\cdots (1\cdot4)$$

ここに，R_T：温度 T〔℃〕のときの抵抗値，R_t：温度 t〔℃〕のときの抵抗値，
　　　　α_t：t〔℃〕における抵抗の温度係数

温度係数は，材料の温度が1℃変化したときの抵抗の変化（増加または減少）する割合を表したもので，銅線の場合には，温度が1℃上昇するごとに約 0.4% の割合で抵抗値が増加する。

温度が上昇したときに抵抗値が増加する材料は正の温度係数をもつといい，一般の金属はこれに当たる。半導体や絶縁物は温度が上昇すると抵抗値が減少する傾向があり，負の温度係数をもつという。

問題 3　直径 2 mm，長さ 1 500 m の硬銅線の抵抗が 8.5 Ω である。直径 4 mm，長さ 1 000 m の硬銅線の抵抗〔Ω〕はおよそいくらか。
(イ) 1.41　　(ロ) 2.83　　(ハ) 4.25　　(ニ) 12.75

解答　(イ)

円の面積は $\frac{\pi}{4}D^2$ で求められる。

電線の断面積の比は，直径 2 mm の電線　$\frac{\pi}{4} \times 2^2 = \pi$

　　　　　　　　　　　　　　直径 4 mm の電線　$\frac{\pi}{4} \times 4^2 = 4\pi$

ゆえに，断面積の比は4倍であり，長さの比は，

$$\text{長さの比} = \frac{1\,000}{1\,500} = \frac{2}{3} \text{ [倍]}$$

したがって，硬銅線の抵抗 R' は，初めの電気抵抗を $R = \rho \dfrac{l}{A} (= 8.5 \text{ [Ω]})$ とすると，

$$R' = R \frac{\frac{2}{3}l}{4A} = 8.5 \times \frac{1}{6} \fallingdotseq 1.41 \text{ [Ω]}$$

問題 4

15℃で10Ωの抵抗をもつ銅線がある。40℃になると抵抗〔Ω〕はいくら増加するか。ただし，15℃における銅線の抵抗温度係数は，+0.004とする。

(イ) 0.5　(ロ) 0.8　(ハ) 1.0　(ニ) 1.5

解答 (ハ)

温度 T〔℃〕のときの抵抗値を R_T，温度 t〔℃〕のときの抵抗値を R_t，t〔℃〕における抵抗の温度係数を α_t とすれば，

$$R_T = R_t \{1 + \alpha_t (T - t)\} \text{ [Ω]}$$

から，増加分は，

$$\Delta R = R_T - R_t = R_t \cdot \alpha_t (T - t) = 10 \times 0.004 \times (40 - 15) = 10 \times 0.004 \times 25 = 1.0 \text{ [Ω]}$$

問題 5

導体について，導電率の大きい順に並べたものは。

(イ) 銅，銀，アルミニウム　(ロ) 銅，アルミニウム，銀
(ハ) 銀，アルミニウム，銅　(ニ) 銀，銅，アルミニウム

解答 (ニ)

それぞれの抵抗率は，

銀：1.62×10^{-8}〔Ω・m〕，銅：1.69×10^{-8}〔Ω・m〕，アルミニウム：2.62×10^{-8}〔Ω・m〕

である。

導電率は抵抗率の逆数であるから，(ニ)が正しい。

1・3 ブリッジ回路

抵抗値の精密測定にはホイートストンブリッジが用いられる。

図1・4において，既知抵抗 P，Q，R 及び被測抵抗 X の四つの抵抗と，電池及び検流計Ⓖを図のように接続して K_1 を閉じ，次に K_2 を閉じて P，Q，R を調整し検流計Ⓖのふれが零，すなわち，$i_g = 0$（c・d間の電位差0）となって平衡したとすれば，P と X に i_1，Q と R に i_2 の電流が流れ，P と Q，X と R の電圧降下はそれぞれ等しくなるから，

$$i_1 P = i_2 Q, \quad i_1 X = i_2 R$$

$$\left. \begin{array}{l} \dfrac{P}{X} = \dfrac{Q}{R} \\ PR = QX \end{array} \right\} \quad \therefore \quad X = \dfrac{P}{Q} R \quad \cdots\cdots\cdots\cdots (1\cdot 5)$$

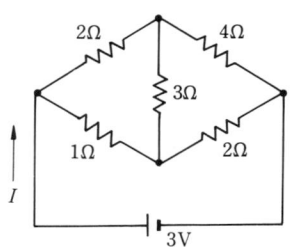

図 1・4

問題 6 図のような回路に流れる電流 I 〔A〕は。

解答 1.5 A

向かい合った各辺の抵抗の積は，$2 \times 2 = 4$ 〔Ω〕，$1 \times 4 = 4$ 〔Ω〕となり等しいので，このブリッジは平衡している。したがって，3Ω の抵抗には電流が流れないから，これを除いて考えると図のようになる。

ゆえに，この回路の合成抵抗 R は，

$$R = \dfrac{(2+4) \times (1+2)}{(2+4) + (1+2)} = \dfrac{18}{9} = 2 \text{〔Ω〕}$$

$$\therefore \quad I = \dfrac{3}{2} = 1.5 \text{〔A〕}$$

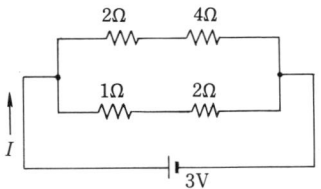

1・4　磁気と静電気

(1) 磁気

(1) 磁気に関するクーロンの法則

$$\text{2つの磁極間に働く磁力} \quad F = \dfrac{1}{4\pi\mu} \times \dfrac{m_1 m_2}{r^2} \text{〔N〕} \quad \cdots\cdots\cdots\cdots\cdots (1\cdot 6)$$

ここに，m_1，m_2：2つの磁極の強さ〔Wb〕，r：相互の距離〔m〕，μ：媒質の透磁率

(2) 直線状導線の周りの磁界の強さ

図 1・5 のように長い直線状導線に電流 I〔A〕を流した時，r〔m〕離れた点 P の磁界の強さ H〔A/m〕は，

$$H = \frac{I}{2\pi r} \,\text{[A/m]} \quad\cdots\cdots\cdots\cdots\cdots\cdots (1\cdot7)$$

(3) フレミングの左手の法則

図1・6のように左手の親指,人差し指,中指をたがいに直角に曲げ,中指を電流方向,人差し指を磁界の方向にすると親指が電磁力の方向となる。これをフレミングの左手の法則という。

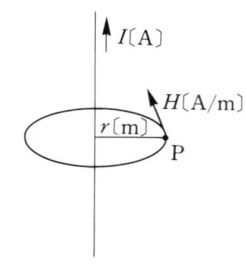

図 1・5

(4) 磁束密度と電界の強さ

$$\text{磁束密度 } B = \mu H \,\text{[T]} \quad\cdots\cdots\cdots (1\cdot8)$$

ここに,μ:媒質の透磁率,H:電界の強さ〔A/m〕

(5) 電磁力の強さ

図1・7のように磁界の強さH〔A/m〕の磁界内に導線を磁界の方向と直角におき,導線に電流I〔A〕を流すと,導体の長さl〔m〕の部分に働く電磁力F〔N〕は次のとおりである。

$$F = \mu H I l \quad\cdots\cdots\cdots\cdots\cdots\cdots (1\cdot9)$$

μ:透磁率

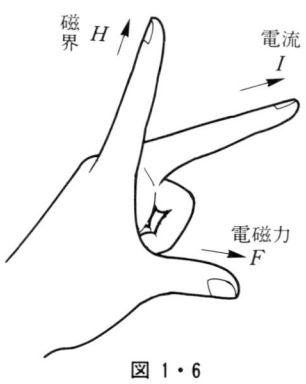

図 1・6

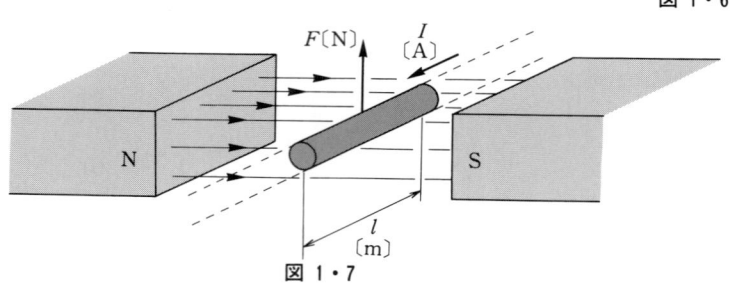

図 1・7

(6) 平行導線間の電磁力の大きさ

導線ⓐ,ⓑ間に働く電磁力の大きさF〔N/m〕は,

$$F = \frac{2I_1 I_2}{r} \times 10^{-7} \,\text{[N/m]} \quad\cdots\cdots (1\cdot10)$$

ここに,I_1,I_2:導線を流れる電流〔A〕,
r:平行導線間の距離〔m〕

(7) 磁界エネルギー

電流により磁界に蓄えられるエネルギーW〔J〕は,

$$W = \frac{1}{2}LI^2 \,\text{[J]} \quad\cdots\cdots\cdots\cdots\cdots (1\cdot11)$$

ここに,L:コイルの自己インダクタンス〔H〕,I:コイルに流れる電流〔A〕

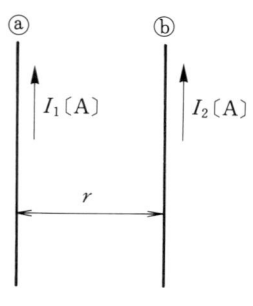

図 1・8

問題7

真空中において，磁界の強さ H [A/m]，磁束密度 B [T] との間には ① の関係が成立する。磁束密度と磁界は，電流によって生ずる。これを電流の ② といい，発熱作用とともに電力応用の主要な要素となっている。

電流 I [A] が流れている直線導体から r [m] の半径上の密度 B は ③ で求められる。

(イ) $\begin{cases} 1. B = \dfrac{H}{\mu_0} \\ 2. 磁化作用 \\ 3. B = \dfrac{\mu_0}{4\pi r} I \end{cases}$ (ロ) $\begin{cases} 1. H = \dfrac{B}{\mu_0} \\ 2. 磁気作用 \\ 3. B = \dfrac{\mu_0}{2\pi r} I \end{cases}$ (ハ) $\begin{cases} 1. H = \dfrac{\mu_0}{B} \\ 2. 磁気作用 \\ 3. B = \dfrac{\mu_0}{\pi r} I \end{cases}$ (ニ) $\begin{cases} 1. B = \mu_0 H \\ 2. 磁力作用 \\ 3. B = 2\pi r \mu I \end{cases}$

解答 (ロ)

問題8

図のように，2本の電線が離隔距離 d [m] で互いに平行に取付けてある。両電線に互いに逆方向の直流電流 I [A] が流れている場合，これらの電線の1 [m] 当たりに働く電磁力は。

(イ) $\dfrac{\sqrt{I}}{\sqrt{d}}$ に比例する　　(ロ) $\dfrac{I}{d}$ に比例する

(ハ) $\dfrac{I^2}{d}$ に比例する　　(ニ) $\dfrac{I^3}{d^2}$ に比例する

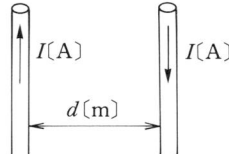

解答 (ハ)

電線1m当たりに働く電磁力 $F = \dfrac{2\mu_0 \mu}{r} I_1 I_2$ [N] で表される。

よって，(ハ)が正解。

〔2〕 静電気

(1) 静電気に関するクーロンの法則

$$F = \dfrac{1}{4\pi\varepsilon} \times \dfrac{Q_1 Q_2}{r^2} \text{ [N]}$$

ここに，ε：媒質の誘電率，Q_1, Q_2：電荷 [C]，r：点電荷間の距離 [m]

(2) 静電容量

$$静電容量\ C = \dfrac{Q}{V} \text{ [F]} \quad \cdots\cdots\cdots\cdots (1 \cdot 12)$$

ここに，Q：極板の電荷 [C]，V：極板間の電位差 [V]

図 1・9

(3) コンデンサの接続

① 並列接続

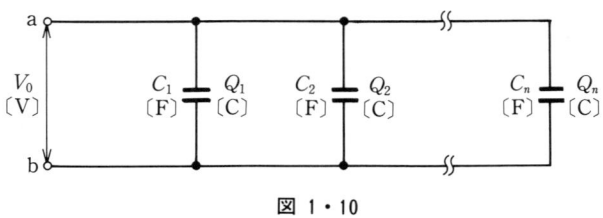

図 1・10

$$合成静電容量\ C_0\,\text{[F]} = C_1 + C_2 + \cdots + C_n \quad\cdots\cdots (1\cdot13)$$

② 直列接続

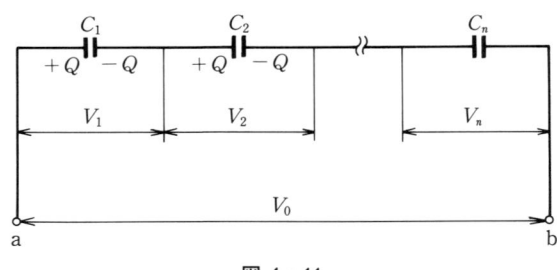

図 1・11

$$合成静電容量\ C_0 = \cfrac{1}{\cfrac{1}{C_1} + \cfrac{1}{C_2} + \cdots + \cfrac{1}{C_n}} \quad\cdots\cdots (1\cdot14)$$

(4) コンデンサに蓄えられるエネルギー

$$静電エネルギー\ W = \frac{1}{2}VQ = \frac{1}{2}CV^2\,\text{[J]} \quad\cdots\cdots (1\cdot15)$$

ここに，W：コンデンサに蓄えられるエネルギー〔J〕，Q：電荷〔C〕，
C：コンデンサの静電容量〔F〕，V：極板間の電位差〔V〕

問題 9

図のようにコンデンサを接続した場合の合成静電容量〔μF〕は。

(イ) 2.0　　(ロ) 6.7　　(ハ) 6.9　　(ニ) 9.0

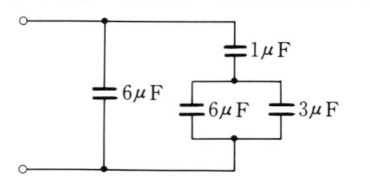

解答　(ハ)

設問の 6〔μF〕と 3〔μF〕の並列静電容量は，問題の図を次図のように書き表すことができる。
　直列に接続された静電容量 C_1，C_2 の合成静電容量 C_0 は，

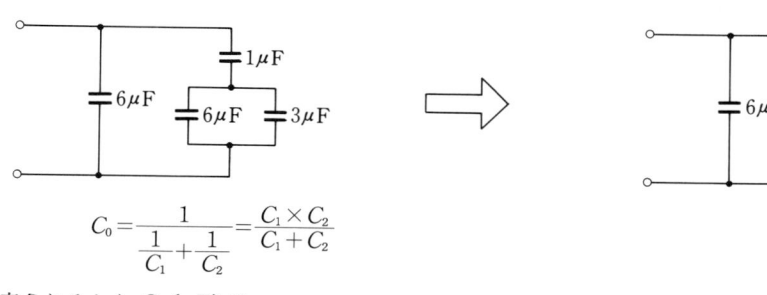

$$C_0 = \frac{1}{\frac{1}{C_1}+\frac{1}{C_2}} = \frac{C_1 \times C_2}{C_1 + C_2}$$

で表されるから C_0〔μF〕は，

$$C_0 = 6 + \frac{1 \times 9}{1+9} = 6.9 \text{〔}\mu\text{F〕}$$

となる。よって答は(ハ)。

問題 10

静電容量 2〔μF〕のコンデンサを直流電圧 6 000〔V〕で充電したとき，コンデンサに蓄えられる静電エネルギー〔J〕は。

(イ) 0.006 　(ロ) 0.012 　(ハ) 36 　(ニ) 72

解答 (ハ)

コンデンサに蓄えられる静電エネルギー W〔J〕は，

$$W = \frac{1}{2}CV^2 \text{〔J〕}$$

数値を代入し計算すると，

$$W = \frac{1}{2} \times 2 \times 10^{-6} \times 6\,000^2 = 36 \text{〔J〕}$$

となる。

1・5　交流の波形

(1) 正弦波起電力

$\overline{\text{oa}}$ を半径として，円周上の任意の点 a から X 軸上におろした垂線を $\overline{\text{ab}}$ として，∠aob＝θ とすれば，

$$\sin\theta = \frac{\overline{\text{ab}}}{\overline{\text{oa}}}$$

$\overline{\text{oX}}$ を基線として反時計式の方向に測った角（ωt）を横軸にとり，縦軸に e をとって，これらの関係を描くと図 1・12 のような正弦波となる。

この θ を**電気角**といい，$\theta = \omega t$ で表す。

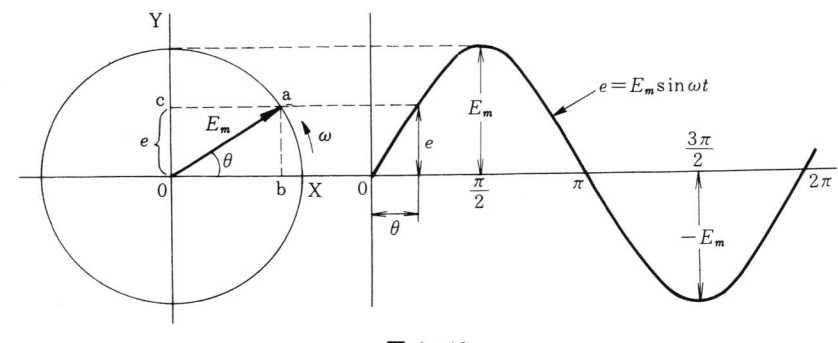

図1・12

また、この場合の正弦波交流起電力 e は最大値を E_m とすれば、次式で表される。

$$e = E_m \sin \omega t \tag{1・16}$$

(2) 周波数

正弦波交流の一変化、すなわち図1・13のように完全な一つの変化をして始めの状態になるまでを1サイクル（ωt が0から 2π〔ラジアン〕に至るまで）といい、$2\pi = 360°$ と定める。

交流の1秒間に発生するサイクル数を**周波数**といい、ヘルツ（Hz）で表す。

関東地方の周波数は50ヘルツ（Hz）であるが、これは、1秒間に50回変化していることを意味する。

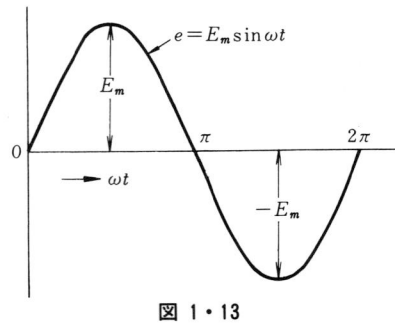

図1・13

(3) 平均値

図1・13のように正弦波交流では1サイクル（1周期）間の平均値は零となるから、半サイクル（半周期）間の平均値をとることにしている。一般に、最大値 E_m の正弦波交流の平均値 E_a は、次のようになる。

$$E_a = \frac{2}{\pi} E_m \fallingdotseq 0.637 E_m \,\text{〔V〕} \tag{1・17}$$

(4) 実効値

一般には、抵抗に交流を一定時間流して発生する熱エネルギーが、同じ抵抗を用いて直流を同じ時間流して発生する熱エネルギーに等しいとき、その交流の**実効値**といい、"瞬時値の2乗の平均の平方根"であると定義されている。なお、電圧の場合の実効値も全く同じように表される。

1·5 交流の波形

最大値 E_m の正弦波起電力の瞬時値 $e = E_m \sin \omega t$ で表され，その実効値 E は，

$$E = \sqrt{\frac{E_m{}^2}{2}} = \frac{E_m}{\sqrt{2}} \fallingdotseq 0.707\, E_m \,[\text{V}] \quad \cdots\cdots (1\cdot 18)$$

電圧計の指示する値は実効値であり，一般に 100 V の電圧といっているのは実効値が 100 V のことである。

(5) 波形率・波高率

$$\text{波形率} = \frac{\text{実効値}}{\text{平均値}}, \quad \text{波高率} = \frac{\text{最大値}}{\text{実効値}} \quad \cdots\cdots (1\cdot 19)$$

問題 11 正弦波交流で波高値 40 A の電流の実効値 [A] はおよそいくらか。
(イ) 30　(ロ) 28.3　(ハ) 31.2　(ニ) 29.4

解答 (ロ)

電流の波高値，すなわち最大値を I_m とすると実効値 I は，

$$I = \frac{I_m}{\sqrt{2}} = \frac{40}{\sqrt{2}} = \frac{40}{1.414} \fallingdotseq 28.3\,[\text{A}]$$

問題 12 $v = V_m \sin \omega t$ で表される正弦波交流がある。この実効値は。
(イ) $\sqrt{2}\,V_m$　(ロ) $\sqrt{3}\,V_m$　(ハ) $\dfrac{V_m}{\sqrt{3}}$　(ニ) $\dfrac{V_m}{\sqrt{2}}$

解答 (ニ)

$$\text{実効値} = \frac{\text{最大値}}{\sqrt{2}} = \frac{V_m}{\sqrt{2}} = 0.707\, V_m$$

問題 13 図の回路における端子 a−b 間の電圧 V の波形として正しいものは。

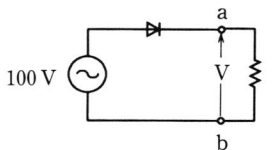

(イ) 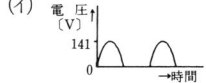　(ロ) 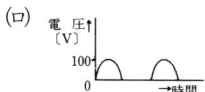　(ハ) 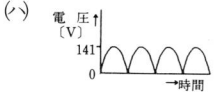　(ニ)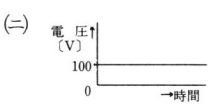

解答 (イ)

ダイオードを使用した半波整流回路である。

電源電圧が正の半周期のときのみダイオードに順方向（矢印方向）の電圧がかかり回路に電流が流れる。このときの電圧 V の値は電源電圧と同じ 100〔V〕である。電圧 V の波形は抵抗回路であるから電源電圧と同じ正弦波となる。

$$最大値 = \sqrt{2} \times 実効値$$

であるから，波形電圧の最大値 E_m〔V〕は

$$E_m = \sqrt{2} \times 100 = 141 \text{〔V〕}$$

となり，端子の b 間の電圧 V の波形は(イ)が正しい。

1・6 交流の基本回路

（1） 抵抗 R だけの回路

図 1・14 のように，抵抗 R〔Ω〕だけの回路に正弦波電圧（実効値）V を加えると電流 I が流れる。

$$I = \frac{V}{R} \quad \cdots\cdots\cdots\cdots\cdots\cdots (1\cdot20)$$

この場合，電圧と電流の位相は同相である。

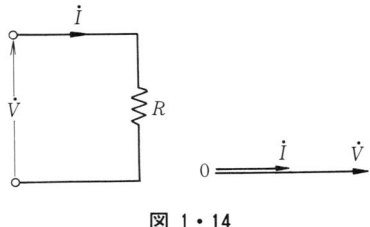

図 1・14

（2） インダクタンス L だけの回路

図 1・15 のように，自己インダクタンス L〔H〕だけのコイルに，正弦波電圧（実効値）V を加えると電流 I が流れる。

$$I = \frac{V}{2\pi f L} = \frac{V}{\omega L} = \frac{V}{X_L} \quad \cdots\cdots\cdots (1\cdot21)$$

X_L：誘導リアクタンス〔Ω〕

電流の位相は，電圧より $\dfrac{\pi}{2}$ 遅れる。

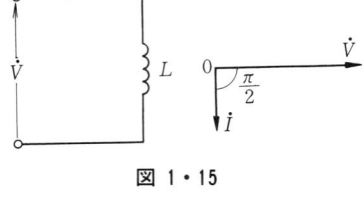

図 1・15

（3） 静電容量 C だけの回路

図 1・16 のように，静電容量 C〔F〕のコンデンサを接続した回路に，正弦波交流電圧（実効値）V を加えると電流 I が流れる。

$$I = \frac{V}{\dfrac{1}{2\pi f C}} = \frac{V}{\dfrac{1}{\omega C}} = \frac{V}{X_C} \quad \cdots\cdots\cdots (1\cdot22)$$

X_C：容量リアクタンス〔Ω〕

電流の位相は電圧より $\dfrac{\pi}{2}$ 進む。

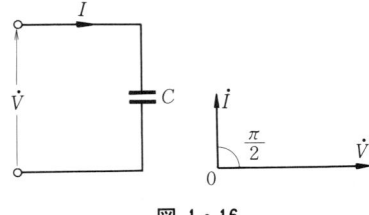

図 1・16

問題 14

$200\,\mu\mathrm{F}$ のコンデンサだけの回路に実効値 $100\,\mathrm{V}$，周波数 $50\,\mathrm{Hz}$ の正弦波電圧を加えたときの電流の実効値はいくらか。

解答 $6.3\,\mathrm{A}$

計算を行う場合，コンデンサの単位はファラド〔F〕に直して計算する。$1\,[\mu\mathrm{F}]=10^{-6}\,[\mathrm{F}]$ であるから，

$$I=\frac{V}{X_C}=\frac{V}{\dfrac{1}{2\pi fC}}=2\pi fCV=2\times 3.14\times 50\times 200\times 10^{-6}\times 100\fallingdotseq 6.3\,[\mathrm{A}]$$

問題 15

図において X_{C2} に流れる電流 $I\,[\mathrm{A}]$ は。

(イ) 2　　(ロ) 4　　(ハ) 5　　(ニ) 10

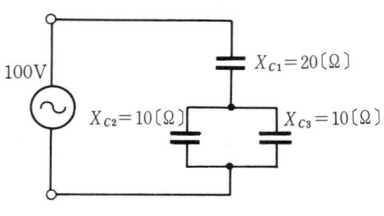

解答 (イ)

最初に合成容量リアクタンス X_C を求める。この場合は単位が〔Ω〕で表されているので抵抗と同じように計算してよい。したがって，インピーダンス及び全電流 I_0 は，

$$Z_C = X_{C1} + \frac{X_{C2}\cdot X_{C3}}{X_{C2}+X_{C3}} = 20 + \frac{10\times 10}{10+10} = 20 + \frac{10}{2} = 25\,[\Omega]$$

$$I_0 = \frac{V}{Z_C} = \frac{100}{25} = 4\,[\mathrm{A}]$$

X_{C2} に流れる電流 I は $10\,\Omega$ 2 個の並列回路に分流する。

$$I = \frac{4}{2} = 2\,[\mathrm{A}]$$

1・7　RLC 直並列回路

(1) RLC の直列回路の計算

(1) 抵抗 R とインダクタンス L の直列回路

図 1・17 のように，R 及び L の両端の電圧を，それぞれ V_R，V_L とすれば，

$$V_R = RI,\qquad V_L = X_L I = \omega LI = 2\pi fLI$$

電圧 V はベクトル図（図(b)は電流を基準にしたベクトル図を示す）から，

$$V = \sqrt{V_R{}^2 + V_L{}^2} = \sqrt{(RI)^2 + (X_L I)^2} = \sqrt{R^2 + X_L{}^2}\,I$$

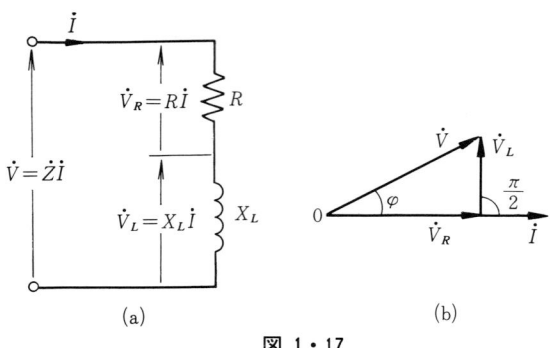

図 1・17

$$Z=\sqrt{R^2+X_L{}^2} \quad\cdots\cdots\cdots\cdots\cdots\cdots\cdots\cdots\cdots\cdots\cdots\cdots\cdots(1\cdot23)$$

ここに，Z：インピーダンス〔Ω〕

$$\varphi=\tan^{-1}\frac{V_L}{V_R}=\tan^{-1}\frac{X_L I}{RI}=\tan^{-1}\frac{X_L}{R} \quad\cdots\cdots\cdots\cdots\cdots\cdots(1\cdot24)$$

(2) 抵抗 R と静電容量 C の直列回路

図 1・18(a)のように，R 及び C の両端の電圧を，それぞれ V_R，V_C とすれば，

$$V_R=RI,$$

$$V_C=X_C I=\frac{I}{\omega C}=\frac{I}{2\pi f C}$$

電圧はベクトル図（図(b)は電流を基準にしたベクトル図を示す）から，

$$V=\sqrt{V_R{}^2+V_C{}^2}$$
$$=\sqrt{(RI)^2+(X_C I)^2}$$
$$=\sqrt{R^2+X_C{}^2}\,I$$
$$Z=\sqrt{R^2+X_C{}^2}$$

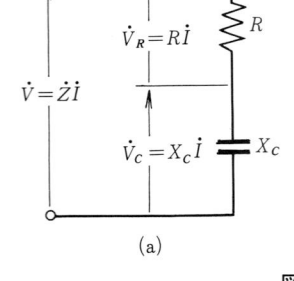
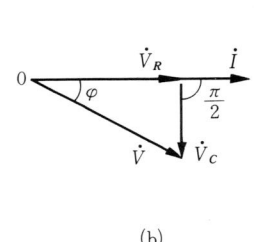

図 1・18

$$\varphi=\tan^{-1}\frac{V_C}{V_R}=\tan^{-1}\frac{X_C I}{RI}=\tan^{-1}\frac{X_C}{R} \quad\cdots\cdots\cdots\cdots\cdots\cdots(1\cdot26)$$

(3) 抵抗 R とインダクタンス L 及び静電容量 C の直列回路

図 1・19のように，R，L，C の両端の電圧を，それぞれ V_R，V_L，V_C とすれば，

$$V_R=RI$$

$$V_L=X_L I=\omega L I=2\pi f L I$$

$$V_C=X_C I=\frac{I}{\omega C}=\frac{I}{2\pi f C}$$

電圧 V はベクトル図（図(b), (d)は電流を基準にしたベクトル図を示す）から，

$$V=\sqrt{V_R{}^2+(V_L-V_C)^2}=\sqrt{(RI)^2+(X_L I-X_C I)^2}=\sqrt{R^2+(X_L-X_C)^2}\,I$$

1・7 RLC 直並列回路

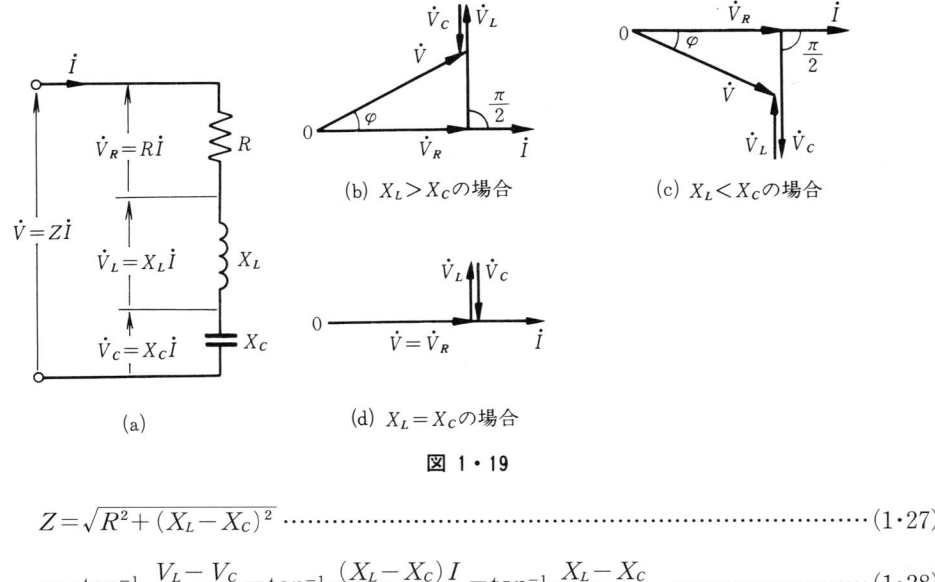

図 1・19

$$Z=\sqrt{R^2+(X_L-X_C)^2} \quad \cdots\cdots\cdots\cdots\cdots\cdots\cdots\cdots\cdots\cdots\cdots\cdots\cdots\cdots(1\cdot27)$$

$$\varphi=\tan^{-1}\frac{V_L-V_C}{V_R}=\tan^{-1}\frac{(X_L-X_C)I}{RI}=\tan^{-1}\frac{X_L-X_C}{R} \quad \cdots\cdots\cdots\cdots\cdots(1\cdot28)$$

$X_L>X_C$ の場合は，図 1・19(b)のように電流の位相は電圧より遅れる。

$X_L<X_C$ の場合は，図(c)のように電流の位相は電圧より進む。

$X_L=X_C$ の場合は，図(d)のようなベクトル図，すなわち $V_L=V_C$ であるから電流の位相は電圧と同相になり，電流の大きさは，

$$I=\frac{V}{R}$$

すなわち，抵抗 R だけの回路と同じになって，供給電圧は全部 R に加わり電圧の大きさは最大になる。また，抵抗 R がなくて X_L と X_C のみの場合は電流は無限大となる。この現象を**直列共振**といい，このときの周波数 f_r（共振周波数）は，次のように求められる。

$$2\pi fL=\frac{1}{2\pi fC} \quad \therefore \quad f=\frac{1}{2\pi\sqrt{LC}}=f_r \cdots\cdots\cdots\cdots\cdots\cdots\cdots\cdots\cdots\cdots(1\cdot29)$$

問題 16 図のような交流回路で電圧計Ⓥの指示値〔V〕は。

(イ) 75　　(ロ) 90　　(ハ) 97　　(ニ) 100

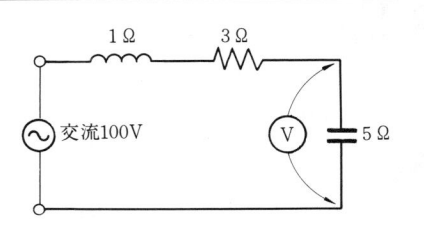

解答　(ニ)

電流 I は

$$I = \frac{V}{Z} = \frac{V}{\sqrt{R^2 + (X_L - X_C)^2}} = \frac{100}{\sqrt{3^2 + (1-5)^2}} = \frac{100}{\sqrt{3^2 + 4^2}} = \frac{100}{5} = 20 \,(\text{A})$$

電圧計の指示は, $V = X_C I = 5 \times 20 = 100 \,(\text{V})$

問題 17

交流 100 V を加えると 10 A 流れ, 直流 100 V を加えると 12.5 A 流れるコイルがある。このコイルと直列にコンデンサを接続し, 交流 100 V を加えた場合にコイルとコンデンサが直列共振状態になった。このときのコンデンサのリアクタンス〔Ω〕と, これに流れる電流〔A〕は, それぞれ,

(イ) $\begin{cases} リアクタンス & 8 \\ 電\quad流 & 10 \end{cases}$　(ロ) $\begin{cases} リアクタンス & 10 \\ 電\quad流 & 10 \end{cases}$　(ハ) $\begin{cases} リアクタンス & 8 \\ 電\quad流 & 16.7 \end{cases}$

(ニ) $\begin{cases} リアクタンス & 6 \\ 電\quad流 & 12.5 \end{cases}$

解答 (ニ)

交流 100 V を加えた場合のインピーダンス Z は,

$$Z = \frac{V}{I} = \frac{100}{10} = 10 \,(\Omega)$$

直流を加えた場合には, リアクタンスは作用しないから抵抗のみの回路となり抵抗 R は,

$$R = \frac{V}{I} = \frac{100}{12.5} = 8 \,(\Omega)$$

コイルのリアクタンス X_L は, $Z = \sqrt{R^2 + X_L{}^2}$ の関係から,

$$X_L = \sqrt{Z^2 - R^2} = \sqrt{10^2 - 8^2} = \sqrt{100 - 64} = 6 \,(\Omega) \quad \therefore \quad X_C = 6 \,(\Omega)$$

問題 18

図の回路で, A・B 間の端子電圧と電流を同相にするためにはどのような条件が必要か, 式で示せ。ただし, 電源の周波数を f ヘルツとする。

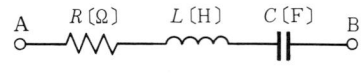

解答 $2\pi f L = \dfrac{1}{2\pi f C}$

A・B 間の端子電圧が電流と同相であるということは, リアクタンス分 0, $X_L = X_C$, すなわち直列共振の状態である。

問題 19

図のような回路における消費電力〔W〕は。

(イ) 60　(ロ) 90　(ハ) 120　(ニ) 150

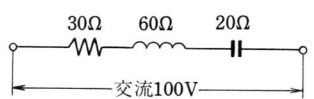

解答 (ハ)

この回路のインピーダンス Z は，$Z=\sqrt{30^2+(60-20)^2}=50$〔Ω〕
したがって，この回路に流れる電流 I は，$I=100/50=2$〔A〕
消費電力 P は I^2R であるから，$P=2^2\times 30=120$〔W〕

〔2〕 *RLC* の並列回路の計算

(1) 抵抗 *R* とインダクタンス *L* の並列回路

図1·20(a)のような抵抗 R と自己インダクタンス L の並列回路に，正弦波電圧 V を加え，R に流れる電流を I_R，X_L に流れる電流を I_L とすれば，

$$I_R=\frac{V}{R}$$

$$I_L=\frac{V}{X_L}=\frac{V}{2\pi f L}$$

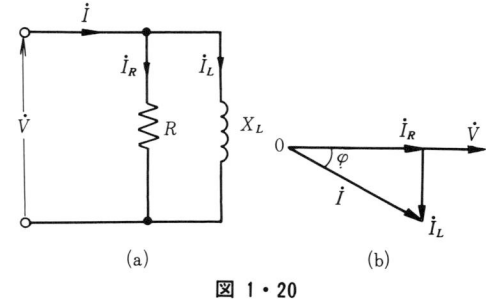

図 1·20

図(b)のベクトル図からわかるように，I_R の位相は電圧と同相であるが，I_L の位相は 90°遅れる。そして，全電流 I は I_R と I_L のベクトル和になって，次式のように表される。

$$I=\sqrt{I_R{}^2+I_L{}^2}=\sqrt{\left(\frac{V}{R}\right)^2+\left(\frac{V}{2\pi f L}\right)^2} \quad\cdots\cdots(1\cdot30)$$

$$\varphi=\tan^{-1}\frac{I_L}{I_R}=\tan^{-1}\frac{\dfrac{V}{2\pi f L}}{\dfrac{V}{R}}=\tan^{-1}\frac{R}{2\pi f L} \quad\cdots\cdots(1\cdot31)$$

(2) 抵抗 *R* と静電容量 *C* の並列回路

図1·21(a)のように，抵抗 R と静電容量 C の並列回路に，正弦波電圧 V を加え，R に流れる電流を I_R，X_C に流れる電流を I_C とすれば，

$$I_R=\frac{V}{R}$$

$$I_C=\frac{V}{X_C}=\frac{V}{\dfrac{1}{2\pi f C}}=2\pi f C V$$

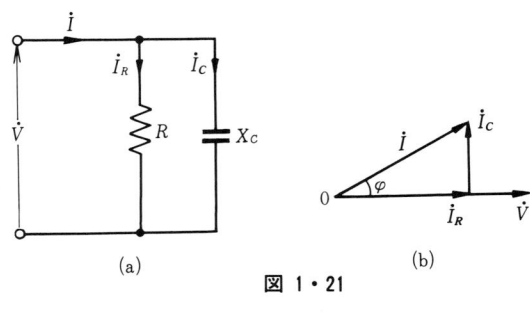

図 1·21

図(b)のベクトル図からわかるように，I_R の位相は電圧と同相であるが，I_C の位相は電圧より 90°進む。そして，全電流 I は I_R と I_C のベクトル和になって，次式のように表される。

$$I=\sqrt{I_R{}^2+I_C{}^2}=\sqrt{\left(\frac{V}{R}\right)^2+(2\pi f C V)^2} \quad\cdots\cdots(1\cdot32)$$

$$\varphi = \tan^{-1}\frac{I_C}{I_R} = \tan^{-1}\frac{2\pi f C V}{\frac{V}{R}} = \tan^{-1} 2\pi f C R \quad \cdots\cdots (1\cdot 33)$$

(3) 抵抗 R とインダクタンス L 及び静電容量 C の並列回路

図 1·22(a)のように，抵抗 R と自己インダクタンス L 及び静電容量 C の並列回路に正弦波電圧 V を加え，R に流れる電流を I_R，X_L に流れる電流を I_L，X_C に流れる電流を I_C とすれば，

$$I_R = \frac{V}{R}, \quad I_L = \frac{V}{X_L} = \frac{V}{2\pi f L}, \quad I_C = \frac{V}{X_C} = \frac{V}{\frac{1}{2\pi f C}} = 2\pi f C V$$

図 1·22(b)，(c)のベクトル図からわかるように，全電流 I は I_R と $(I_L - I_C)$ のベクトル和となるから，次式のように表される。

$$I = \sqrt{I_R^2 + (I_L - I_C)^2} \quad \cdots\cdots (1\cdot 34)$$

$$\varphi = \tan^{-1}\frac{I_L - I_C}{I_R} = \tan^{-1}\frac{R}{2\pi f L} = 2\pi f C R \quad \cdots\cdots (1\cdot 35)$$

$I_L > I_C$ の場合は，図 1·22(b)のように電流の位相は電圧より遅れる。

$I_L < I_C$ の場合は，同図(c)のように電流の位相は電圧より進む。

$I_L = I_C$ の場合は，同図(d)のように，$I_L = I_C$，すなわち，$X_L = X_C$ の場合で，電圧と電流の位相は同相となって，その電流の大きさは，

$$I = \frac{V}{R} = I_R$$

すなわち，抵抗 R だけの回路と同じになって，電流は R のみに流れ，その大きさは最小になる。

また，R がなくて X_L と X_C のみの場合，電流は両回路を循環して流れ，合成電流は零となる。この現象を**並列共振**といい，共振周波数 f_r は，次式で表される。

$$2\pi f L = \frac{1}{2\pi f C}$$

$$f = \frac{1}{2\pi\sqrt{LC}} = f_r \quad \cdots\cdots (1\cdot 36)$$

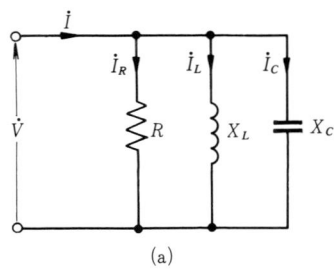

(a)

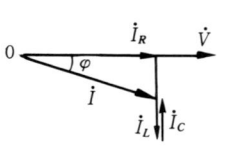

(b) $X_L < X_C$ の場合

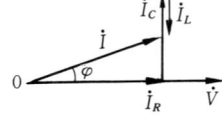

(c) $X_L > X_C$ の場合

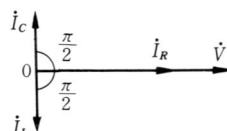

(d) $X_L = X_C$ の場合

図 1·22

問題 20

図のような回路の電圧と電流との関係を示すベクトル図は。

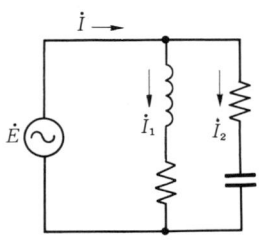

(イ) 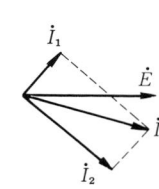　(ロ) 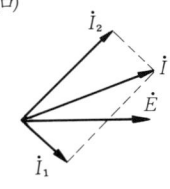　(ハ) 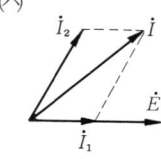　(ニ)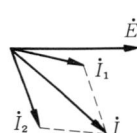

解答 (ロ)

電流 I_1 は，抵抗とインダクタンスの直列回路であるから，電圧 E より位相は遅れる。電流 I_2 は，抵抗とコンデンサの直列回路であるから，電圧 E より位相は進む。したがって，図のように，電流 I は I_1 と I_2 のベクトル和である。

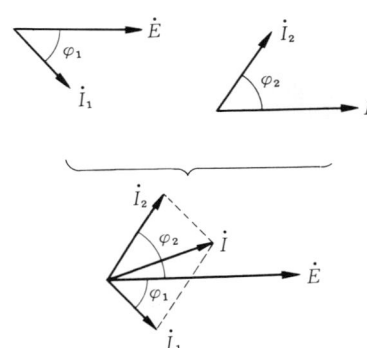

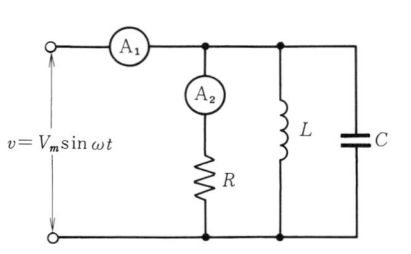

問題 21

図のような交流回路で電流計 A_1 と A_2 の指示が等しいときの C と L との関係は。

(イ) $\omega^2 LC = 1$ 　(ロ) $\omega L^2 C^2 = 1$
(ハ) $\omega LC = 1$ 　(ニ) $\omega = LC$

解答 (イ)

R，L，C の並列回路において，全電流 I_1 と抵抗 R に流れる電流 I_2 が等しいということは，L と C が並列共振状態であるから次式のような関係になる。

$$\omega L = \frac{1}{\omega C} \quad \therefore \quad \omega^2 LC = 1$$

問題 22 図のような並列回路で電源から流れる電流 I 〔A〕はおよそいくらか。ただし、$V=100$〔V〕, $R=50$〔Ω〕, $X_C=100$〔Ω〕, $X_L=50$〔Ω〕とする。

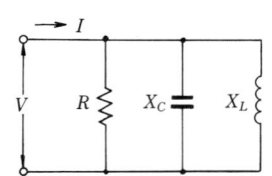

解答 2.24 A または $\sqrt{5}$ A

電流 I は、R, X_C, X_L に流れる電流 I_R, I_C, I_L のベクトル和となり、図のようになる。

$$I_R = \frac{100}{50} = 2 \text{〔A〕}$$

$$I_C = \frac{100}{100} = 1 \text{〔A〕}$$

$$I_L = \frac{100}{50} = 2 \text{〔A〕}$$

$$\therefore\ I = \sqrt{I_R{}^2 + (I_L - I_C)^2} = \sqrt{2^2 + (2-1)^2} = \sqrt{4+1} = \sqrt{5} = 2.24 \text{〔A〕}$$

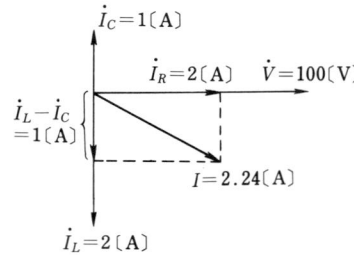

1・8 電力と力率

〔1〕 交流の電力

交流の皮相電力 S は、次式のように表される。

$$S = VI \text{〔VA〕} \quad \cdots\cdots (1 \cdot 37)$$

図 1・23 のベクトル図のように、電圧と同相の電流 $I\cos\varphi$ を**有効電流**といい、これと電圧の積が**有効電力** P であるから、

$$P = VI\cos\varphi \text{〔W〕}$$

で求められる。

電圧と垂直な成分の電流 $I\sin\varphi$ を**無効電流**といい、これと電圧の積を**無効電力** Q といい、次式で表される。

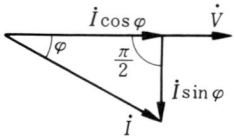

図 1・23

$$Q = VI\sin\varphi \quad (\text{バール}\text{〔var〕}) \quad \cdots\cdots (1 \cdot 38)$$

〔2〕 力率

負荷に消費される有効電力 P と皮相電力 S との比を**力率**といい、次式のように表される。

$$\text{力率} = \frac{\text{有効電力}}{\text{皮相電力}} = \frac{P}{S} = \frac{VI\cos\varphi}{VI} = \cos\varphi \quad \cdots\cdots (1 \cdot 39)$$

1・8 電力と力率

図1・24(a)に回路を示し，そのベクトル図から，

$$V \cos \varphi = RI$$
$$V \sin \varphi = X_L I$$
$$V = ZI = \sqrt{R^2 + X_L^2}\, I$$
$$P = VI \cos \varphi = I^2 R$$
$$Q = VI \sin \varphi = I^2 X_L$$

となり，この式から，有効電力は抵抗によって消費され，無効電力はリアクタンスの中のみに生ずるものであることがわかる。

図 1・24

また，ベクトル図から力率は，次式からも求められる。

$$\cos \varphi = \frac{RI}{ZI} = \frac{R}{Z} \quad \cdots\cdots\cdots\cdots\cdots\cdots\cdots\cdots\cdots (1 \cdot 40)$$

問題 23
抵抗 R と誘導リアクタンス X とを並列に接続した交流回路の力率は。

(イ) $\dfrac{R}{\sqrt{R^2 + X^2}}$ （ロ） $\dfrac{X}{\sqrt{R^2 + X^2}}$ （ハ） $\dfrac{RX}{\sqrt{R^2 + X^2}}$ （ニ） $\dfrac{I}{\sqrt{R^2 + X^2}}$

解答 （ロ）

$$I = \sqrt{I_R{}^2 + I_L{}^2}$$

力率は，次式によって求めることができる。

$$\cos \varphi = \frac{I_R}{I} = \frac{I_R}{\sqrt{I_R{}^2 + I_L{}^2}} = \frac{\dfrac{V}{R}}{\dfrac{V}{Z}}$$

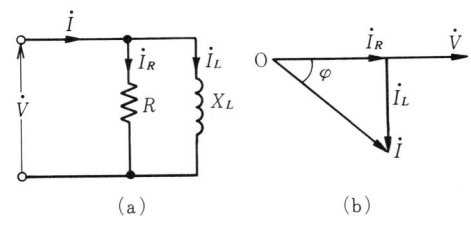

$$= \frac{\dfrac{V}{R}}{V\sqrt{\left(\dfrac{1}{R}\right)^2 + \left(\dfrac{1}{X_L}\right)^2}} = \frac{1}{R} \times \frac{R \cdot X_L}{\sqrt{R^2 + X_L{}^2}} = \frac{X_L}{\sqrt{R^2 + X_L{}^2}}$$

問題 24
消費電力 400 kW，無効電力 300 kvar の負荷の力率〔%〕は。

解答 80%

$$皮相電力 = \sqrt{(消費電力)^2 + (無効電力)^2} = \sqrt{400^2 + 300^2} = \sqrt{250\,000}\ 〔kVA〕$$

$$負荷の力率 = \frac{消費電力}{皮相電力} \times 100\ 〔\%〕 = \frac{400}{500} \times 100 = 80\ 〔\%〕$$

問題 25

図のような交流回路の力率は。

(イ) 0.43　(ロ) 0.6　(ハ) 0.75　(ニ) 0.8

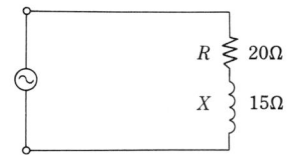

解答　(ニ) 0.8

力率 $\cos\varphi = \dfrac{R}{Z}$ であり，$Z = \sqrt{20^2 + 15^2} = \sqrt{625} = 25 \,[\Omega]$

$$\therefore \cos\varphi = \frac{20}{25} = 0.8$$

問題 26

三相交流で受電している電気室の配電盤で，電圧計は 6 000 V，電流計は 200 A，電力計は 30 分間で 600 kWh を示した。この場合の負荷力率は。ただし，負荷の変動はないものとする。

(イ) 1/3　(ロ) 1/2　(ハ) $1/\sqrt{3}$　(ニ) $\sqrt{3}/2$

解答　(ハ)

三相電力量 $= \sqrt{3}\,VI\cos\varphi \times$ 時間 [h]

の関係をまず思い出すことである。求めるのは $\cos\varphi$，30 分間は 0.5 時間に直すこと及び kW 単位に注意すること。

$$\cos\varphi = \frac{\text{三相電力量}}{\sqrt{3}\,VI \times h} = \frac{600}{\sqrt{3} \times 6 \times 200 \times 0.5} = \frac{1}{\sqrt{3}}$$

問題 27

負荷の有効電力を一定にして，その [(1)] を向上させると，その皮相電力が小さくなるので，電源側の設備容量は [(2)] てすみ，また，負荷 [(3)] も小さくなるので，電線路の [(4)] と [(5)] 損失が小さくなる。

解答　(1) 力率　(2) 小さく　(3) 電流　(4) 電圧降下　(5) 電力

力率の影響を問うているのである。

1・9　三相交流回路

（1）　三相電力の計算

三相回路の負荷の接続には，△，Y 及び V の 3 種がある。V 接続は△接続の一相が欠けたものと考えられるので，△及び Y 接続の線電流，相電流を考えよう。

(1) △負荷の電圧・電流の関係

平行な三角形結線の負荷では，負荷各相の相電圧は線間電圧に等しく，線電流は相電流の $\sqrt{3}$ 倍の大きさとなる。なお，線電流は相電流より 30°遅れの電流となる。すなわち，

線間電圧＝相電圧

線電流＝$\sqrt{3}$×相電流

$$相電流 = \frac{相電圧（線間電圧）}{一相のインピーダンス} = \frac{V}{Z} \,[\mathrm{A}]$$

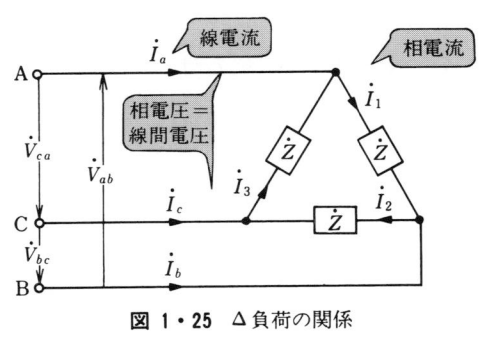

図 1・25　△負荷の関係

なお，電源が対称で平行な負荷では，次のようになる。

$$V_{ab}=V_{bc}=V_{ca}=V \quad,\quad I_a=I_b=I_c \quad,\quad I_1=I_2=I_3$$

(2) Y負荷の電圧・電流の関係

星形負荷では，線電流と相電流は等しく，線間電圧は相電圧の $\sqrt{3}$ 倍の大きさで，相電圧より 30°進みの電圧となる。

線電流＝相電流

線間電圧＝$\sqrt{3}$×相電圧

$$線電流 = \frac{相電圧}{一相のインピーダンス} = \frac{\frac{V}{\sqrt{3}}}{Z} \,[\mathrm{V}]$$

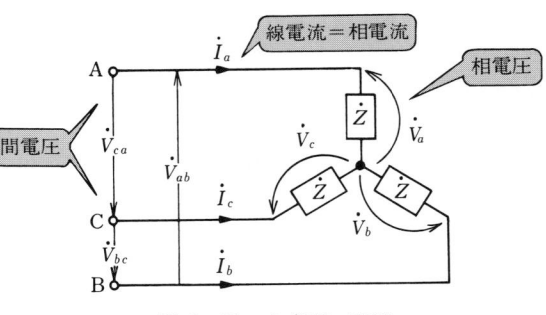

図 1・26　Y負荷の関係

(3) Y結線の電力

図 1・27(a)の回路において，各相が平行している対称三相回路について考えると，ベクトル図は

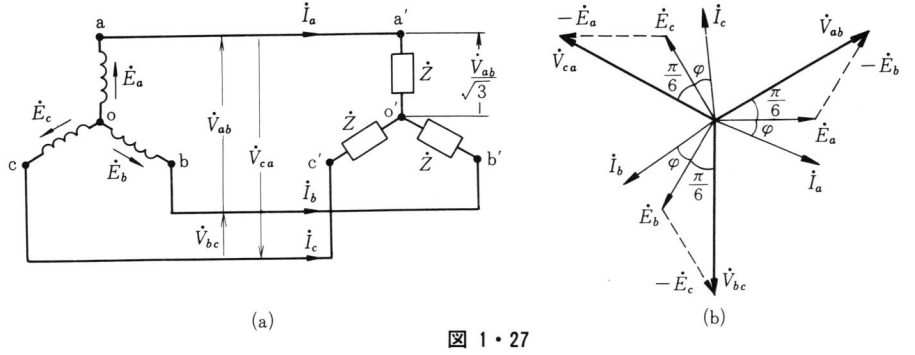

(a)　　　(b)

図 1・27

図(b)のようになる。いま，図 1・28 のように，電源，負荷ともに a 相だけ取り出して oo' 間が結ばれているとする。負荷インピーダンスに加わる電圧は，$E_a = \dfrac{V_{ab}}{\sqrt{3}}$ であり，流れる電流は線電流に等しい，ゆえに，線電流 I_a は，

$$I_a = \dfrac{E_a}{Z}$$

となり，この一相分の電力 P_a は，

$$P_a = E_a I_a \cos \varphi$$

で表される。b 相，c 相についても同じである。

ゆえに，三相電力 P は，

$$P = E_a I_a \cos \varphi + E_b I_b \cos \varphi + E_c I_c \cos \varphi$$

対称三相回路であるので，

$$E_a = E_b = E_c = E$$
$$V_{ab} = V_{bc} = V_{ca} = V = \sqrt{3} E$$
$$I_a = a_b = I_c = I$$

したがって，

$$P = 3EI \cos \varphi = \sqrt{3} VI \cos \varphi \cdots\cdots\cdots\cdots\cdots\cdots\cdots\cdots\cdots\cdots (1\cdot41)$$

(4) △結線の電力

図 1・29(a) において，a', b' 間の負荷インピーダンス Z に流れる相電流を I_A' とすれば，相電圧 V_a は次のようになる。

$$V_a = Z I_A'$$

また，△結線では線間電圧と相電圧は同じ値になる。図(b)から，線電流 I_a は，

$$\dot{I}_a = \dot{I}_A' - \dot{I}_C'$$

となり，I_A' より $\pi/6$ 〔rad〕だけ位相が遅れている。対称三相回路であるから，

$$I_a = I_b = I_c = I$$
$$I_A' = I_B' = I_C' = I'$$

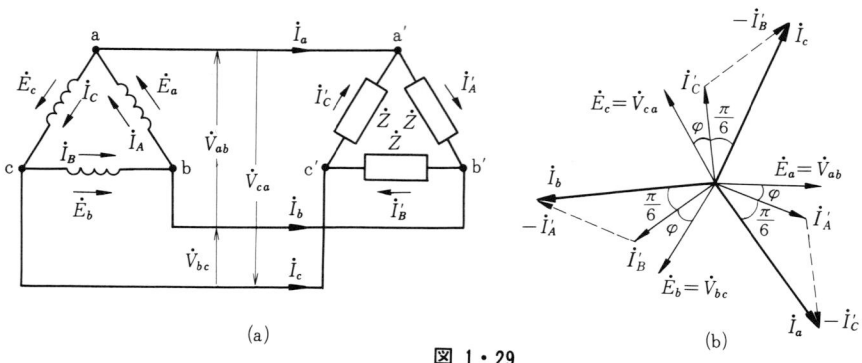

図 1・29

$$I = \sqrt{3}I'$$

線電流は相電流の $\sqrt{3}$ 倍となる。したがって，三相電力 P は，

$$P = V_a I_{A'} \cos\varphi + V_b I_{B'} \cos\varphi + V_c I_{C'} \cos\varphi$$

となり，$V_a = V_b = V_c = V'$，また $V' = V_{ab} = V_{bc} = V_{ca}$ であるから，

$$P = 3V'I'\cos\varphi = \sqrt{3}VI\cos\varphi \quad \cdots\cdots\cdots\cdots\cdots\cdots\cdots\cdots\cdots (1\cdot 42)$$

(5) Y結線及び△結線の電圧と電流の関係

Y結線及び△結線の線間電圧と相電圧，線電流と相電流の関係をまとめると，図1・30のとおりである。

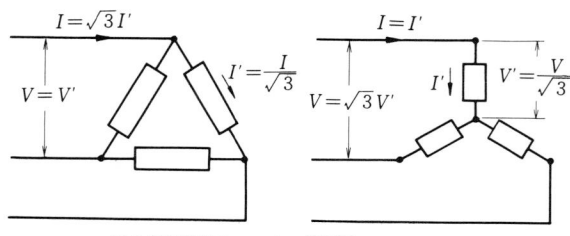

V：線間電圧　　I：線電流
V'：相電圧　　　I'：相電流

Y結線の場合　　$V' = \dfrac{V}{\sqrt{3}}$　$I = I'$　$P = \sqrt{3}VI\cos\varphi = 3V'I\cos\varphi$

△結線の場合　　$I' = \dfrac{I}{\sqrt{3}}$　$V = V'$　$P = \sqrt{3}VI\cos\varphi = 3VI'\cos\varphi$

ここに，V：線間電圧，V'：相電圧，I：線電流，I'：相電流，
P：三相電力

図 1・30

問題 28

図のような三相回路の消費電力〔kW〕は。ただし，各相の負荷の抵抗 R は $4\,\Omega$，リアクタンスは $3\,\Omega$ とする。

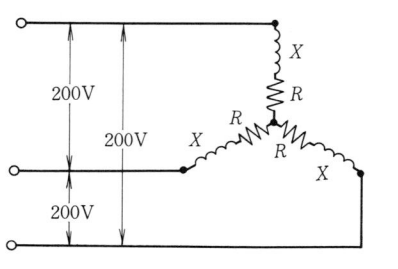

解答　6.4 kW

負荷の一相に加わる電圧 V は，
$$V = \frac{200}{\sqrt{3}} \,\text{〔V〕}$$

一相インピーダンス Z は,
$$Z=\sqrt{R^2+X^2}=\sqrt{4^2+3^2}=5\,[\Omega]$$
線電流 I は,
$$I=\frac{\frac{200}{\sqrt{3}}}{5}=\frac{200}{5\sqrt{3}}$$
回路で電力を消費するのは抵抗だけであるから, 一相の電力 P' は,
$$P'=I^2R=\left(\frac{200}{5\sqrt{3}}\right)^2\times 4=\frac{6\,400}{3}=\frac{6.4}{3}\,[\text{kW}]$$
ゆえに, 三相電力 P は,
$$P=3P'=6.4\,[\text{kW}]$$

問題 29 図のような回路の全消費電力 [kW] は。
(イ) 2.0　(ロ) 3.0　(ハ) 3.5　(ニ) 6.0

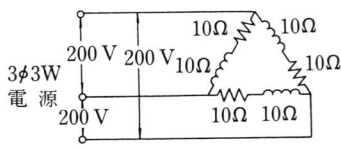

解答 (ニ)

△結線の負荷には 200 [V] の電圧が加わっている。相電流 I [A] は, 抵抗 R [Ω], 誘導リアクタンスを X [Ω] とすると,
$$I=\frac{V}{\sqrt{R^2+X^2}}=\frac{200}{\sqrt{10^2+10^2}}=10\sqrt{2}\,[\text{A}]$$
全体の消費電力 P [W] は,
$$P=3I^2R=3(10\sqrt{2})^2=3(10\sqrt{2})^2\times 10=6\,000\,[\text{W}]=6\,[\text{kW}]$$
よって, (ニ)となる。

(2) Y回路と△回路の変換

(1) 平行な負荷の Y・△ の等価変換

Y回路と△回路の線間電圧, 線電流が互いに等しい場合, この回路は置き換えることができる。この場合のインピーダンスは, 次の関係にある。

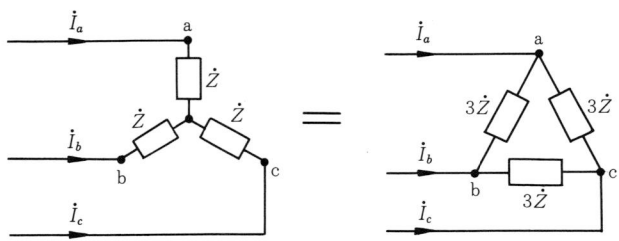

図 1・31

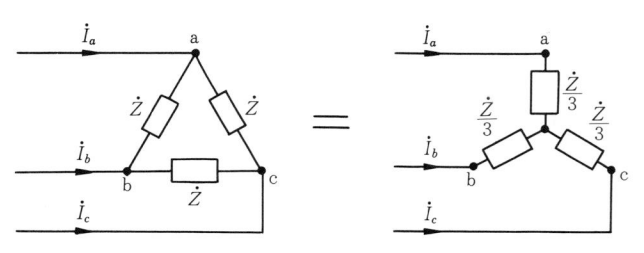

1・9 三相交流回路

Y回路と△回路に換算するには，一相のインピーダンスを3倍する（図1・31参照）。

△回路をYに換算するには，一相のインピーダンスを1/3倍する（図1・32参照）。

(2) 不平衡な負荷のY・△の等価変換

不平衡な三相負荷の等価変換の考え方も，平衡な負荷の場合と同じく，

$$I_a = I_1, \quad I_b = I_2, \quad I_c = I_3$$

の条件を満たすものである。

△からYへの等価変換したときの R_a, R_b 及び R_c を求めると，

$$R_a = \frac{R_1 R_3}{R_1 + R_2 + R_3}, \quad R_b = \frac{R_1 R_2}{R_1 + R_2 + R_3}, \quad R_c = \frac{R_2 R_3}{R_1 + R_2 + R_3} \quad \cdots \cdots (1 \cdot 43)$$

となる。

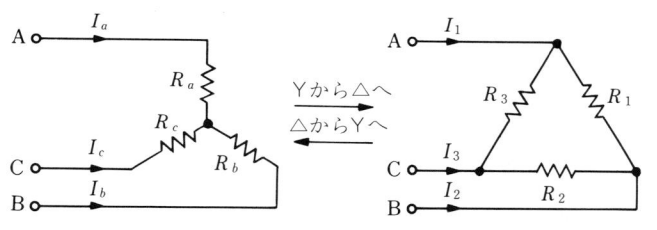

図 1・33

問題 30 図のように三相回路の a, b, c 線間に実効値 100 V の対称三相電圧を加えたときの線電流，相電流，三相電力はそれぞれいくらか。ただし，$r = 18\,[\Omega]$, $x = 8\,[\Omega]$ とする。

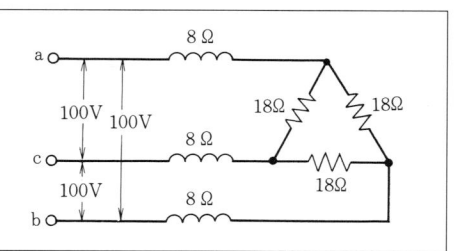

解答 線電流 5.77 A，相電流 3.33 A，三相電力 600 W

△回路をY回路に換算すると，その一相の抵抗値 r' は，

$$r' = \frac{r}{3} = \frac{18}{3} = 6\,[\Omega]$$

したがって，設問の△回路は図のようなY回路に書き換えることができる。線電流 I は，

$$I = \frac{\frac{V}{\sqrt{3}}}{Z_s} = \frac{\frac{100}{\sqrt{3}}}{\sqrt{6^2+8^2}} = \frac{\frac{100}{\sqrt{3}}}{10} = \frac{10}{\sqrt{3}} ≒ 5.77 \text{[A]}$$

また，△回路における相電流 I' は，

$$I' = \frac{1}{\sqrt{3}}I = \frac{1}{\sqrt{3}} \times \frac{10}{\sqrt{3}} = \frac{10}{3} ≒ 3.33 \text{[A]}$$

三相電力 P は，

$$P = 3I'^2 r = 3 \times \left(\frac{10}{3}\right)^2 \times 18 = 300 \text{[W]}$$

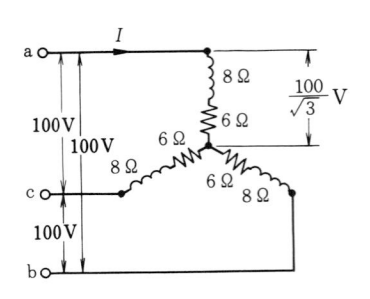

問題 31

図のように $2\,\Omega$，$1\,\Omega$，$1\,\Omega$ の線路抵抗のある三相回路に，不平衡な三相負荷が接続されている。電源からみて平衡な回路とするには，どの線路に何 $[\Omega]$ の抵抗を接続すればよいか。

(イ) B 線に 1　　(ロ) C 線に 2　　(ハ) A 線に 3
(ニ) A 線に 1

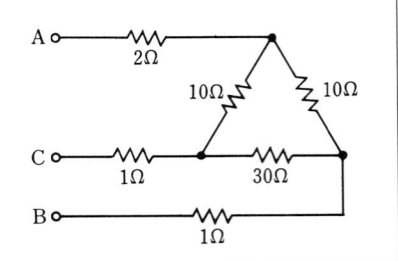

解答　(ハ) A 線に 3 Ω

まず，△結線部分を Y 結線に変換し，各相の抵抗が等しくなったときに平衡する。よって，

$$R_a = \frac{10 \times 10}{10+10+30} = \frac{100}{50} = 2 \text{[Ω]}$$

$$R_b = \frac{10 \times 30}{10+10+30} = \frac{300}{50} = 6 \text{[Ω]}$$

$$R_c = \frac{10 \times 30}{10+10+30} = \frac{300}{50} = 6 \text{[Ω]}$$

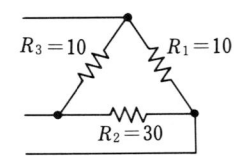

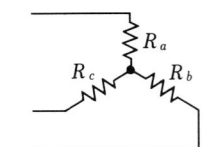

各相の抵抗は，

A 相：$R_A = 2 + R_X + 2 = 4 + R_X$，
B 相：$R_B = 1 + R_Y + 6 = 7 + R_Y$，
C 相：$R_C = 1 + R_Z + 6 = 7 + R_Z$

となる。したがって，平衡させるためには，A 相の R_X に $3\,\Omega$ を入れることにより，平衡させることができる。

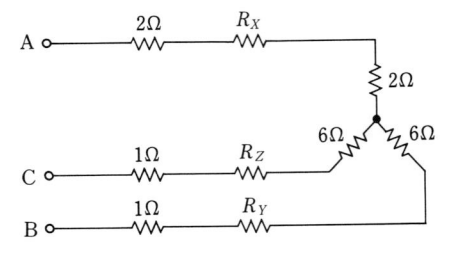

1·9 三相交流回路

問題 32 三相平衡電圧回路に不平衡の抵抗負荷を接続したところ，図のような負荷電流が流れた。このとき中性線に流れる電流は。

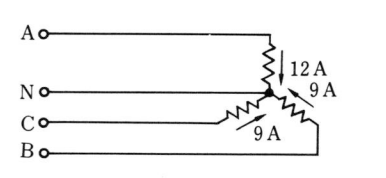

(イ) 3　(ロ) 6　(ハ) 15　(ニ) 30

解答 (イ) 差電流 3 A

電源電圧が平衡しており，しかも負荷が抵抗負荷であるため，各相の電流の位相差は，120°である。よって，各相電流をベクトルで描くと，図のとおりである。
B 及び C 相の合成電流 I は。

$$I = (9 \times \sin 30°) \times 2 = 9 \times \frac{1}{2} \times 2 = 9 \,[\text{A}]$$

したがって，A，B，C 相の合成電流は，

$$I_N = I_A + I_B + I_C = 12 + (-9) = 3 \,[\text{A}]$$

となり，N 相の線に流れる。

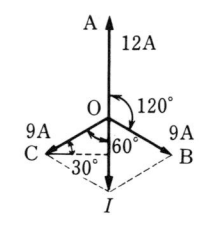

問題 33 図のように，△に接続された抵抗負荷に三相平衡電圧 200 V を加えた場合，A 相の電線が断線すれば，全負荷の消費電力 [kW] は。

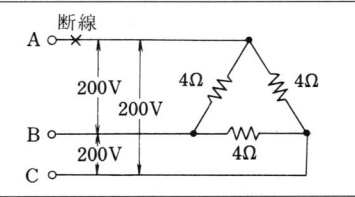

解答 15 kW

A 相の電線が断線すれば図のようになり，この回路の合成抵抗 R は，

$$R = \frac{1}{\frac{1}{4} + \frac{1}{4+4}} = \frac{4 \times 8}{4 + 8} = \frac{32}{12} = \frac{8}{3} \,[\Omega]$$

負荷電流 $I = \dfrac{V}{R} = \dfrac{200}{\frac{8}{3}} = 75 \,[\text{A}]$

負荷の消費電力 $VI = \dfrac{200 \times 75}{1\,000} = 15 \,[\text{kW}]$

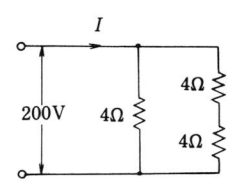

問題 34 図のように抵抗負荷をY及び△に接続した三相交流回路において，×印の箇所で解放した場合の消費電力〔kW〕は。

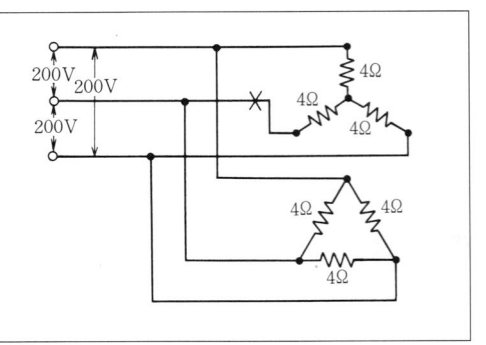

(イ) 15　(ロ) 25　(ハ) 35　(ニ) 45

解答 (ハ) 35 kW

Y接続の1線を開放後の接続は，図のようになる。

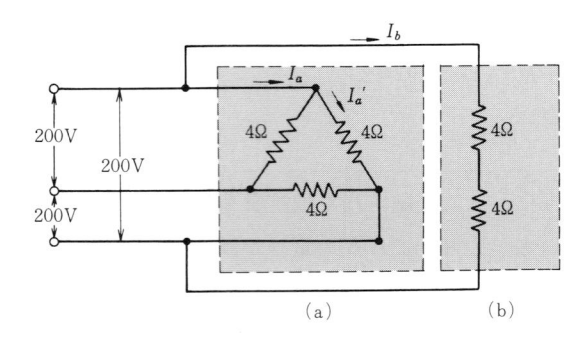

まず図中の(a)部分の消費電力は，次のようにして求められる。

相電流 $I_a' = \dfrac{V}{R_a} = \dfrac{200}{4} = 50$〔A〕

R_a：一相の抵抗

消費電力 $P_a = 3I_a'^2 R_a = 3 \times 50^2 \times 4 = 30\,000$〔W〕$= 30$〔kW〕

次に，図中の(b)の部分の消費電力を同様にして求める。

線電流 $I_b = \dfrac{V}{R_b} = \dfrac{200}{4+4} = 25$〔A〕

消費電力 $P_b = I_b^2 R_b = 25^2 \times 8 = 5\,000$〔W〕$= 5$〔kW〕

ゆえに，全消費電力 P は，図中の(a)と(b)の部分の電力の和である。すなわち，

全消費電力 $P = P_a + P_b = 30 + 5 = 35$〔kW〕

1・10　電圧・電流・電力の測定

(1) 電圧・電流の測定（倍率器・分流器）と計器の誤差

(1) 電圧計と倍率器

電圧計の目盛り（定格値）より大きな電圧を測定するにはどうしたらよいだろうか。このとき

は電圧計と直列に抵抗を接続して，電圧計の測定範囲を拡大する。このように，電圧計と直列に接続する抵抗 R_m を**倍率器**（図1・34参照）という。

A，B間に電流 I を流すと，次の関係が成り立つ。

$$I = \frac{V_0}{R_v + R_m} = \frac{V}{R_v} = \frac{V_0 - V}{R_m}$$

ここに，R_v：電圧計の内部抵抗，R_m：倍率器の抵抗，
　　　　V：電圧計の端子電圧，V_0：測定電圧

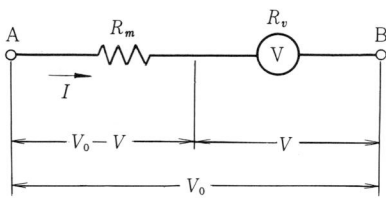

図 1・34

上式を変形して，

$$V_0 = \frac{R_v + R_m}{R_v} \cdot V = mV$$

$$\therefore \quad m = \frac{R_v + R_m}{R_v} = \frac{V_0}{V} \quad \cdots\cdots\cdots\cdots\cdots\cdots\cdots (1\cdot44)$$

この m を**倍率器の倍率**という。

(2) 電流計の分流器

電流計の目盛（定格値）より大きな電流を測定するにはどうしたらよいだろうか。電流計の場合は電流計と並列に抵抗を接続して，この抵抗に電流を分流させて測定範囲を拡大する。このように電流計と並列に接続する抵抗 R_s を**分流器**（図1・35参照）という。

A・B間に電圧 V_0 を加えると次の関係式が成り立つ。

$$V_0 = I_a R_a = (I - I_a) R_s = I \cdot \frac{R_a \cdot R_s}{R_a + R_s}$$

ここに，R_a：電流計の内部抵抗，R_s：分流器の抵抗，
　　　　I_a：電流計に流れる電流，I：測定電流

図 1・35

上式を変形して，

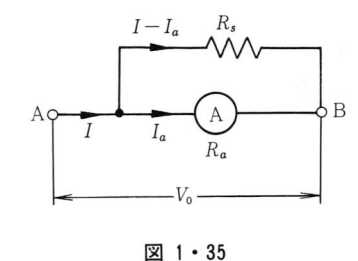

$$I = \frac{R_a + R_s}{R_s} \cdot I_a = nI_a$$

$$\therefore \quad n = \frac{R_a + R_s}{R_s} = \frac{I}{I_a} \quad \cdots\cdots\cdots\cdots\cdots\cdots\cdots (1\cdot45)$$

この n を**分流器の倍率**という。

(3) 計器の誤差

一般に，計器の真の値を T，測定値を M とすれば，計器の誤差 ε_e 及び誤差率 ε は，次式で表される。

$$\left. \begin{array}{l} \varepsilon_e = M - T \\ \varepsilon = \dfrac{M - T}{T} \times 100 \, [\%] \end{array} \right\} \cdots\cdots\cdots\cdots\cdots\cdots\cdots (1\cdot46)$$

問題 35 図のような回路で端子電圧が V_0 のとき，電圧計の読みを V にするためには，倍率器の抵抗 R_m は。ただし，R は電圧計の内部抵抗とする。

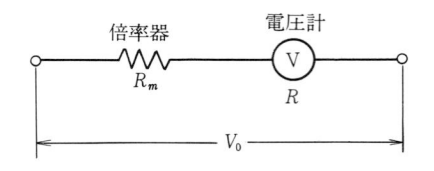

(イ) $\dfrac{V_0-V}{V}R$ (ロ) $\dfrac{V_0-V}{V_0}R$ (ハ) $\dfrac{V_0}{V_0-V}R$ (ニ) $\dfrac{V_0-V}{VR}$

解答 (イ)

図は電圧計の内部抵抗 R と倍率器の抵抗 R_m の直列回路である。したがって，電流 I が流れた場合について考えればよい。

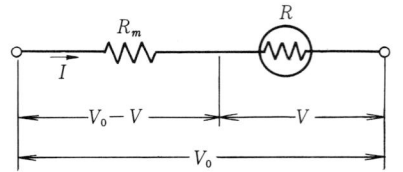

$$I = \frac{V_0-V}{R_m} = \frac{V}{R}$$

上式から倍率器の抵抗 R_m は，

$$R_m = \frac{V_0-V}{V}R$$

問題 36 測定範囲 50 mA，内部抵抗 3 Ω の電流計に分流器を付けて 2 A まで測定したい。何 Ω の分流器を使用すればよいか。

解答 0.077 Ω

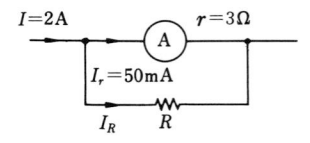

図において $I_R R = I_r r$ なる式が成立する。
したがって，$I_R = I - I_r$ であるから，

$$R(I-I_r) = I_r r$$

$$\therefore R = \frac{I_r r}{I-I_r} = \frac{50\times10^{-3}\times3}{(2-0.05)} = \frac{15\times10^{-3}}{1.95} \fallingdotseq 0.077 \,[\Omega]$$

問題 37 電力計で電力を測定したところ 40.1 kW を指示した。真の電力は 40 kW であるがこの場合％誤差はいくらか。

解答 +0.25％

誤差百分率 ε（％誤差）は，式(1・46)から，

$$\varepsilon = \frac{測定値-真値}{真値}\times100\,[\%] = \frac{40.1-40}{40}\times100 = \frac{10}{40} = 0.25\,[\%]$$

(2) 三相電力の測定

ブロンデルの定理とは n 線式多相交流の全電力は $(n-1)$ 個の電力計の代数和で表される。

1・10 電圧・電流・電力の測定

　三相3線式の三相電力はブロンデルの定理により2個の単相電力計によって測定できる。この場合，三相不平衡負荷でも三相電力を測定することができる。ここでは，三相平衡回路(図1・36)の場合について考える。

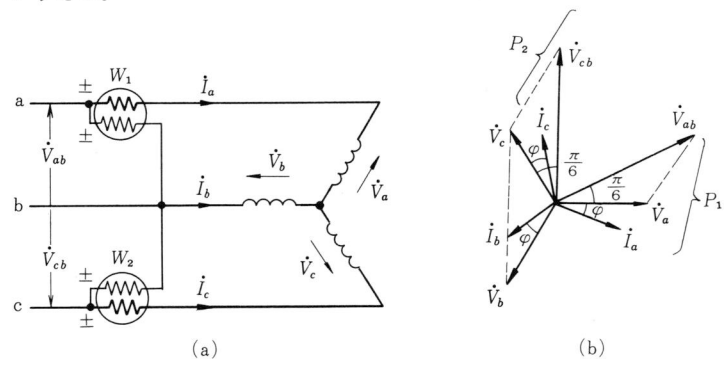

図 1・36

各相の星形電圧　　　　　$\dot{V}_a,\ \dot{V}_b,\ \dot{V}_c$
各相の電流　　　　　　　$\dot{I}_a,\ \dot{I}_b,\ \dot{I}_c$
各相の力率角　　　　　　φ（遅れ）
相　順　　　　　　　　　$\dot{V}_a \to \dot{V}_b \to \dot{V}_c$
各電圧コイルに加わる電圧 $\begin{cases} 電力計（W_1）では，\dot{V}_{ab}=\dot{V}_a-\dot{V}_b \\ 電力計（W_2）では，\dot{V}_{cb}=\dot{V}_c-\dot{V}_b \end{cases}$

これをベクトル図で表すと図(b)のようになる。
W_1 には $\dot{V}_{ab}$ と $\dot{I}_a$ との間の電力 P_1 を示し，W_2 には $\dot{V}_{cb}$ と $\dot{I}_c$ との間の電力 P_2 を示す。

$$P_1 = V_{ab} I_a \cos(30°+\varphi)$$
$$P_2 = V_{cb} I_c \cos(30°-\varphi)$$

いま，
$$V_a = V_b = V_c = V',\quad V_{ab} = V_{cb} = V,\quad I_a = I_b = I_c = I$$

とすれば，$V = \sqrt{3}\,V'$ の関係があるから，

$$P_1 = VI \cos(30°+\varphi)$$
$$P_2 = VI \cos(30°-\varphi)$$
$$\therefore\ P_1 + P_2 = VI\{\cos(30°+\varphi) + \cos(30°-\varphi)\} = \sqrt{3}\,VI\cos\varphi = 3V'I\cos\varphi$$

となり，W_1 と W_2 の指示は三相電力を表す。三相電力計は単相電力計の素子2個を同一回転軸に取り付け，その合成トルクで三相電力を指示するようになっている。

問題 38

図のように，単相電力計(W)を接続して星形結線三相平衡負荷の電力を測定したところ 600 W であった。この三相負荷の消費電力〔W〕は。

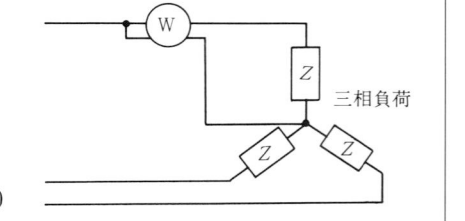

(イ) 1 040　(ロ) 1 200　(ハ) 1 500　(ニ) 1 800

解答 (ニ)

三相平衡負荷の場合は1個の単相電力計で一相の電力を測定し，それを3倍して三相電力を測定することができる。

問題 39

2個の単相電力計(W)を用いて三相電力を測定するときの電力計の正しい接続は。

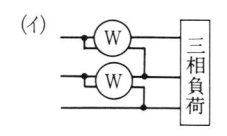

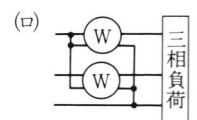

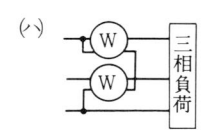

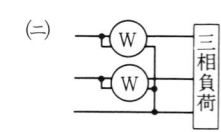

解答 (ニ)

各電力計の電流コイルには各線の電流を通じ，電圧コイルにはひとつの線から第 n 線（電流コイルを接続しない線）への線間電圧を与える。

〔3〕 電力量計使用による平均電力の算定

電力量計の円板回転数とそれに要した時間から，次の式により負荷の平均電力 P〔kW〕を算定することができる。

$$P = \frac{3\,600 \times N}{k \cdot t} \text{〔kW〕} \quad\cdots\cdots(1\cdot48)$$

ここで，k：計器定数〔rev/kWh〕，N：円板回転数，t：円板が N 回転に要した時間〔秒〕

問題 40

交流回路に接続された誘導形電力量計の回転子円板の速度を測ったところ，10回転するのに 36〔s〕を要した。電力量計の計器定数（1〔kWh〕当たりの円板の回転数を表す定数）の表示が 1 000 rev/kWh であるときの負荷電力〔kW〕は。

(イ) 1　(ロ) 2　(ハ) 3　(ニ) 4

解答 (イ)

負荷の平均電力 P 〔kW〕は，

$$P = \frac{3\,600 \times N}{k \cdot t} \text{〔kW〕}$$

設問により，

$$P = \frac{3\,600 \times 10}{1\,000 \times 36} = 1 \text{〔kW〕}$$

平均電力は 1〔kW〕である。

1・11 電気計器の分類

電気計器は計測方式により，指示計器，積算計器，記録計器，遠隔計器に分類することができる。表 1・2 に指示計器の階級と誤差，表 1・3 に主な計器の動作原理による分類を示す。

表 1・2 指示計器の階級・許容差（JIS C 1102 より）

計器の種類	階級	許容差	用途
電圧計・電流計・電力計・無効電力計及び受信指示計	0.2 級	最大目盛値の±0.2%	副標準器用
	0.5 級	〃 ±0.5%	精密測定
	1.0 級	〃 ±1.0%	普通測定
	1.5 級	〃 ±1.5%	工業用普通測定
	2.5 級	〃 ±2.5%	確度に重きをおかない

表 1・3 主な計器の動作原理による分類

計器の形	記号	動作原理	交・直流の別
可動コイル形		永久磁石と可動コイルに流れる電流の電磁力によるトルクを利用	直流専用
可動鉄片形		電流の流れる固定コイル内の鉄片の磁気力をトルクに利用	交・直流用
電流力計形		固定コイルと可動コイルの電流間の電流力によるトルクを利用	交・直流用
静電形		電極間の静電力をトルクに利用	交・直流用
誘導形		誘導電流と移動磁界との間の電磁力をトルクに利用	交流専用
振動片形		機械的振動の共振を利用	交流専用
整流形		半導体整流器などで整流し，可動コイル形計器で測る	交流専用
熱電形		ゼーベック効果による熱起電力を利用	交・直流用
比率計形 可動コイル		直角に交ささせた二つのコイルに流れる電流の比によるトルクを利用	交・直流用
比率計形 可動鉄片			
比率計形 電流力計			

問題 41

図は，ある計器の目盛板を示したものである。この計器は (1) 形の (2) 電圧計で (3) に置いて使用する。また (4) は 10 kΩ である。

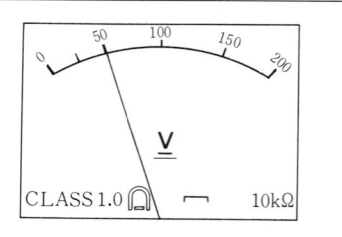

解答 (1) 可動コイル形　(2) 直流　(3) 水平　(4) 内部抵抗

交・直流の別は，直流 —，交流 〜，直交流 ≈ で表す。使用姿勢は水平 ⌐，鉛直 ⊥，傾斜（60°の例）∠60° で表す。

問題 42

JIS による指示電気計器の階級が 0.5 級であるとき，その最大目盛値に対する許容差は±何〔％〕か。

解答 ±0.5〔％〕

問題 43

交流回路に使用できない電流計の種類は。
(イ) 可動鉄片形　(ロ) 可動コイル形　(ハ) 電流力計形　(ニ) 熱電形

解答 (ロ) 可動コイル形

章末問題①

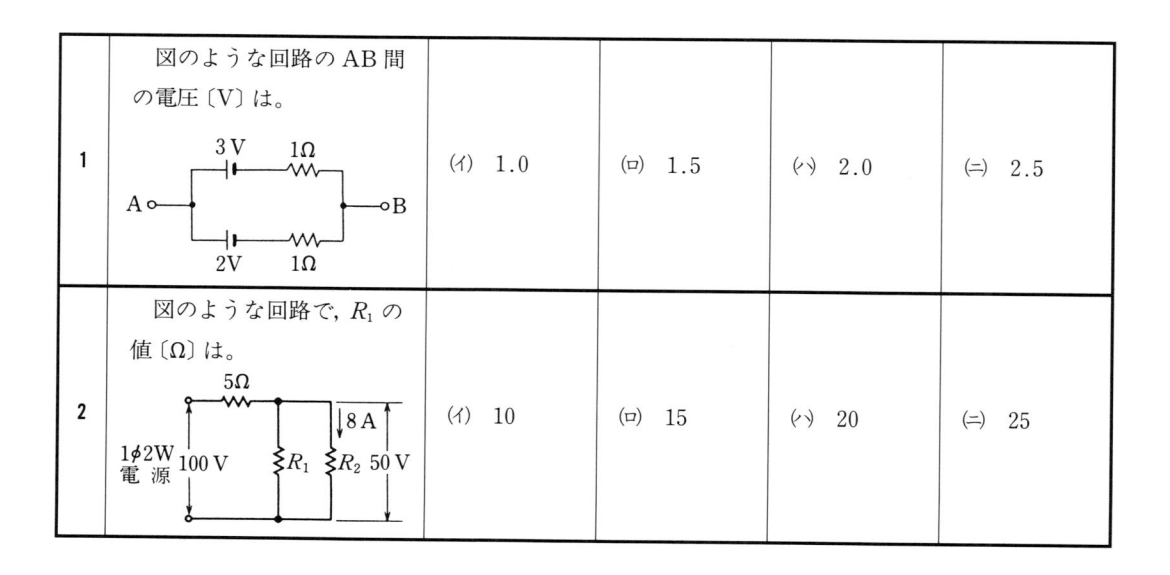

1	図のような回路の AB 間の電圧〔V〕は。	(イ) 1.0	(ロ) 1.5	(ハ) 2.0	(ニ) 2.5
2	図のような回路で，R_1 の値〔Ω〕は。	(イ) 10	(ロ) 15	(ハ) 20	(ニ) 25

3	図のような回路で，電流 I の値〔A〕は。ただし，電池の内部抵抗は無視する。 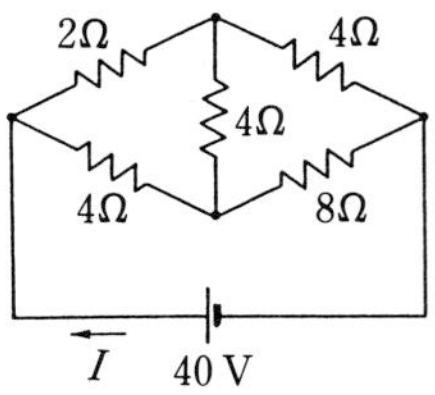	(イ) 4	(ロ) 6	(ハ) 8	(ニ) 10
4	図のような直流回路において，電流計Ⓐに流れる電流〔A〕は。 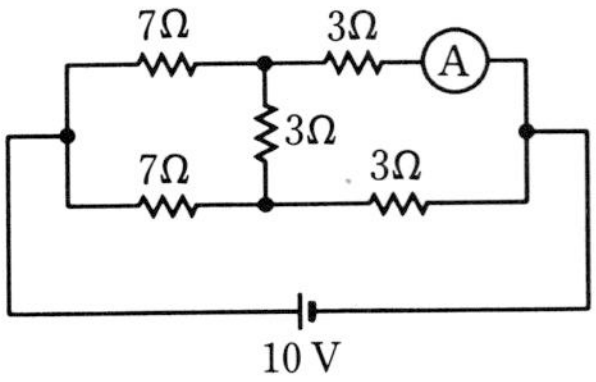	(イ) 0.1	(ロ) 0.5	(ハ) 1.0	(ニ) 2.0
5	図のような回路において，b-c 間の電圧を 50〔V〕とするには，コンデンサ C_1 の静電容量〔μF〕は。 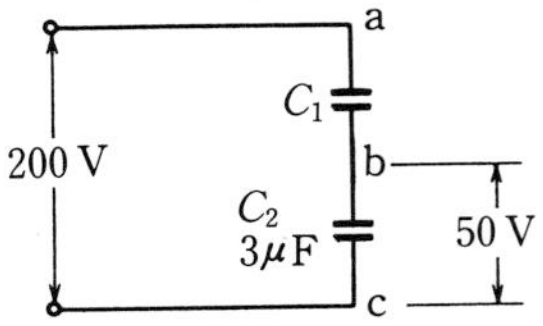	(イ) 0.5	(ロ) 1	(ハ) 1.5	(ニ) 2
6	静電容量 200〔μF〕のコンデンサに 0.5〔C〕の電荷が充電されているとき，このコンデンサに蓄えられているエネルギー〔J〕は。	(イ) 250	(ロ) 625	(ハ) 1 250	(ニ) 2 500
7	図の回路における端子 a-b 間の電圧 V の波形として正しいものは。 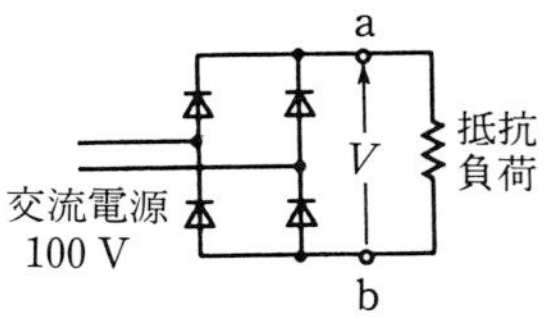	(イ) 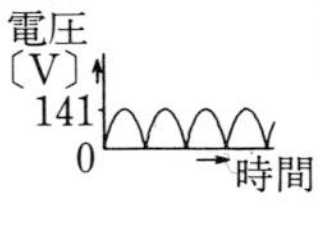	(ロ) 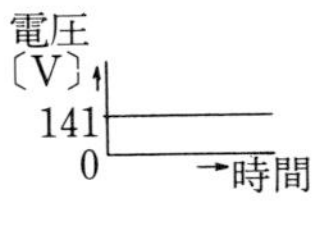	(ハ) 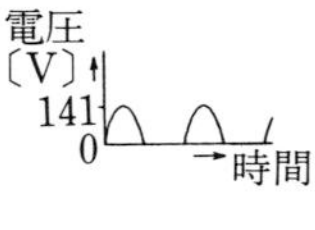	(ニ) 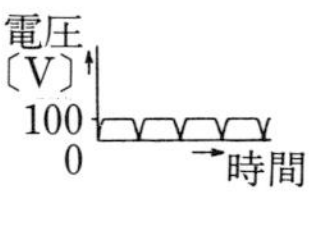

8	図の回路において，コンデンサは充電されている。スイッチSをとじたとき，抵抗Rに流れる電流Iの時間的変化を示す図は。	(イ) 電流I（減衰曲線）	(ロ) 電流I（増加飽和曲線）	(ハ) 電流I（直線増加）	(ニ) 電流I（増加後減衰）
9	図のような交流回路において，消費電力は1 600〔W〕であった。リアクタンスXの値〔Ω〕は。	(イ) 3	(ロ) 4	(ハ) 5	(ニ) 6
10	図のような交流回路で全消費電力が3.2〔kW〕であるとき，抵抗Rの値〔Ω〕は。	(イ) 2.0	(ロ) 3.1	(ハ) 3.9	(ニ) 5.0
11	図のような回路の電圧$\dot{E}$と電流$\dot{I}, \dot{I_1}, \dot{I_2}$の関係を示すベクトル図は。	(イ)	(ロ)	(ハ)	(ニ)
12	遅れ力率80〔％〕，有効電力100〔kW〕の負荷の無効電力〔kvar〕は。	(イ) 55	(ロ) 75	(ハ) 85	(ニ) 105

13	図のような交流回路に流れる電流 I の値〔A〕は。（図：120V 電源、20Ω、10Ω、30Ω の並列回路）	(イ) 2	(ロ) 10	(ハ) 14	(ニ) 22
14	図のような回路で，抵抗 R の端子電圧は 80〔V〕，回路に流れる電流は 5〔A〕であった。この回路の力率〔%〕は。（図：1φ2W 電源 100V、5A、X、R 80V）	(イ) 60	(ロ) 70	(ハ) 80	(ニ) 90
15	図のような交流回路の力率〔%〕は。（図：120V、5A、R〔Ω〕、40Ω）	(イ) 60	(ロ) 70	(ハ) 80	(ニ) 90
16	同容量の進相コンデンサ 3 個を，星形結線とした場合の容量〔kVA〕は，三角結線とした場合の容量〔kVA〕の何倍となるか。ただし，同じ三相電源に接続するものとする。	(イ) $\frac{1}{3}$	(ロ) $\frac{1}{\sqrt{3}}$	(ハ) $\sqrt{3}$	(ニ) 3
17	図のような三相交流回路に流れる電流 I の値〔A〕は。（図：3φ3W 電源 6600V、9Ω、150Ω）	(イ) 24	(ロ) 27	(ハ) 42	(ニ) 47

18	R〔Ω〕の抵抗3個をY結線して，三相交流電圧200〔V〕を加えた場合，線電流は10〔A〕であった。同じ抵抗R〔Ω〕を△結線にして，同じ三相交流電圧を加えた場合の線電流〔A〕は。	(イ) 10	(ロ) 20	(ハ) 30	(ニ) 40
19	図のような三相交流回路に流れる電流Iの値〔A〕は。 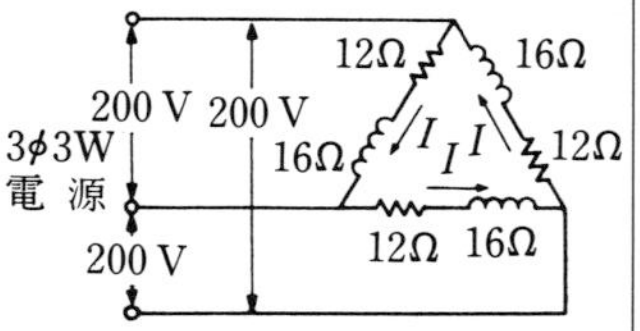	(イ) 7.1	(ロ) 10.0	(ハ) 12.4	(ニ) 17.3
20	三相交流電源に図のような負荷を接続したときの電流計の指示をI_1，C相のヒューズが溶断した状態での電流計の指示をI_2とするとき，I_2/I_1の値は。ただし，負荷の抵抗値及び電源電圧は変わらないものとする。 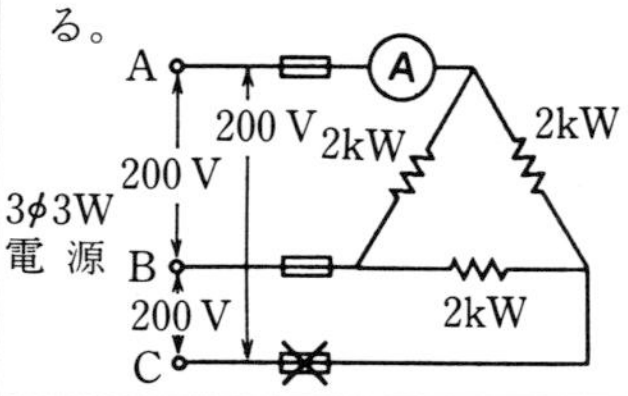	(イ) 0.87	(ロ) 1	(ハ) 1.5	(ニ) 1.73
21	電圧計の読みVと電流計の読みIとから抵抗Rを$R≒V/I$として求めるため最も誤差の少ない計器の接続方法は。ただし，抵抗Rは電圧計の内部抵抗に比較的近い値であるとする。	(イ) 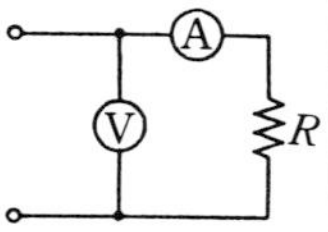	(ロ) 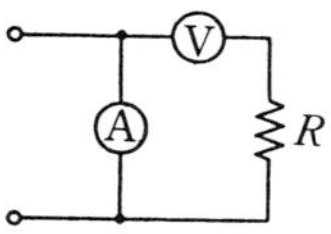	(ハ) 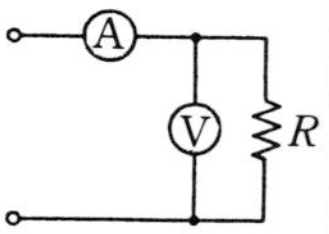	(ニ) 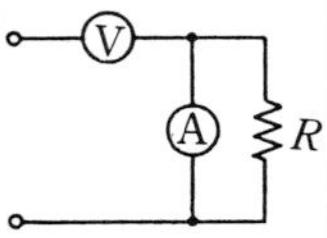

22	図の回路において，電圧計の指示値は，スイッチSを開いているとき6〔V〕で，スイッチを閉じると5〔V〕であった。電池の内部抵抗の値〔Ω〕は。	(イ)	0.1	(ロ)	0.2	(ハ)	0.4	(ニ)	0.5
23	最大目盛が3〔V〕，内部抵抗が30〔kΩ〕の電圧計の測定範囲を最大300〔V〕に拡大したい。必要な倍率器の抵抗値〔kΩ〕は。	(イ)	2 970	(ロ)	3 000	(ハ)	3 030	(ニ)	3 060
24	図のような交流回路で，スイッチSを閉じる前と後の電流計の指示値の差〔A〕は。	(イ)	7	(ロ)	14	(ハ)	25	(ニ)	32
25	図のように，最大目盛50〔mA〕，内部抵抗3〔Ω〕の電流計と分流器を用いて，線路電流を測定する。線路電流2〔A〕が流れたときに，電流計の指示値が50〔mA〕を示すための分流器の抵抗値〔Ω〕は。	(イ)	0.074	(ロ)	0.075	(ハ)	0.077	(ニ)	0.080

26	図のような抵抗 R〔Ω〕とリアクタンス X〔Ω〕の回路に交流電圧 100〔V〕を印加したとき，電流計は 10〔A〕，電力計は 800〔W〕を示した。リアクタンス X〔Ω〕の値は。	(イ) 4	(ロ) 6	(ハ) 8	(ニ) 10
27	図のような三相交流回路において，電力計 W_1 は 0〔W〕，電力計 W_2 は 1 000〔W〕を指示した。この三相負荷の消費電力の値〔W〕は。	(イ) 500	(ロ) 1 000	(ハ) 1 500	(ニ) 2 000
28	指示電気計器で，交流回路にも直流回路にも使用できる計器は。	(イ) 可動コイル形	(ロ) 熱電形	(ハ) 整流形	(ニ) 誘導形
29	誘導形電力量計の駆動装置の動作原理として正しいものは。	(イ) 電流の熱作用を利用する。 (ハ) 移動磁界と渦電流との作用を利用する。		(ロ) 静電力を利用する。 (ニ) 振動片の共振作用を利用する。	
30	平均力率を測定するのに適する計器の組合せは。	(イ) 電力量計 電力計	(ロ) 最大需要電力計 電力計	(ハ) 電力量計 無効電力量計	(ニ) 最大需要電力計 無効電力量計
31	指示電気計器で整流形の動作原理を示す記号は。	(イ)	(ロ)	(ハ)	(ニ)

第2章 電気機器

2・1 変圧器の原理と特性

(1) 変圧器の原理

一次側の巻回数を n_1, 端子電圧を V_1, 起電力を E_1, 電流を I_1, 二次側の巻回数を n_2, 端子電圧を V_2, 起電力を E_2, 電流を I_2 とし, 鉄心やコイル内に損失がないものとすると変圧比 a は,

$$a = \frac{E_1}{E_2} = \frac{n_1}{n_2} = \frac{V_1}{V_2} = \frac{I_2}{I_1} \cdots\cdots (2\cdot1)$$

となる。

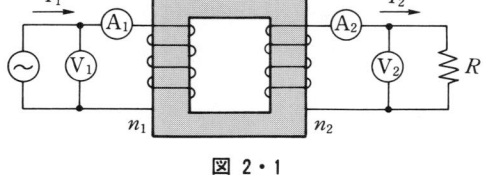

図 2・1

問題 1

図のように単相変圧器の二次側に $5\,[\Omega]$ の抵抗を接続して, 一次側に $2\,000\,[V]$ の電圧を加えたら一次側に $1.0\,[A]$ の電流が流れた。この単相変圧器の二次電圧 $V_2\,[V]$ は。

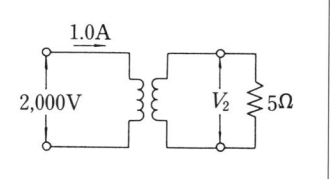

(イ) 50　(ロ) 100　(ハ) 150　(ニ) 200

解答 (ロ)

損失を無視すると, 入力 P_1＝出力 P_2 である。$P_1 = V_1 I_1$, $P_2 = V_2 I_2 = \dfrac{V_2^2}{R}$ であるから,

$$V_1 I_1 = \frac{V_2^2}{R} = 2000\,[\text{W}]$$

$$\therefore\ V_2^2 = 2000 \times R = 2000 \times 5 = 10\,000$$

よって, $V_2 = \sqrt{10\,000} = 100\,[\text{V}]$

(2) 変圧器の形式

内鉄形は, コイルに対し鉄心が内側にある構造で, 外鉄形は, コイルに対して鉄心が外側を包んでいるような構造となっている。高電圧大容量には構造上絶縁が容易になるので内鉄形が多く, 大電流の電気炉内には外鉄形が多い。柱上変圧器では内鉄, 外鉄いずれも使用されている。

鉄心　　　　　　　巻線

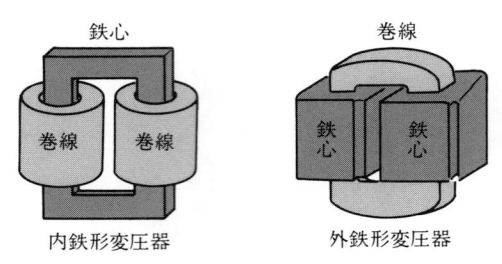

巻線　　巻線　　　鉄心　鉄心

内鉄形変圧器　　　外鉄形変圧器

図 2・2

問題 2　変圧器からの騒音を低減する方法として誤っているものは。
(イ)　変圧器の鉄心の磁束密度を高くする。
(ロ)　変圧器の鉄心に磁気ひずみの小さいけい素鋼板を用いる。
(ハ)　変圧器の鉄心の締付け圧力を十分にする。
(ニ)　変圧器と床との間に防振ゴムを敷く。

解答　(イ)

　変圧器の騒音低減策としては，鉄心の締付けを十分に行うこと，床との間に防振ゴムを敷くことなどがある。
　材料面からは，鉄心の磁気ひずみが小さいこと，磁束密度が小さいこと（飽和させないこと）などがある。

〔3〕 変圧器の％抵抗，％リアクタンス，％インピーダンス

$$\left.\begin{array}{l}\%抵抗 \cdots\cdots \%r=\dfrac{I_1 \cdot r}{V_1}\times 100=\dfrac{p_c}{V_1 \cdot I_1}\times 100 \text{〔\%〕}\\ \%リアクタンス \cdots \%x=\dfrac{I_1 \cdot x}{V_1}\times 100=\sqrt{(\%z)^2-(\%r)^2} \text{〔\%〕}\\ \%インピーダンス \cdots \%z=\dfrac{V_s}{V_1}\times 100=\dfrac{I_1 \cdot z_0}{V_1}\times 100 \text{〔\%〕}\end{array}\right\} \cdots\cdots (2\cdot 2)$$

　ここに，I_1：定格一次電流，V_1：定格一次電圧，p_c：銅損，r：等価抵抗，x：等価リアクタンス，z_0：等価インピーダンス，V_2：インピーダンス電圧

　$\%r, \%x, \%z$ とは巻線の抵抗，リアクタンス，インピーダンスによる電圧効果を百分率で表したものであり，これらの諸量は，短絡試験によって求めることができる。
　短絡試験は図 2・3 のように，変圧器の二次側を短絡し，一次側には電流計，電圧計及び電力計を接続して行う。そして，二次を短絡した状態で一次側に定格電流を流し

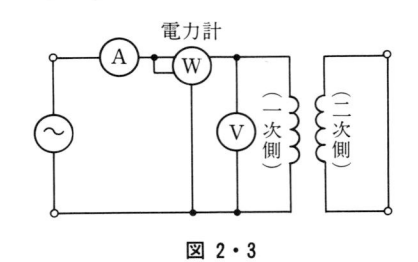

図 2・3

たとき，電圧計Vの指示がインピーダンス電圧，電力計の指示が銅損を表す。いま，変圧器の短絡試験によって得たインピーダンス電圧が V_s，銅損が p_c であったとする。そして，変圧器の一次側端子から見た抵抗（等価抵抗）を r，リアクタンス（等価リアクタンス）を x，インピーダンス（等価インピーダンス）を z_0，一次電流を I_1 とすれば，

$$\left.\begin{array}{l} p_c = I_1^2 r \quad \therefore \quad r = \dfrac{p_c}{I_1^2} \\[2mm] V_s = I_1 z_0 \quad \therefore \quad z_0 = \dfrac{V_s}{I_1} \quad x = \sqrt{z_0^2 - r^2} \end{array}\right\} \quad \cdots\cdots\cdots\cdots\cdots\cdots (2\cdot 3)$$

として求められる。

また，インピーダンス電圧とそれを測定した例（一次または二次）の定格電圧との比の百分率を**％（パーセント）インピーダンス**という。100 kVA の変圧器の％インピーダンス電圧は約 3～4％である。

問題 3

容量 30 kVA，6 300/210 V の配電用単相変圧器の短絡試験で，一次側に定格電流 4.76 A を流した。このときの一次側供給電圧は 220 V で，入力 550 W であった。この場合，変圧器の％z，及び％x を求めよ。

解答 ％z = 3.49〔％〕，％r = 1.83〔％〕，％x = 2.97〔％〕

変圧器の短絡試験は一般に，変圧器の二次側（低圧側）を短絡して，一次側（高圧側）に定格電流を流したとき，その端子電圧（一次供給電圧）がインピーダンス電圧である。したがって，％z，％r，％x は，式(2・2)から次のように求められる。

$$\%z = \frac{\text{インピーダンス電圧}}{\text{定格一次電圧}} \times 100 = \frac{220}{6\,300} = 3.49 \text{〔％〕}$$

$$\%r = \frac{\text{一次入力}}{\text{定格一次電圧}\times\text{定格一次電流}} \times 100 = \frac{550}{6\,300 \times 4.76} \times 100 = 1.83 \text{〔％〕}$$

$$\%x = \sqrt{(\%z)^2 - (\%r)^2} = \sqrt{3.49^2 - 1.83^2} = 2.97 \text{〔％〕}$$

問題 4

容量 30 kVA，6 300/210 V の配電用単相変圧器の短絡試験において，二次側に定格電流が流れるように一次側に電圧を加えたところ，220.5 V であった。この変圧器の％z〔％〕は。

解答 3.5〔％〕

変圧器二次側を短絡したとき，一次，二次間の短絡電流の関係は，一次短絡電流を I_{1s}，二次短絡電流を I_{2s}，一次，二次の巻数比を a とすれば，

$$I_{1s} = aI_{2s}$$

で表される。したがって，二次側に定格電流が流れているときは，一次側にも定格電流が流れること

がわかる。ゆえに，%zは，次のようになる。

$$\%z = \frac{V_s}{V_1} \times 100 = \frac{220.5}{6\,300} \times 100 = 3.5\,[\%]$$

(4) 変圧器の極性

変圧器の極性は，一次，二次誘導起電力間の位相関係を表すもので単相変圧器の並列運転，三相結線を行う場合に必要であり，我が国では減極性が標準である。

(5) 単巻変圧器

図2・4のように巻線の一部を一次及び二次に共用するものを**単巻変圧器**という。共用部分の巻線 ac を**分路巻線**，共用しない部分の巻線 bc を**直列巻線**という。

(1) 自己容量と線路容量

単巻変圧器の自己容量 P_s 及び線路容量 P_l は，次のようになっている。

$$\left. \begin{array}{l} P_s = V_s \cdot I_2 = (V_2 - V_1)I_2\,[\text{VA}] \\ P_l = V_2 I_2\,[\text{VA}] \end{array} \right\} \quad \cdots\cdots (2\cdot 4)$$

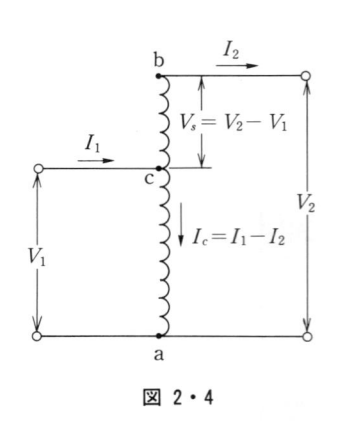

図 2・4

単巻変圧器は分路巻線を一次巻線，直列巻線を二次巻線とする変圧器として動作している。したがって，変圧器自身の容量は直列巻線の出力に等しく，これを**自己容量**，また，単巻変圧器の二次電圧 V_2 と二次電流 I_2 の積 $(V_2 \times I_2)$ を**線路容量**（または負荷容量）といい，それぞれ式(2・4)のように表される。

問題5 図のような単巻変圧器において，入力側電圧を V_1，出力側電圧を V_2 とする。出力側に負荷電流 I_2 が流れたとき，一次側電流 I_1 を示す式は。ただし，変圧器の損失は無視する。

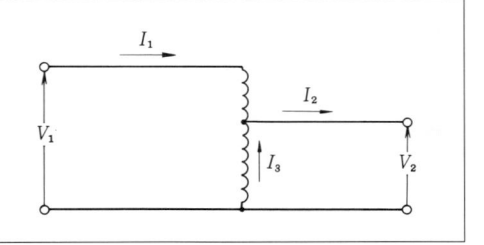

解答 $I_1 = \dfrac{V_2}{V_1} \cdot I_2$

変圧器の負荷容量は $V_1 I_1 = V_2 I_2$ で表される。したがって，単巻変圧器の場合も同様であるから，次式のようになる。

$$\frac{V_2}{V_1} = \frac{I_2}{I_1} \qquad \therefore \quad I_1 = \frac{V_2}{V_1} \cdot I_2$$

問題6 一次電圧200 V, 2次電圧220 V, 自己容量1 kVAの単巻変圧器を配電線路の昇圧器として使用する場合, 2次側に接続できる最大負荷〔kVA〕は。

解答 11 kVA

単巻変圧器を昇圧器として使用する場合は, 図2・4のように接続して行う。問題は, 自己容量がわかっていて負荷容量を求めるので,

$$\text{自己容量} \quad P_s = (V_2 - V_1) \cdot I_2 \text{ 〔VA〕} \quad \cdots\cdots(1)$$
$$\text{負荷容量} \quad P_l = V_2 I_2 \text{ 〔VA〕} \quad \cdots\cdots(2)$$

式(1)から, $I_2 = \dfrac{P_s}{V_2 - V_1} = \dfrac{1\,000}{220 - 200} = 50$ 〔A〕

∴ $P_l = 220 \times 50 = 11\,000$ 〔VA〕= 11〔kVA〕

2・2 変圧器の並行運転

ある需要家の負荷を増設したため, 変圧器1台では出力が不足する場合, 2台またはそれ以上を並列に接続し, 全体としての出力を増加させて負荷に見合った変圧器容量で使用する。この場合には, 次のことに注意しなければならない。

〔1〕 並行運転の必要条件

① 各変圧器の間に循環電流が流れないこと。
② 各変圧器の位相が合っていること。
③ 各変圧器の電流はその容量に比例して分担していること。

これらの条件をみたすには, 単相変圧器及び三相変圧器に対し, それぞれ次のことを守らなければならない。

〔2〕 単相変圧器の場合

① 巻数比が等しいこと。つまり, 一次側, 二次側の定格電圧がそれぞれ等しいこと。
② 極性が同じであること。
③ ％インピーダンスが等しいこと。
④ (巻線の抵抗)/(漏れリアクタンス)が相等しいこと。

〔3〕 変圧器の並行運転の分担負荷

いま, 2台の変圧器の容量などの条件が下記のとおりとすると,
a 変圧器の定格容量：P_{am} , b 変圧器の定格容量：P_{bm}
a 変圧器の分担負荷：P_a , b 変圧器の分担負荷：P_b

a 変圧器の％インピーダンス：$\%Z_a$ ， b 変圧器の％インピーダンス：$\%Z_b$

a，b 両変圧器の実質合計負荷：P_m

分担負荷は，次のとおりとなる。

$$\left. \begin{array}{l} \dfrac{P_b}{P_a} = \dfrac{\dfrac{P_{bm}}{\%Z_b}(=B)}{\dfrac{P_{am}}{\%Z_a}(=A)} = \dfrac{P_{bm}}{P_{am}} \times \dfrac{\%Z_a}{\%Z_b} \\ \\ P_a = P_m \times \dfrac{A}{A+B} \quad , \quad P_b = P_m \times \dfrac{B}{A+B} \quad , \quad P_a + P_b = P_m \end{array} \right\} \cdots\cdots (2\cdot5)$$

（4） 三相変圧器の場合

① 相回転，角変位が等しいこと。

② その他は単相変圧器と同じ。

問題 7 単相の変圧器を 2 台並列に運転しようとする場合の必要条件は。

(イ)
(1) 巻数比が等しいこと
(2) 極性が一致していること
(3) ％インピーダンスが等しいこと

(ハ)
(1) 巻線の抵抗が等しいこと
(2) 容量が等しいこと
(3) 極性が等しいこと

(ロ)
(1) 容量が等しいこと
(2) 極性が一致していること
(3) ％インピーダンスが等しいこと

(ニ)
(1) 効率が等しいこと
(2) 容量が等しいこと
(3) 巻線の抵抗が等しいこと

解答 (イ)

(1) 巻数比が合わない場合は，一次側に同一電源を接続すると，二次側電圧が等しくないから変圧器内部に循環電流が流れる。

(2) 極性が一致しない場合，二次側電圧は 180° の位相があるので短絡に似た状態となり，変圧器を焼損するおそれがある。

(3) ％インピーダンスが等しくない場合は，この場合に並列運転すると変圧器に流れる電流は各％インピーダンスに反比例する。したがって，条件が合わないと負荷容量に比例した負荷電流に分配されない。

2・3 変圧器の損失と効率

（1） 変圧器の損失

変圧器の損失は次のようになっている。

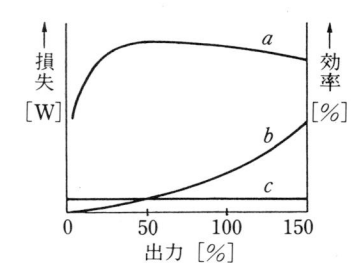

2·3 変圧器の損失と効率

```
変圧器の損失 ─→ 鉄損 ─→ ヒステリシス損
             │      └→ うず電流損
             └→ 銅損
```

① 鉄損は負荷の大小に関係なく一定で**固定損**といい，一次側電圧の2乗に比例する。鉄損の約80%はヒステリシス損である。

② 銅損は**負荷損**ともいわれ，負荷電流の2乗に比例して増加する。

問題 8

図は，変圧器の出力に対する損失及び効率の曲線である。図中の a, b, c の各曲線が示すものの組み合わせとして正しいものは。

(イ) a.銅損 b.効率 c.鉄損
(ロ) a.鉄損 b.効率 c.銅損
(ハ) a.効率 b.鉄損 c.銅損
(ニ) a.効率 b.銅損 c.鉄損

解答 (ニ)

変圧器の損失試験では，鉄損は無負荷試験。また銅損の測定は短絡試験で行われる。

鉄損は，ヒステリシス損とうず電流損が主であり負荷に関係なくおおむね一定である。また銅損は負荷電流による巻線内の損失で，漂遊損も若干あるが無視でき，負荷電流の2乗に比例する。

効率は，次式で示される。

$$効率 = \frac{出力〔kW〕}{入力〔kW〕} \times 100 = \frac{出力〔kW〕}{出力〔kW〕+鉄損〔kW〕+銅損〔kW〕} \times 100 〔\%〕$$

理論上は鉄損と銅損が等しいときに効率は最大となる。

問題 9

変圧器の一次側に定格電圧の $1/2$ の電圧を加え，二次側に定格電流の2倍の電流を流すと，鉄損 p_i と銅損 p_c とは定格時の値に比べて。

(イ) p_i は 1/4 倍 p_c は 4 倍
(ロ) p_i は 1/2 倍 p_c は 4 倍
(ハ) p_i は 1/2 倍 p_c は 2 倍
(ニ) p_i は 1/4 倍 p_c は 2 倍

解答 (イ)

鉄損は一次電圧のほぼ2乗に比例する。したがって，定格時の鉄損を p_{i0} とすれば 1/2 の電圧を加えたときには，

$$p_i = \left(\frac{1}{2}\right)^2 \times p_{i0} = \frac{1}{4} \cdot p_{i0}$$

となる。また，銅損は負荷電流の2乗に比例する。したがって，定格時の銅損を p_{c0} とすれば，2倍の負荷電流が流れたときは次のようになる。

$$p_c = 2^2 \times p_{c0} = 4p_{c0}$$

問題10 単相配電用変圧器の全負荷時の銅損が 1.8 kW であった。1/3 負荷時の銅損〔W〕は。

解答 200 W

変圧器の銅損は負荷電流の2乗，すなわち負荷容量の2乗に比例する。したがって，1/3の負荷では，次のようになる。

$$1800 \times (1/3)^2 = 200 \text{〔W〕}$$

問題11 変圧器の鉄損に関する記述として正しいものは。
(イ) 周波数が変化しても鉄損は一定である。
(ロ) 鉄損はうず電流損より小さい。
(ハ) 鉄損はヒステリシス損より小さい。
(ニ) 一次側電圧が高くなると鉄損は増加する。

解答 (ニ)

鉄損は一次電圧 V_1 の2乗に比例し，一定電圧で周波数が上昇すると，うず電流損は変わらないが，ヒステリシス損は減少する。

〔2〕 効率

一般に変圧器の効率 η は，出力〔kW〕と入力〔kW〕との比を百分率で表した値である。すなわち，

$$\text{効率 } \eta = \frac{\text{出力〔kW〕}}{\text{入力〔kW〕}} \times 100 = \frac{\text{出力〔kW〕}}{\text{出力〔kW〕} + \text{鉄損〔kW〕} + \text{銅損〔kW〕}} \times 100 \text{〔%〕}$$

で求められる。いま，変圧器の容量を P〔kVA〕，鉄損を p_i〔kW〕，銅損を p_c〔kW〕，負荷力率を $\cos\theta$ とすれば，

$$\eta = \frac{P\cos\theta}{P\cos\theta + p_i + p_c} \times 100 \text{〔%〕} \quad\cdots\cdots (2 \cdot 6)$$

理論上は鉄損と銅損が等しいときに効率は最大となる。一般に用いられている配電用変圧器の効率は 97～98％程度である。

また，変圧器の負荷は1日中常に変化している。一昼夜における出力電力量〔kWh〕と入力電力

量〔kWh〕との比を，百分率で表した値を**全日効率**といい，これを求めるには次のようにして計算する。

$$全日効率 = \frac{1日中の全出力電力量〔kWh〕}{1日中の全入力電力量〔kWh〕} \times 100 〔\%〕$$

$$= \frac{1日中の全出力電力量〔kWh〕}{1日中の全出力電力量〔kWh〕 + 1日中の全鉄損〔kWh〕 + 1日中の全銅損〔kWh〕}$$

$$\cdots\cdots\cdots\cdots(2\cdot7)$$

問題 12 定格容量 30 kVA，定格電圧における鉄損が 110 W，定格電流における銅損が 480 W の単相変圧器を，電圧は定格電圧，負荷電流は定格電流の 1/2，負荷力率 80% の条件で使用したとすれば，そのときの変圧器の効率〔%〕はおよそいくらか。

解答 98.1%

負荷電流が定格電流の $\frac{1}{2}$ のとき，変圧器の出力 P_o，鉄損 p_i，銅損 p_c は，

$$P_o = 30 \times 0.8 \times \frac{1}{2} = 12 〔kW〕$$

$$p_i = 0.11 〔kW〕 \quad (鉄損は固定損)$$

$$p_c = 0.480 \times \left(\frac{1}{2}\right)^2 = 0.12 〔kW〕$$

ゆえに，効率 η は，

$$\eta = \frac{P_o}{P_o + p_i + p_c} \times 100 = \frac{12}{12 + 0.11 + 0.12} \times 100 = \frac{12}{12.23} \times 100 ≒ 98.1 〔\%〕$$

問題 13 3.3 kV 用 10 kVA の柱上変圧器を 1 日 8 時間は全負荷，その他は無負荷で使用する場合の全日効率は。ただし，鉄損は 100 W，全負荷銅損 200 W，力率 100% とする。

解答 95.2%

1 日中の出力電力量 $W_0 = 10 \times 1 \times 8 = 80 〔kWh〕$

1 日中の鉄損電力量 $w_i = 0.1 \times 24 = 2.4 〔kWh〕$

1 日中の銅損電力量 $w_c = 0.2 \times 8 = 1.6 〔kWh〕$

$$全日効率 = \frac{W_0}{W_0 + w_i + w_c} \times 100 = \frac{80}{80 + 2.4 + 1.6} \times 100 = \frac{80}{84} \times 100 ≒ 95.2 〔\%〕$$

2・4 変圧器の結線

変圧器は線路における主要機器であるが，設計いかんでは経済性や安全性を欠くことがある。設計には失敗は許されないという厳しさもあってか，変圧器関係の問題が多く出題されている。ここでは結線の種類と電圧，電流及び容量についてまとめることにしよう。

第2章 電気機器

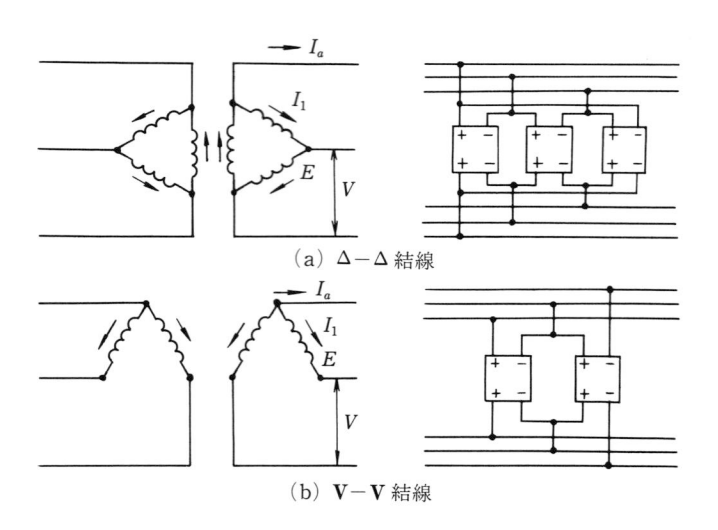

図2·5

(a) △-△結線

(b) V-V結線

変圧器の結線で実際に使用されているものは，図2·5に示すような△-△結線，V-V結線で，その主な特徴は表2·1に示すとおりである。

表2·1

	△-△結線	V-V結線	備考
二次側線間電圧	V	V	線間電圧をVとする。
二次側相電圧	$E=V$	$E=V$	相電圧は変圧器1台の電圧Eで表している。
二次側線電流	I_a	I_a	線電流をI_aとする。
二次側相電流	$I_1=\dfrac{I_a}{\sqrt{3}}$	$I_1=I_a$	相電流は変圧器コイル流れる電流で，これをI_1とする。
変圧器の定格と台数	$K\times 3$	$K\times 2$	
結線変圧器群の合計出力	$\sqrt{3}VI_a=\sqrt{3}E\cdot\sqrt{3}I_1$ $=3\cdot E\cdot I_1=3K$	$\sqrt{3}VI_a=\sqrt{3}E\cdot I_1$ $=\sqrt{3}K$	変圧器1台の容量をKとする。
変圧器の利用率	$\dfrac{3K}{3K}\times 100=100$	$\dfrac{\sqrt{3}K}{2K}\times 100=86.6$	利用率$=\dfrac{合計出力}{変圧器の合計容量}\times 100$〔％〕

問題 14

1台の定格容量10 kVAの単相変圧器2台をV結線したものがある。これと同じ容量の変圧器1台を増設して△結線したとき，増加分の出力〔kVA〕はいくらか。

(イ) 8.7　　(ロ) 10　　(ハ) 12.7　　(ニ) 17.3

解答　(ハ)

V結線→△結線に結線変更したときの出力の増加分は，

P_1……V結線の出力 $=\sqrt{3}\times10$〔kVA〕, P_2……△結線の出力 $=3\times10$〔kVA〕
出力増加分 $P_2-P_1=30-17.32=12.7$〔kVA〕

問題 15 同容量の単相変圧器3台を△-△結線で使用中,1台が故障したので残りの2台をV-V結線として使用した場合,変圧器のバンクにかけられる最大負荷は故障前のそれの何倍か。

(イ) $\dfrac{\sqrt{3}}{2}$ (ロ) $\dfrac{1}{\sqrt{3}}$ (ハ) $\sqrt{3}$ (ニ)

解答 (ロ)

故障前の最大出力 $P_1=3\times K$（1台の容量を K）

故障後の最大出力 $P_2=\sqrt{3}\times K$ ∴ $\dfrac{P_2}{P_1}=\dfrac{\sqrt{3}K}{3K}=\dfrac{1}{\sqrt{3}}$

問題 16 定格出力 10〔kVA〕の単相変圧器3台を△-△結線にして,電力を供給した。1台の変圧器が故障したので,残りの2台でV結線に配線替えをして電力を供給する場合,供給できる負荷の設備容量の最大値〔kVA〕は。ただし,変圧器は過負荷で使用しないものとする。

(イ) 10.0 (ロ) 14.1 (ハ) 17.3 (ニ) 20.0

解答 (ハ)

△結線で運転中の変圧器1台が故障しても,引き続きV結線にして運転できる。ただし,供給できる容量は減少し

$$V結線の利用率=\dfrac{\sqrt{3}}{2}\times100=86.6〔\%〕$$

となる。よって,

$2\times10\times0.866=17.3$〔kVA〕

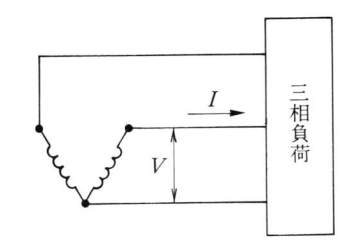

2・5 変圧器の試験法

(1) 極性試験

並列運転等に必要な条件の一つである極性を求める試験である。

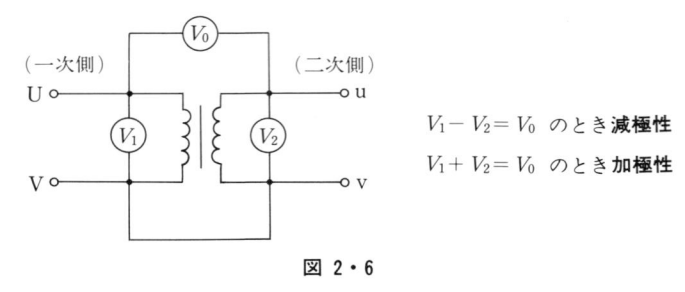

$V_1 - V_2 = V_0$ のとき **減極性**

$V_1 + V_2 = V_0$ のとき **加極性**

図 2・6

(2) 無負荷試験

変圧器の無負荷運転時に発生する損失（鉄損）を測定する試験である。

一次側を開放し，**二次側**に定格電圧を加えると，電力計Ⓦは無負荷損（鉄損）を指示する。このときの電流計Ⓐは，励磁電流を示す。

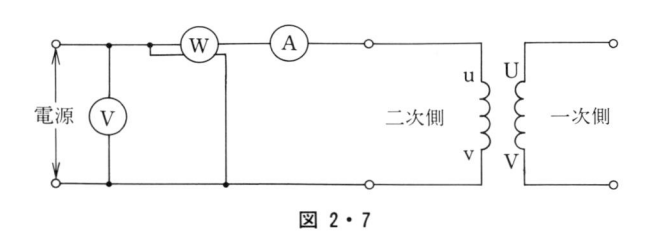

図 2・7

(3) 短絡試験

変圧器に定格負荷がかかったときに発生する損失（銅損）を測定する試験である。

二次側を短絡して，**一次側**に定格電流を流す。このとき電力計Ⓦは負荷損（銅損）を示し，電圧計Ⓥの読みがインピーダンス電圧である。

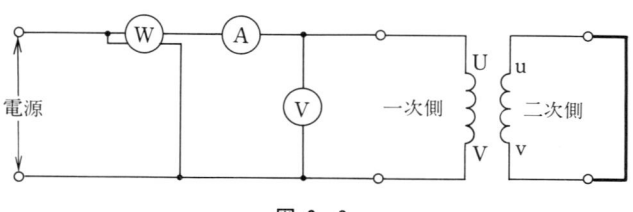

図 2・8

(4) 温度上昇試験

変圧器に定格負荷をかけて連続運転させたとき，巻線や絶縁油の温度上昇を測定する試験である。実負荷法と返還負荷法があるが一般的に返還負荷法が用いられる。

定格二次電圧 V_2，定格一次電流 I_1 を一定に保ち，最終温度上昇に達すまで継続し，巻線抵抗温度上昇を測定する。

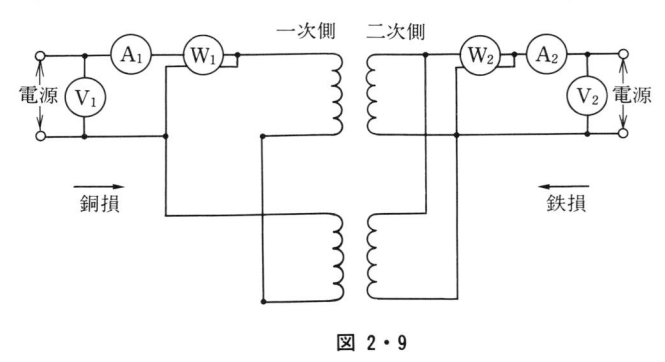

図 2・9

(5) 絶縁耐力試験

一次側，二次側の巻線相互間，巻線と外箱（大地）の間の絶縁の強さを測定する試験である。

問題 17 変圧器のインピーダンス電圧を求める試験方法は。
(イ) 無負荷試験　　(ロ) 短絡試験　　(ハ) 変圧比試験　　(ニ) 負荷試験

解答 (ロ)

変圧器のインピーダンス電圧の測定方法は，短絡試験による。

問題 18 図のような回路で行う変圧器の試験は。
(イ) 負荷損及びインピーダンス電圧試験
(ロ) 変圧比試験　　(ハ) 極性試験　　(ニ) 無負荷損試験

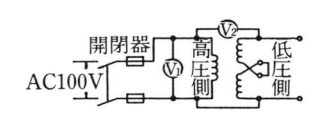

解答 (ハ)

問題 19 変圧器の絶縁油の劣化診断に直接関係のない試験は。
(イ) 温度上昇試験　　(ロ) 外観試験（にごり・ごみ等）　　(ハ) 絶縁破壊電圧試験
(ニ) 酸価度（酸価測定）試験

解答 (イ)

絶縁油の劣化診断には，高圧受電設備指針によると次の三つがある。(1) 絶縁耐力試験，(2) 酸価度試験，(3) 腐食性試験，である。

したがって，温度上昇試験は必要ない。

2・6 同期電動機

同期電動機は，負荷の軽い重いにかかわらず一定の回転速度，すなわち，同期速度 N_s（$N_s=120f/p$，ただし，p：極数，f：周波数〔Hz〕）で回転することが特長で，産業用として大容量の機械に用いられている。

位相特性 同期電動機は，励磁電流を変えることによって電機子電流が大きく変化する。また，大きな特長として励磁電流を変えることによって力率を遅れ，進みのいずれにも自由に変えられる。もちろん100%にもできる。この関係を表すものに位相特性曲線がある。

問題 20 次の □ の中に適当な答えを記入せよ。

同期電動機を一定負荷あるいは無負荷で運転中に，励磁電流 I_f を加減すると電機子電流 I が変化する。この I_f と I の関係を示す曲線を (1) 曲線といい，I_f がある値のとき I が (2) になり，力率は1となる。これより弱い励磁では (3) 力率，強い励磁では (4) 力率となる。

解答 (1) 位相特性（V 特性），(2) 最小，(3) 遅れ，(4) 進み

同期電動機を，無負荷または一定の負荷状態の下で直流励磁すると，電機子電流が変化し，励磁電流のある値のとき電機子電流は最小となる。このときの交流側の力率は1で，これより弱い励磁では遅れ力率，また，強い励磁では進み力率となる。したがって，電機子電流と励磁電流の関係は図のように位相特性曲線（**V 特性曲線**ともいう）で表される。図の破線は最小電流曲線を示している。

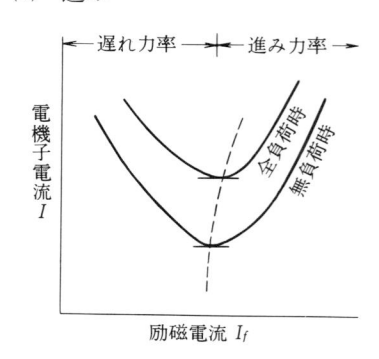

問題 21 同期発電機を並列運転する条件として，必要でないものは。

(イ) 周波数が等しいこと。　(ロ) 電圧の大きさが等しいこと。
(ハ) 発電容量が等しいこと。　(ニ) 電圧波形が等しいこと。

解答 (ハ)

同期発電機を並列運転するには，次の3つの条件を満足することが必要になる。
① 起電力の大きさが等しいこと。
② 起電力の位相が等しいこと（電圧波形も等しいこと）。
③ 起電力の周波数が等しいこと。

2・7 誘導電動機の原理と特性

　三相誘導電動機は多く用いられている電動機で，かご形と巻線形があるが，かご形が最も多く用いられている。

(1) 同期回転速度（同期速度）とすべり，回転速度

　同期速度を N_s，すべりを s，回転速度を N とすれば，

$$\left. \begin{array}{l} 回転速度\cdots N_s = \dfrac{120f}{p}\,[\mathrm{rpm}] \\[2mm] すべり \cdots\cdots s = \dfrac{N_s - N}{N_s} \times 100\,[\%] \\[2mm] 回転速度\cdots N = N_s(1-s) \end{array} \right\} \quad \cdots\cdots (2\cdot 8)$$

　　　　ここに，f：周波数 [Hz]，p：極数

　誘導電動機は負荷の軽い重いによって，回転子の回転速度が回転磁界の速度（同期速度）よりわずかに遅れて回転する。この遅れと同期速度の比を**すべり**と呼んでいる。一般にかご形では kw の容量ですべり s が 6〜9％，巻線形では 5〜5.5％ ぐらいの値である。

(2) 出力，トルク，すべりの関係

　入力を P_i，出力を P_o，トルクを T とすれば，それぞれ次のような関係にある。

$$\left. \begin{array}{l} P_i = \sqrt{3}\,VI\cos\varphi\,[\mathrm{W}] \\ P_o = \sqrt{3}\,VI\cos\varphi\,\eta\,[\mathrm{W}] \end{array} \right\} \quad \cdots\cdots (2\cdot 9)$$

$$T = \dfrac{p}{4\pi f} \times \dfrac{3V'^2 \left(\dfrac{r'_2}{s}\right)}{\left(r_1 + \dfrac{r'_2}{s}\right)^2 + (x_1 + x'_2)^2}\,[\mathrm{N\cdot m}] \quad \cdots\cdots (2\cdot 10)$$

ここに，V：線間電圧，I：線電流，$\cos\varphi$：電動機力率，η：電動機効率
　　　　V'：一相の供給電圧 [V]，f：周波数 [Hz]，p：極数，s：すべり
　　　　r_1, x_1：一次一相の巻線抵抗 [Ω]，漏れリアクタンス [Ω]
　　　　r_2, x_2：一次に換算した一相の二次巻線抵抗 [Ω]，二次漏れリアクタンス [Ω]

　電動機の定格出力とは，回転子軸において使用する機械的出力のことである。例えば，定格出力 11 kW とは，出力の公式の P_o が定格時に 11 kW ということである。
　また，トルクの公式において，すべり s を一定とすると運転中のトルク T は供給電圧の 2 乗に

比例し，周波数 f に反比例することがわかる。

すべり s とトルク T，すべり s と出力 P_o の関係を表すと図 2·10 のようになる。

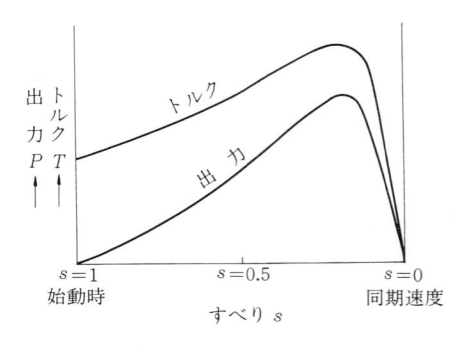

図 2·10

問題 22

次の ☐ の中に適当な答を記入せよ。

4極のかご形三相誘導電動機がある。これを 50 Hz の電源で運転したとき，その同期速度 N_s は ☐(1)☐ rpm で，全負荷運転した場合の回転数 N が 1410 rpm であったとすれば，すべり s は ☐(2)☐ ％である。この電動機を 60 Hz で運転したときすべりが同一であるとすれば回転数は ☐(3)☐ ％上昇する。

解答 (1) 1500 〔rpm〕, (2) 6〔％〕, (3) 20〔％〕

誘導電動機の同期速度 N，及びすべり s は式(2·8)から，

$$N_s = \frac{120f}{p} = \frac{120 \times 50}{4} = 1500 \text{〔rpm〕}$$

$$s = \frac{N_s - N}{N_s} \times 100 \text{〔％〕} = \frac{1500 - 1410}{1500} \times 100 = 6 \text{〔％〕}$$

で表される。また，回転数は電源の周波数に正比例する。したがって，60 Hz で運転したときの回転数の比は，

$$\frac{N_{60}}{N_{50}} = \frac{60}{50} = 1.2$$

となり，50 Hz のときの 20％の上昇となる。

問題 23

三相 200 V，50 Hz で使用する 6 極の電動機がある。全負荷時においてすべりが 4％であるとき，回転数〔rpm〕はいくらか。

解答 960 rpm

三相誘導電動機の回転数〔rpm〕は式(2·8)から，

$$N = N_s(1-s), \quad N_s = \frac{120f}{p}$$

$$\therefore N = \frac{120 \times 50}{6}(1-0.04) = 960 \text{〔rpm〕}$$

問題 24

定格が 200 V, 22 kW, 50 Hz の巻線形三相誘導電動機がある。定格負荷時における力率が 80%, 効率が 88% であるときの定格負荷電流〔A〕はいくらか。

解答 90〔A〕

三相電動機出力 P_o は, 式(2・9) から,
$$P_o = \sqrt{3}\,VI \cos\rho\varphi \text{ [W]}$$
したがって, 定格負荷時の電流 I は,
$$I = \frac{P_o}{\sqrt{3}\,V \cos\varphi\,\eta} = \frac{22\,000}{\sqrt{3}\times 200\times 0.8\times 0.88} \fallingdotseq 90 \text{ [A]}$$
となる。

問題 25

定格電圧 200 V の三相誘導電動機に加わる電圧が 196 V であるとき, そのトルクは, 定格電圧のときのおよそ何〔%〕か。ただし, すべりは同一とする。

解答 96.04〔%〕

三相誘導電動機のトルクは供給電圧の2乗に比例する。したがって, 定格電圧 200 V, 供給電圧 196 V の場合のトルクの比は, 次のようになる。
$$\frac{196^2}{200^2}\times 100 = 96.04 \text{ [%]}$$

問題 26

定格出力 15〔kW〕, 定格電圧 200〔V〕の三相誘導電動機の全負荷時の力率が 84〔%〕, 一次電流 60〔A〕とすれば, この電動機の全負荷時の効率〔%〕は。

　(イ) 85　　(ロ) 86　　(ハ) 87　　(ニ) 88

解答 (ロ)

三相電動機出力は, 次式で表される。
$$P_o = \sqrt{3}\,VI \cos\varphi\,\eta \text{ [W]}$$
　　V：電圧〔V〕, I：電流〔A〕, $\cos\varphi$：力率〔%〕, η：効率〔%〕

題意により数値を代入すると,
$$\eta = \frac{15\times 10^3}{\sqrt{3}\times 200\times 60\times 0.84} \fallingdotseq 86 \text{ [%]}$$

2・8 誘導電動機の起動法

(1) かご形誘導電動機の始動法

かご形誘導電動機は，最初から定格電圧を加えて始動する全電圧始動法を行う場合が多い。しかし，容量が大きくなると，始動電流も大きくなり，付近の配電線などに悪い影響を生ずる場合がある。このようなときには，始動時に電圧を下げて始動する低減電圧始動法を用いる。

(1) 全電圧始動法

電動機を始動する際，最初から**定格電圧**を加えて運転する方法である。小容量電動機では最初から定格電圧を加えると定格電流の4～6倍の始動電流が流れるが，容量が小さいため配電線などに対する影響も少ないので，直接全電圧を加えて始動できる。

(2) Y－△始動

始動時にはY結線にして巻線に加わる電圧を下げて始動し，運転速度になったとき△結線にして定格電圧を加えて（巻線には全電圧が加わる）運転する方法である。始動（Y結線）時の一相の電圧は線間電圧の$1/\sqrt{3}$となるから，始動電流，始動トルクとも全電圧始動した場合の1/3となる。

(a) 全電圧始動　　(b) スターデルタ始動

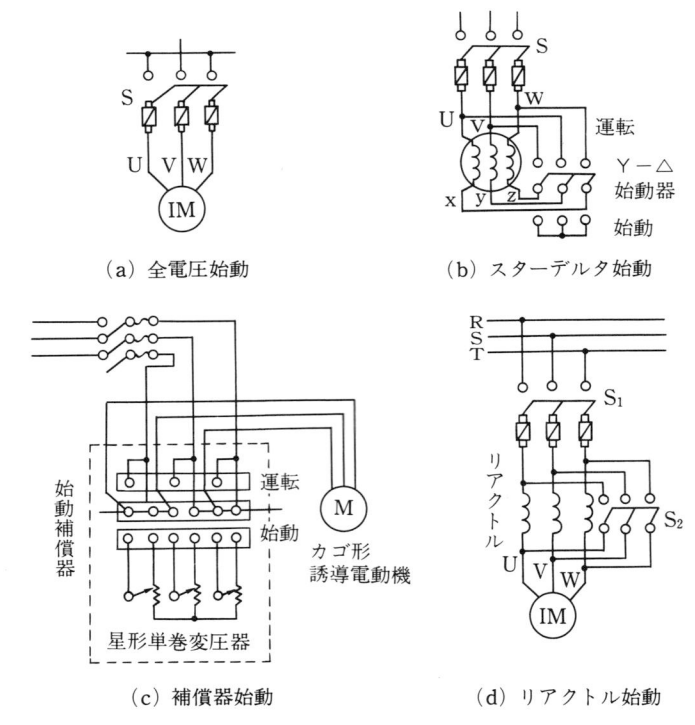

(c) 補償器始動　　(d) リアクトル始動

図 2・11

2・8 誘導電動機の起動法

(3) 始動補償器による始動

始動時に単巻変圧器を用いて，電動機に加わる電圧を下げて始動する方法である。この方法は，単巻変圧器に2～4個のタップを設けタップ電圧を電動機に加えて始動電流を制限する。

(4) リアクトル始動

電源と電動機の間に鉄心入りリアクトルを挿入する方法で，始動の際はリアクトルが電源電圧を負担するので電動機には余り電圧がかからないから，始動電流が少ない。

問題 27 電動機の始動電流と始動時間が，図中の破線（‐‐‐‐‐‐‐）で示されているような特性であるとき，この電動機の補償に使用されるヒューズの溶断特性として，図中のa, b, c, dのうち適切なものは。

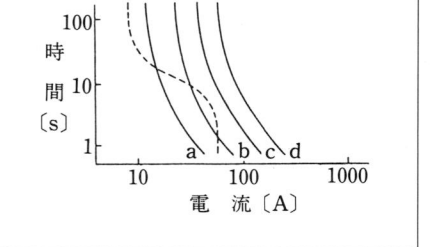

(イ) a　(ロ) b　(ハ) c　(ニ) d

解答 (ハ)

電動機の保護に使用されるヒューズとして，a, bについては，電動機の始動電流で溶断してしまうため不適当。またdについては過電流保護には不適当であり，よって，(ハ)が正しい。

<参考> 表2・2　電動機用ヒューズの特性

定格電流〔A〕	溶断時間の限度		
	定格電流の135%	定格電流の200%	定格電流の500%
60 以下	120（分）	4（分）	3秒以上 15秒以下
60 を超えるもの	180（分）	8（分）	3秒以上 15秒以下

定格電流の110%の電流で溶断しないこと。

問題 28 スターデルタ始動器を使用して始動したとき，始動電流が70 A 流れる三相かご形誘導電動機がある。もし，デルタ結線のままで始動すれば，始動電流〔A〕はいくらか。

解答 210 A

かご形誘導電動機は，始動電流が定格電流の数倍になる。したがって，Y－△結線切換用の始動器を使用して，始動時には巻線をY結線とし，加わる電圧を$1/\sqrt{3}$にして始動電流を$1/3$にできる。よって，△結線のまま始動すると各巻線に全電圧が加わるので，その時の始動電流はY結線始動時の場合の3倍になる。すなわち，

$$70 \times 3 = 210 \text{〔A〕}$$

問題 29

巻線形誘導電動機を始動する場合，二次側に抵抗器を挿入する理由は．

(イ) 始動電流は小さく，始動トルクは小さくなる．
(ロ) 始動電流は小さく，始動トルクは大きくなる．
(ハ) 始動電流は小さく，始動トルクは変わらない．
(ニ) 始動電流は変わらず，始動トルクは大きくなる．

解答 (ロ)

二次側の抵抗によって電流を制限し，また，比例推移の原理によって大きなトルクで始動できる．

問題 30

かご形誘導電動機のY−△始動に関する記述として誤っているものは．

(イ) 固定子巻線をY結線にして始動したのち，△結線に切り換える方法である．
(ロ) 始動時には固定子巻線の各相に定格電圧の$1/\sqrt{3}$倍の電圧が加わる．
(ハ) △結線で全電圧始動した場合に比べ，始動時の線電流は1/3に低下する．
(ニ) 始動トルクは△結線で全電圧始動した場合と同じである．

解答 (ニ)

2・9 絶縁材料の種類と最高許容温度

最高許容温度による主要材料の例と応用例を次に示す．

表 2・3

種別	最高許容温度〔℃〕	主要材料の例	応用例
Y種	90	綿，絹，紙などの材料で構成したもの．	小容量，低電圧の機器に限り用いられる．
A種	105	Y種材料をワニスに浸含または油で浸したもの．	小型誘導電動機や変圧器に用いられる．
E種	120	エポキシ樹脂，架橋ポリエステル樹脂など．	A種より優れているので電動機など小形にできる．
B種	130	マイカ，石綿などを油変性合成樹脂と組み合わせたもの．	大形交流発電機や電動機に用い，軽量になる利点がある．
F種	155	マイカ，石綿などを合成樹脂と組み合わせたもの．	高温の場所で用いられる電動機に適する．
H種	180	マイカ，石綿などをシリコン樹脂と組み合わせたもの．	乾式変圧器，軽量，耐熱性を要求されるものに用いる．
C種	180以上	マイカ，ガラスなどをそのままか，無機接着剤と組み合わせたもの．	特に高温度を必要とする場所に用いられる．

機器の温度上昇は，ジュール熱や誘電損，鉄損に起因する発熱によるものである．この熱により絶縁物が劣化する原因になるため，絶縁材料には，種類に応じて許される最高の使用温度があ

2・9 絶縁材料の種類と最高許容温度

り，この温度を最高許容温度という。

問題 31 電気機器に使用する絶縁物の種別を許容最高温度の高い順に並べると。
(イ) ① A種 ② B種 ③ H種 ④ E種
(ロ) ① H種 ② B種 ③ E種 ④ A種
(ハ) ① B種 ② H種 ③ A種 ④ E種
(ニ) ① E種 ② A種 ③ H種 ④ B種

解答 (ロ)

問題 32 E種絶縁物の最高許容温度〔℃〕は。

解答 120〔℃〕

問題 33 機器の絶縁で連続使用最高許容温度の最も高いものは。
(イ) A種絶縁　(ロ) B種絶縁　(ハ) Y種絶縁　(ニ) E種絶縁

解答 (ロ)

問題 34 周囲温度 30〔℃〕の場合，配電用 6 kV 油入変圧器の油の温度は最高何度〔℃〕以下であればよいか。ただし，本体タンク内の油は直接外気と接触しない変圧器とする。
(イ) 35　(ロ) 40　(ハ) 85　(ニ) 130

解答 (ハ)

変圧器の許容温度上昇は，電気規格調査会標準規格（JEC）により表の用に定められている。
周囲温度 30〔℃〕であるから，油の温度上昇の限界は，30＋55＝85〔℃〕となる。

表 2・4　油入及び乾式変圧器の温度上昇限界（JEC-204）　　＜参考＞

変圧器の部分		温度測定方法	温度上昇の限界〔K〕
巻線	油自然循環の場合	抵抗法	55
	油強制循環の場合	抵抗法	60
油	本体タンク内の油が直接外気と接触する場合	温度計法	50
	本体タンク内の油が直接外気と接触しない場合	温度計法	55
鉄心とその他の金属部分の絶縁物に近接した表面		温度計法	近接絶縁物を損傷しない温度

章末問題②

1	定格容量50〔kVA〕，定格一次電圧6 600〔V〕，定格二次電圧210〔V〕，パーセントインピーダンス4〔%〕の単相変圧器があり，一次側に定格電圧が加わっている。二次側端子間で短絡した場合，二次側の短絡電流〔A〕は，およそ。ただし，変圧器より，電源側のインピーダンスは無視するものとする。	(イ)	189	(ロ)	595	(ハ)	1 890	(ニ) 5 950
2	定格一次電圧 V_1〔V〕，定格容量 P〔kVA〕，インピーダンス電圧 V_s〔V〕の三相変圧器がある。この変圧器のパーセントインピーダンス〔%〕を示す式は。	(イ) $\dfrac{100 V_s}{V_1}$		(ロ) $\dfrac{V_1 V_s}{1\,000 P}$		(ハ) $\dfrac{10\sqrt{3}\, V_s}{V_1 P}$		(ニ) $\dfrac{100\sqrt{3}\, V_s}{V_1}$
3	△－△結線された単相変圧器3台のうち，1台が故障したのでV-V結線とした。同一負荷に電力を供給するとすれば，変圧器の銅損は全体としておよそもとの何倍になるか。	(イ)	0.7	(ロ)	1.2	(ハ)	1.7	(ニ) 2.0
4	変圧器の損失に関する記述として誤っているものは。	(イ)	無負荷損の大部分は鉄損である。			(ロ)	負荷電流が2倍になれば銅損は2倍になる。	
		(ハ)	銅損は短絡試験によって測定できる。			(ニ)	銅損と鉄損が等しいときに効率が最大となる。	

5	定格容量 75〔kVA〕の変圧器の無負荷損を 360〔W〕, 100〔％〕負荷時における無負荷損と負荷損の比率を 1：4 とすると，50〔％〕負荷時における変圧器の効率〔％〕は，およそ。ただし，負荷の力率は 100〔％〕とする。	(イ) 95	(ロ) 96	(ハ) 97	(ニ) 98
6	定格容量 30〔kVA〕の変圧器の無負荷損が 100〔W〕，定格容量に等しい出力における銅損が 400〔W〕の場合，この変圧器の効率が最大となる出力は定格容量の何パーセント〔％〕のときか。ただし，負荷の力率は 100〔％〕とする。	(イ) 40	(ロ) 50	(ハ) 60	(ニ) 70
7	定格容量 75〔kVA〕，鉄損 300〔W〕，全負荷時の銅損 1 200〔W〕の変圧器がある。この変圧器を 1 日のうち 8 時間を全負荷で運転し，他の時間を無負荷で運転した場合の全日効率〔％〕は。ただし，負荷の力率は 100〔％〕とする。	(イ) 96	(ロ) 97	(ハ) 98	(ニ) 99
8	一般用低圧三相かご形誘導電動機の回転速度に対するトルク特性曲線は。	(イ) A	(ロ) B	(ハ) C	(ニ) D

		(イ)	(ロ)	(ハ)	(ニ)
9	定格容量 100〔kVA〕の単相変圧器と 200〔kVA〕の単相変圧器をV結線した場合に，接続できる三相負荷の最大容量〔kVA〕は。	141	150	173	300
10	誘導電動機が定格出力で運転中に電源電圧が数パーセント程度低下した場合の状態として，正しいものは。ただし，出力は一定とする。	電流が増加する。	回転速度が増加する。	すべりが小さくなる。	トルクが小さくなる。
11	4極，50〔Hz〕の三相誘導電動機が，電源周波数 50〔Hz〕，すべり 6〔%〕で運転中である。このときの回転速度〔rpm〕は。	1 400	1 405	1 410	1 415
12	定格電圧 200〔V〕，定格出力 11〔kW〕の三相誘導電動機の全負荷時における電流〔A〕は。ただし，全負荷時における力率は 80〔%〕，効率は 85〔%〕とする。	37	40	47	81
13	三相かご形誘導電動機の始動方法として，用いられないものは。	二次抵抗始動	全電圧始動	スターデルタ始動	リアクトル始動
14	誘導電動機のスターデルタ始動法の始動トルクは，デルタ結線で全電圧始動した場合の何倍か。	$\dfrac{1}{9}$	$\dfrac{1}{6}$	$\dfrac{1}{3}$	$\dfrac{1}{\sqrt{3}}$
15	電気機器の絶縁材料は，JIS により機器絶縁の種類ごとに許容最高温度が定められている。機器絶縁の種類のうち，B種，E種，F種，H種のなかで，許容最高温度の最も高いものは。	B種	E種	F種	H種

第3章 電気応用

3・1 照明

〔1〕 光のエネルギー

光とはX線やラジオの電波などと同じような電磁波で，空間を光速度($3×10^8$m/s)で伝わるものである。

電磁波としてエネルギーが伝わる現象は，**放射**とよばれ，そのエネルギーは単位時間の放射量（**放射束**という）で表される。

放射束 ϕ〔J/s〕（=〔W〕）

電磁波は図3・1のように波長（または周波数）によって区別され，光とは，その中で目で感じることのできる波長が**380～780nm**の電磁波（可視光線）である。

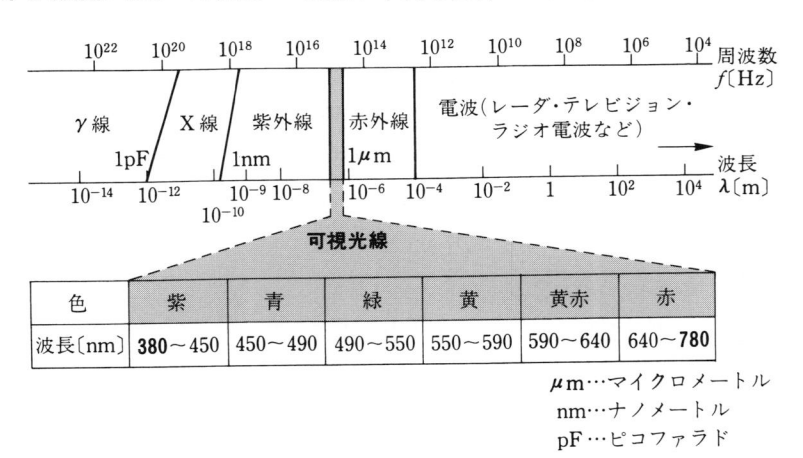

色	紫	青	緑	黄	黄赤	赤
波長〔nm〕	**380～450**	**450～490**	**490～550**	**550～590**	**590～640**	**640～780**

μm…マイクロメートル
nm…ナノメートル
pF…ピコファラド

図3・1　電磁波のスペクトル

〔2〕 光束

光源から出ている光の量すなわち放射束のうち光として感じるエネルギーの部分を**光束**といい，記号はFで表し，その単位はルーメン(lm)で表す。例えば，40W蛍光燈の全光束は約2 600～3 100〔lm〕，100Wタングステン電球の全光束は1 600〔lm〕である。

(3) 光度

光束は，光源から各方向へ拡大するから，方向によって光束の集中度が違う。この光束の集中度（どの向きにどれだけの光が出ているか）を**光度**といい，光源からある方向への単位立体角当たりに出る光束の大きさで表され，記号は I で示し，その単位はカンデラ〔cd〕が用いられる。

(1) 立体角

図3・2のように光源から1つの点とみなされる点光源を考えてみる。

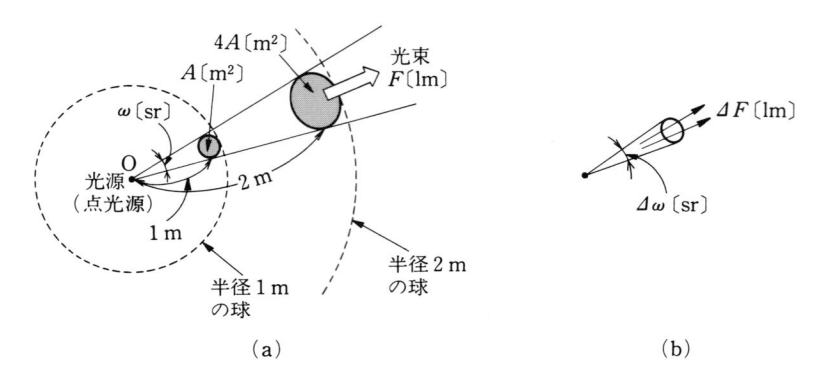

図 3・2 立体角と光度

点Oから見た空間の広がりの度合いを表すのに**立体角**を用いる。点Oを頂点とするすい体を考える。すい体の頂点Oを中心とする半径1mの球面上で，すい体の切り取る面積が A〔m²〕であるとき，このすい体がつくる立体角の大きさを A **ステラジアン**（単位記号 sr）という。半径1mの球の表面積が 4π〔m²〕であるから，全立体角は 4π〔sr〕であり，図3・3の場合は，その $\frac{1}{8}$ 倍すなわち，$\frac{\pi}{2}$〔sr〕である。

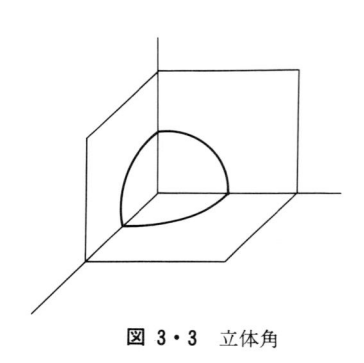

図 3・3 立体角

(2) 光度の計算

ある立体角 ω〔sr〕の中に含まれる光束を F〔lm〕とすると，その方向の光度 I は次式で求められる。

$$I = \frac{F}{\omega} \text{〔cd〕} \quad\cdots\cdots\cdots\cdots\cdots\cdots\cdots\cdots\cdots\cdots\cdots\cdots\cdots (3\cdot1)$$

(4) 照度

ある面が光源で照されている場合，明るさの割合を**照度**といい，記号は E で表し，その単位はルクス（lx）である。

また，照度の計算方法には被照面積と光束から求める方法や，光源からの距離と光度から求めるものがある。

(1) 被照面積と光束から求める方法

物体の表面に光束が入射したとき，その面の明るさの程度（場所の明るさ）を照度といい，被照面積 $1\,\mathrm{m}^2$ に $1\,[\mathrm{lm}]$ の光束が均等に照射したときの照度を単位として 1 ルクス（lx）という。
従って，被照面積 $A\,[\mathrm{m}^2]$ に均等に $F\,[\mathrm{lm}]$ の光束が照射しているときの照度 $E\,[\mathrm{lx}]$ は，

$$E = \frac{F}{A}\,[\mathrm{lx}] \quad ([\mathrm{lx}] = [\mathrm{lm/m}^2]) \cdots\cdots(3\cdot2)$$

となる。

(2) 光源からの距離と光度から求める方法

(a) 照度に関する距離の逆2乗の法則

光源のある方向への光の強さを光度といい，カンデラ（cd）という単位を用いている。

図3・4のように点光源の光度が一定ならば，距離が2倍となれば，それによって照される面の照度は 1/4 になり，3倍になれば照度は 1/9 になる。

光に直角な面の照度は光源の光度に比例し，光源からの距離の2乗に反比例する。

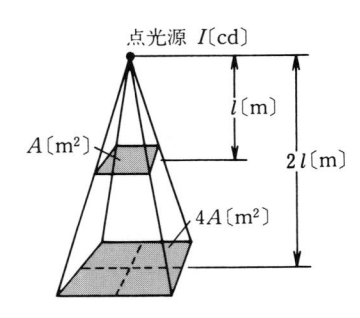

図 3・4

$$E = \frac{I}{l^2}\,[\mathrm{lx}] \cdots\cdots(3\cdot3)$$

ただし，光源の光度 $I\,[\mathrm{cd}]$，光源と被照面との距離 $l\,[\mathrm{m}]$ とする。

問題1

100 W の白熱電灯の直下の方向の光度を $140\,[\mathrm{cd}]$ とすると，電球の直下 $2\,[\mathrm{m}]$ の照度 $[\mathrm{lx}]$ は。

解答　$35\,[\mathrm{lx}]$

照度 $E = \dfrac{\text{光度}}{\text{直下方向の距離の2乗}} = \dfrac{I\,[\mathrm{cd}]}{l^2\,[\mathrm{m}]} = \dfrac{140}{2^2} = 35\,[\mathrm{lx}]$

(b) 点光源における水平面照度

① B点における照度は

$$E = \frac{I}{l^2}\,[\mathrm{lx}] \cdots\cdots(3\cdot4)$$

② 点Cにおける法線照度は①と同様に

$$E_n = \frac{I}{r^2} \text{ [lx]} \quad \cdots\cdots\cdots (3\cdot5)$$

法線照度：入射光束に対し垂直な面での照度

③ C点における水平面照度

$$E_h = \frac{I}{r^2} \cos\theta \text{ [lx]} = E_n \cos\theta \text{ [lx]}$$
$$\cdots\cdots\cdots (3\cdot6)$$

$(r = \sqrt{l^2 + d^2} \text{ [m]}, \cos\theta \frac{l}{r})$

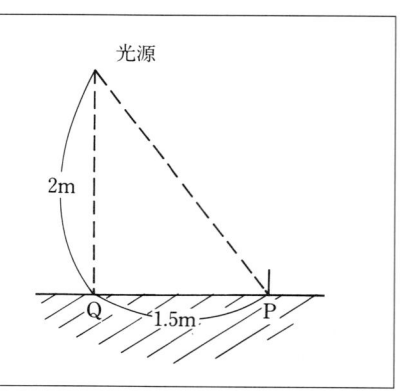

図 3・5

④ C点における鉛直面照度

$$E_v = \frac{I}{r^2} \cos\varphi = \frac{I}{r^2} \sin\theta = E_n \sin\theta \text{ [lx]} \quad \cdots\cdots\cdots (3\cdot7)$$

問題2

すべての方向の光度が等しい光源が床面上の点Qの真上2 [m] の高さに取り付けられている。点Qから1.5 [m] 離れた床面上の点Pにおける水平面照度が18 [lx] であった。光源の光度 [lx] は，およそ。

(イ) 56　(ロ) 75　(ハ) 141　(ニ) 188

解答　(ハ)

光源からPまでの距離を l [m]，光源の光度を I [cd] とすると，法線照度 E_h [lx] は距離の逆2乗の法則により，$E_s = I/l^2$ [lx] で表される。

また，光源からQおよびPとのなす角を θ とすると，水平面照度 E_h [lx] は

$$E_h = E_n \cos\theta = \frac{I}{l^2} \cos\theta \text{ [lx]}$$

となる。この式を変形して，光度 I [cd] を求めると，

$$I = \frac{E_h l^2}{\cos\theta}$$

ここで，$l^2 = 2^2 + 1.5^2 = 6.25$ [m]

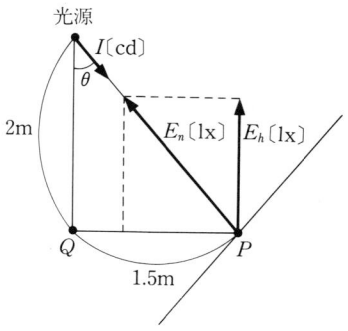

$$\cos\theta = \frac{2}{l} = \frac{2}{\sqrt{2^2+1.5^2}} = 0.8, \quad E_h = 18 \text{ (lx)} を代入して,$$

$$I = \frac{18 \times 6.25}{0.3} \fallingdotseq 141 \text{ (cd)}$$

よって，(ハ)となる。

(c) 平均照度

図3·6に示すように作業面を光束 F (lm) の光源 N (個) で照らした場合平均照度 E (lx) は次式で表される。

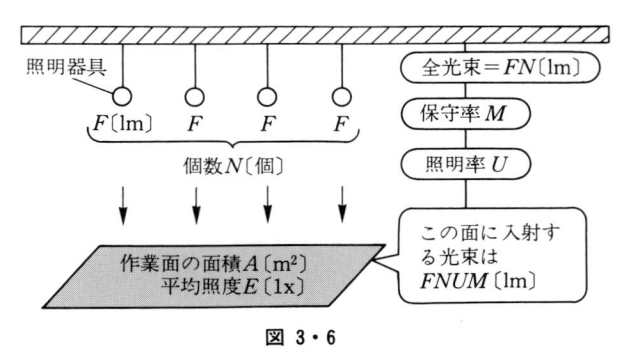

図 3·6

$$E = \frac{FNUM}{A} \text{ (lx)} \quad \cdots\cdots\cdots\cdots\cdots\cdots\cdots\cdots\cdots\cdots\cdots\cdots (3 \cdot 8)$$

A：作業面の面積, U：照明率 $= \dfrac{\text{作業面に達する光束}}{\text{光源全光束 } FN}$,

M：保守率＝**効率の低下**を見込んだ補正係数（器具の汚れ，時間経過に伴う光源の光束の減退等）

問題 3　間口 18 (m)，奥行 12 (m) の事務室で平均 500 (lx) の照度を得るために必要な 40 (W) 2 灯用蛍光燈器具（ランプ 1 灯当たり 3 000 (lm)）の台数は。ただし，照明率及び保守率はそれぞれ 0.75 とする。

　(イ) 24　　(ロ) 32　　(ハ) 36　　(ニ) 40

解答　(ロ)

平均照度 $E = \dfrac{FNUM}{A}$ (lx)

上式に数値を代入して，

$$500 = \frac{6000 \times N \times 0.75 \times 0.75}{18 \times 12} = \frac{3375N}{216}$$

$$\therefore \quad N = \frac{500 \times 216}{3375} = 32 \text{ (台)}$$

よって，(ロ)である。

〔5〕 光源

(1) 白熱電球の電圧特性

白熱電球は電源電圧の変動によって，特性が図3・7のように著しく変化する。定格電圧より高い電圧で使用すると明るさは増加するが，寿命は著しく短くなり，逆に低い電圧で使用すると，寿命は長くなるが明るさは減少して不経済となる。

(2) 蛍光ランプの電圧特性

蛍光ランプは図3・8からわかるように，電球に比べて電圧変化に対する明るさの変動が少ない。しかし，図(b)のように電球電圧が上がり過ぎても，下がり過ぎても寿命を短くするので，定格電圧の±6%の範囲内で使用することが望ましい。

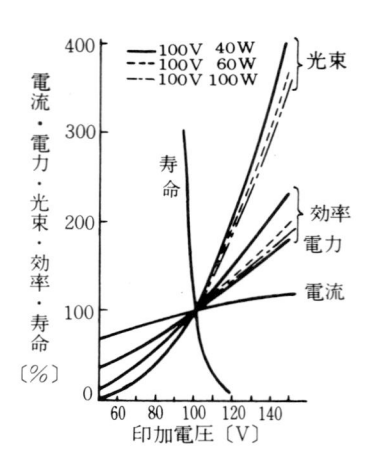

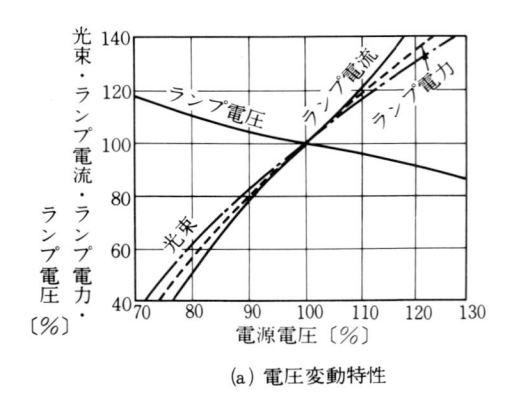

図 3・7

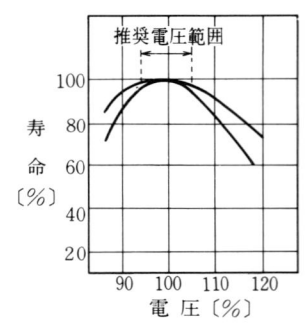

(a) 電圧変動特性　　(b) 電源電圧と寿命の関係

図 3・8

(3) 蛍光ランプの周波数特性

蛍光ランプは，安定して点灯させるために安定器を使用しているので，周波数の変動は，電流に影響を与える（図3・9参照）。60 Hz用安定器を50 Hzで使用すると，ランプの寿命が短くなるばかりでなく，電流も約20%増加し，場合によっては安定器を焼損するおそれもある。

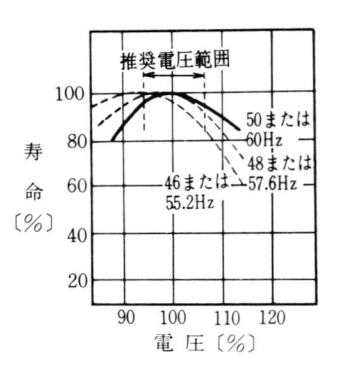

図 3・9　電源周波数の寿命に対する影響

(6) 発光効率

光源の発光効率は，光源（ランプ）の放射エネルギー当たりの光束で表される。

表 3・1

ランプの種類	発光効率〔lm/W〕
高圧ナトリウムランプ	90～157
蛍光ランプ	56～ 82
高圧水銀灯	40～ 50
ハロゲン電球	16～ 23
一般照明用白熱電球	9～ 7

3・2 電熱

(1) 電気の仕事

電気回路に電圧を加えて電流を流すと，電灯を点灯したり，電動機を回すなどいろいろの仕事をする。

いま，電圧 V を加え，電流 I を t 秒間流したときの電気エネルギー W は，

$$W = VIt \text{ 〔J〕} \quad \cdots\cdots (3\cdot 8)$$

また，P〔W〕の電力によって t 秒間になされる仕事は Pt〔J〕であるから，

$$W = VIt = Pt \text{ 〔J〕}$$

ただし，P はワット，t は秒の単位であるから，ジュールはワット秒〔Ws〕の単位と同じである。

$$I \text{〔Ws〕} = 1 \text{〔J〕} \qquad 1 \text{〔Wh〕} = 3\,600 \text{〔J または Ws〕} \quad \cdots\cdots (3\cdot 9)$$

(2) ジュール

抵抗 R に I を t 秒間流し，そのときに消費されるエネルギー I^2Rt は全部熱になる。これを**ジュールの法則**といい，このとき発生する熱を**ジュール熱**という。いま，熱量を Q とすれば，

$$Q = I^2 Rt \text{ 〔J〕} \quad \cdots\cdots (3\cdot 10)$$

熱量の単位はジュールのほかに，一般にはカロリー（calorie 略して cal）を用いる。また，熱量と電力量との間には，次のような関係がある。

$$1 \text{〔kWh〕} = 860 \text{〔kcal〕} = 3\,600 \text{〔kJ〕} \quad \cdots\cdots (3\cdot 11)$$

$$1 \text{〔cal〕} = 4.18650 \text{〔J〕}, \quad 1 \text{〔J〕} = 0.239 \text{〔cal〕}$$

1 kcal とは，水 1 kg を 1℃温度上昇させるのに必要な熱量である。

問題 4 電熱によって 100〔kg〕の水を 10〔℃〕から 96〔℃〕まで加熱するのに必要な電力量〔kWh〕は。ただし，加熱効率は 100％とする。

(イ) 5　　(ロ) 10　　(ハ) 15　　(ニ) 20

解答 (ロ)

1 kWh は 860 kcal である。1 kcal とは水 1 kg を 1℃温度を上昇させるのに必要な熱量である。したがって，所要熱量 Q 及び所要電力量 W は，次のようになる。

$$Q=(96-10)\times 100=8\,600\,[\text{kcal}]$$

$$W=\frac{8\,600}{860}=10\,[\text{kWh}]$$

問題 5
容量 250 [ℓ]，温度 14 [℃] の水を 8 時間で 80 [℃] に加熱する電気温水器の入力 [kW] はおよそいくらか。ただし，温水器の効率は 96% とする。

解答 2.5 kW

1 ℓ の水を 1℃ 上昇させるための熱量は 1 kcal である。250 ℓ の水を 14℃ から 80℃ まで上げるのに必要な熱量は，$250\times(80-14)$ [kcal]，電気温水器の入力を P [kW] とすれば，8 時間の電力量は $8P$ [kWh]，効率が 0.96 であるから，

$$\text{有効電力量}=8P\times 0.96\,[\text{kWh}]$$

1 kWh を熱量に換算すると，860 kcal であるから，温水器の有効発生熱量 Q は，

$$Q=8P\times 0.96\times 860\,[\text{kcal}]$$

以上のことから次式のように求めることができる。

$$250\times(80-14)=8P\times 0.96\times 860$$

$$\therefore P=\frac{250\times(80-14)}{8\times 0.96\times 860}\fallingdotseq 2.5\,[\text{kW}]$$

問題 6
単相用の電気温水器を使用して 300 [ℓ]，20℃の水を 90 [℃] まで加熱する場合に要する時間 [h] は。ただし，電気温水器は電圧 200 [V]，電流 22 [A] 及び効率 95 [%] とする。

　　(イ) 3.3　　(ロ) 5.3　　(ハ) 5.8　　(ニ) 7.5

解答 (ハ)

20℃の水 300 ℓ を 90℃とするのに要する熱量 Q [kcal] は，水の比熱が 1 [kcal/kg℃] であるから，

$$Q=300\times(90-20)\times 1=21\,000\,[\text{kcal}]$$

となる。

1 [kWh]＝860 [kcal] であるから，必要な電力量 W [kWh] は，

$$W=\frac{Q}{860}=\frac{21\,000}{860}=24.4\,[\text{kWh}]$$

いま，電気温水器の容量

$$P=200\,[\text{V}]\times 22\,[\text{A}]/1\,000=4.4\,[\text{kW}]$$

効率 $\eta=0.95$

であるから，加熱に要する時間を T 〔h〕とすると，次式が成り立つ。

$$P \times \eta \times T = W$$

これに数値を代入して，

$$T = \frac{W}{P \times \eta} = \frac{24.4}{4.4 \times 0.95} \fallingdotseq 5.8 \text{〔h〕}$$

となる。

(3) 電熱による加熱方式

表 3・2

加熱方式	概要	応用
抵抗加熱	ジュール熱（抵抗熱）を加熱に応用したもの	抵抗炉，抵抗溶接，黒鉛化炉
アーク加熱	気体中のアーク放電による熱を利用したもの	アーク炉，アーク溶接
誘導加熱	交番磁界によるうず電流損，ヒステリシス損の発熱を利用したもの	誘導炉，表面焼入れ炉
誘電加熱	交流電界による誘電体内部の誘電損による発熱を利用したもの	木材，薬品などの乾燥，加工，接着などに応用
赤外線加熱	赤外線の放射エネルギーを加熱に利用したもの	塗装の乾燥焼付，食品の乾燥などに応用
電子ビーム加熱	電子ビームを物体に衝突させて発熱する熱を利用したもの	特殊金属の溶接，加工，精製，溶解などに応用

問題 7 電気加熱方式のうち，5〔MHz〕以上の高周波電源が使用されているものは。
(イ) 抵抗加熱　(ロ) アーク加熱　(ハ) 誘導加熱　(ニ) 誘電加熱

解答 (ニ)

2枚の平行板電極間に誘電体の被熱物を挿入し，高周波電界を加えると，誘電体損による発熱が生ずる。これを誘電加熱といい，5〔MHz〕～80〔MHz〕の高周波数が用いられている。

なお，抵抗加熱，アーク加熱は商用周波数を用い，誘導加熱に用いられる周波数の範囲は100〔Hz〕～450〔kHz〕である。よって(ニ)が正しい。

3・3 電動機応用

(1) クレーン用電動機の所要電力

電動機の所要出力 P〔kW〕は，

$$P = 9.8\,W \times \frac{V}{60} \times \frac{1}{\eta} \text{〔kW〕} \quad \cdots\cdots\cdots (3 \cdot 12)$$

ここに，W：巻上げ荷重〔t〕，V：巻上げ速度〔m/分〕，η：巻上機効率

問題 8
重量 30 t の物体を，速さ毎分 2 m で巻き上げるのに要する巻上げ用電動機の出力 〔kW〕は。ただし，巻上機の効率は 70% とし，裕度は考えないものとする。

解答 14 kW

一般に巻上荷重を W 〔t〕，巻上速度を V 〔m/分〕，巻上げ機効率を η とすれば，電動機の所要出力 P 〔kW〕は，次式から求まる。

$$P = 9.8\,W \times \frac{V}{60} \times \frac{1}{\eta} = \frac{WV}{6.12\,\eta}\ 〔kW〕 = \frac{30 \times 2}{6.1 \times 0.7} = 14.05 \fallingdotseq 14\ 〔kW〕$$

(2) 揚水ポンプの所要電力

有効揚程を H 〔m〕，揚水量を Q 〔m³/秒〕としたときの所要電力 P 〔kW〕は，

$$P = \frac{9.8\,QH}{\eta_p \cdot \eta_m}\ 〔kW〕 \quad\cdots\cdots (3\cdot 13)$$

ここに，η_p：ポンプの効率，η_m：電動機の効率

問題 9
電動機の出力 5 kW，総揚程 10 m，揚水効率 80% のポンプの 1 分間の揚水量〔m³〕は，およそ。

(イ) 2.22　(ロ) 2.40　(ハ) 2.46　(ニ) 2.65

解答 (ハ)

題意より，$P = 5$ kW，$H = 10$ m，1 秒間の揚水量 Q' 〔m³/秒〕を求めると，次のようになる。

$$P = \frac{9.8\,Q'H}{\eta_p \cdot \eta_m} \quad より \quad Q' = \frac{P\eta}{9.8\,H} = \frac{5 \times 0.8}{9.8 \times 10} \fallingdotseq 0.041\ 〔m³/秒〕$$

解答は 1 分間の量だから 60 倍して

$$Q = 60 \times Q' = 60 \times 0.041 = 2.46\ 〔m³/分〕$$

(3) 送風機の所要電力

風量を Q 〔m³/分〕，風圧を A 〔mmAq〕としたときの所要電力 P 〔kW〕は，

$$P = \frac{9.8\,QA \times 10^{-3}}{60\,\eta} \cdot k \quad\cdots\cdots (3\cdot 14)$$

ここに，η：送風機効率，k：余裕率

問題 10
風量 500 m³/min を風圧 50 mmAq で送風するために必要な電動機の出力〔kW〕は。ただし，送風機の効率は 60% で余裕率を 30% とする。

(イ) 3.19　(ロ) 4.08　(ハ) 6.81　(ニ) 8.85

解答 (ニ)

$P = 9.8\,QAk/60\eta$ 〔W〕に $Q=500$ 〔m³/min〕, $A=50$ 〔mmAq〕, $k=1+0.3$, $\eta=0.6$ を代入。
$P = 9.8 \times 500 \times 50 \times 1.3/60 \times 0.6 = 8,847$ W

章末問題③

1	図1のように光源から1〔m〕離れたa点の照度が100〔lx〕であった。図2のように光源の光度を2倍にしたとき、光源から2〔m〕離れたb点の照度〔lx〕は。	(イ) 50	(ロ) 100	(ハ) 200	(ニ) 400
2	光源の種類を、光源の効率〔lm/W〕の高いものから順に並べたものは。	(イ) 高圧ナトリウムランプ / 蛍光ランプ / ハロゲン電球 / 一般照明用電球	(ロ) ハロゲン電球 / 蛍光ランプ / 高圧ナトリウムランプ / 一般照明用電球	(ハ) 蛍光ランプ / ハロゲン電球 / 一般照明用電球 / 高圧ナトリウムランプ	(ニ) 一般照明用電球 / 高圧ナトルウムランプ / 蛍光ランプ / ハロゲン電球
3	図の様な場合、Q点の水平面照度に関する記述のうち誤っているものは。	(イ) 光度Iに比例する。	(ロ) $\cos\theta$に比例する。	(ハ) rに反比例する。	(ニ) r^2に反比例する。

4	蛍光燈に関する記述として誤っているものは。	(イ)	点灯中の管内では,放電により赤外線が発生している。	(ロ)	発光効率は,白熱電球より悪い。
		(ハ)	平均寿命は,白熱電球より良い。	(ニ)	電源電圧が低くなると悪くなる。
5	高周波点灯装置(インバータ式)を用いた蛍光燈に関する記述として誤っているものは。	(イ)	点灯周波数が高いため,ちらつきを感じない。	(ロ)	約1秒程度と比較的点灯時間が早い。
		(ハ)	安定器の小形軽量化がはかれる。	(ニ)	点灯周波数が高いため,騒音が大きい。
6	次の □ の中に適当な答を記入せよ。蛍光燈を定格電圧より10%低い電圧で点灯すると, (1) 〔lm〕及びランプ電流は (2) %減少し,また寿命は約20% (3) くなる。				
7	定格電圧100〔V〕,消費電力1〔kW〕の電熱器の電熱線が全長の10〔%〕のところで断線したので,その部分を除き,残り90〔%〕の部分を電圧100〔V〕で1時間使用した場合,発生する熱量〔kcal〕は,およそ。ただし,電熱線の温度による抵抗の変化は無視するものとする。	(イ) 697	(ロ) 774	(ハ) 956	(ニ) 1 062
8	温度23〔℃〕の水360〔ℓ〕を5時間で80〔℃〕に加熱する電気温水器の消費電力〔kW〕は,およそ。ただし,温水器の効率は96〔%〕とする。	(イ) 3.5	(ロ) 4	(ハ) 4.5	(ニ) 5
9	水4〔ℓ〕を20〔℃〕から63〔℃〕に加熱したとき,この水に吸収された熱エネルギー〔kJ〕は。	(イ) 41	(ロ) 172	(ハ) 180	(ニ) 720
10	重量1,000〔kg〕の物を毎分30〔m〕の速さで巻き上げているときの巻上用電動機の出力〔kW〕は。ただし,巻上機の効率は60〔%〕とする。	(イ) 0.8	(ロ) 2.9	(ハ) 8.2	(ニ) 50

第4章 発電・送電設備

各種発電方式で使用される原動機(水車など)の概要は,表4・1のとおりである。

表4・1

発電の種類		原動機	エネルギー
水力発電		水車(ペルトン,フランシス,プロペラ)	機械的エネルギー(水の位置エネルギー)
火力発電	汽力発電	蒸気タービン(復水,抽気,背圧)	熱エネルギー(石炭,重油,ガソリン)
	内燃力発電	内燃機関(ディーゼル,ガソリン,フリーピストン,オープンサイクルガスタービン)	熱エネルギー(重油,軽油,ガス)
	外燃力発電	クローズドサイクルガスタービン	熱エネルギー(石炭,重油,ガス)
地熱発電		蒸気タービン	熱エネルギー(地熱蒸気のエネルギー)
風力発電		風車	機械的エネルギー(風の運動エネルギー)
原子力発電		蒸気タービン(復水,抽気)	熱エネルギー(原子核反応のエネルギー)

4・1 水力発電所

水車の種別と使用水量の関係は表4・2のとおりである。

表4・2

種別	適用	制御装置
ペルトン水車	高落差が少水量の場合	負荷を急遮断したときは水圧上昇デフレクタで遮水し水車の速度を防止
フランシス水車	中落差で普通の水量の場合	レリーフ弁(制圧機)によって防止
プロペラ水車(カプラン水車)	低落差で水量の多い場合	レリーフ弁によって防止

(1) 発電所の出力

発電所の理論水力 P は,次式で表される。

$$P = 9.8\,QH \text{ [kW]} \quad\cdots\cdots(4\cdot1)$$

また,発電機出力 P_g は,総合効率 η_0 とすれば,次式で表される。

$$P_g = 9.8\,QH\eta_0 \text{ [kW]} \quad\cdots\cdots(4\cdot2)$$

　　水量 Q [m³/s]:流域に降った雨,雪などが集まって生ずる流量は,地形,地域,水の流出状況によって異なり,豊水量,平水量,低水量,渇水量に分けられる。

有効落差 H〔m〕：総落差(H_0)－損失落差(h) ·············· (4・3)
　　　　H_0：取入口の水位と放水口までの水位の差
　　　　h：水を流すために取入口，スクリーン，水門，水圧管内で生ずる損失
　総合効率(η_0)：水車の効率(η_t)×発電機の効率(η_g) ············ (4・4)
一般的な概数は 70～85% である。

(2) 水量の区分

図 4・1 のようになり，
豊水量：1 年を通じて 95 日間はこれより下がらない水量
平水量：1 年を通じて 185 日間はこれより下がらない流量
低水量：1 年を通じて 275 日間はこれより下がらない流量
渇水量：1 年を通じて 355 日間はこれより下がらない流量

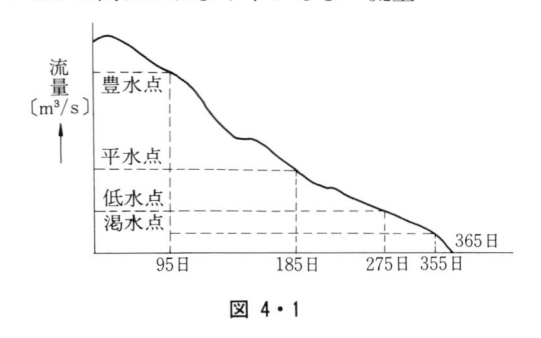

図 4・1

(3) 発電所出力の種別

最大出力：発生し得る最大の出力の発電所出力であり，一般的には豊水量，平水量に相当する発電出力をいう。
常時出力：1 年を通じて，355 日以上発電できる出力であり，渇水量に相当する発電出力をいう。
その他　：特殊出力，常時尖頭出力の種別がある。

(4) 揚水発電所

　季節的に電力に余裕のあるとき，または夜間の軽負担時の余剰電力によってポンプを運転し，その水を貯水し，渇水期まやは尖頭負荷時にその水を利用して水車を運転して発電するものである。
　渇水発電所は，その電力系統内に貯水池や調整池をもたない発電所の多い場合に，大いに経済的な価値のあるものである。
　渇水ポンプの所要動力は，次式より表される。

有効揚程を H 〔m〕,渇水量を Q 〔m³/秒〕としたときの所要動力 P 〔kW〕は,

$$P = \frac{9.8\,QH}{\eta_p \cdot \eta_m} \text{〔kW〕} \quad\cdots\cdots\cdots\cdots\cdots\cdots\cdots\cdots\cdots\cdots\cdots\cdots\cdots (4\cdot5)$$

ただし,η_p:ポンプの効率,η_m:電動機の効率

問題 1

理論水力 9 800 kW,有効落差 100 m の水力発電所の使用水量〔m³/s〕は。
(イ) 10　　(ロ) 15　　(ハ) 20　　(ニ) 50

解答 (イ)

式(4·1)から,$P = 9.8\,QH$ を変形すると,$Q = \dfrac{P}{9.8\,H}$ となり,これに与えられた数値を代入すれば,

$$Q = \frac{9\,800}{9.8 \times 100} = 10 \text{〔m³/s〕}$$

問題 2

電動機の出力 5 kW,総揚程 10 m,揚水効率 80% のポンプの 1 分間の揚水量〔m³〕はおよそいくらか。

解答 2.45 m³

$P = 9.8\,QH\eta_0$ は水力発電機出力であった。逆にこの発電機に電力を送り込むと揚水ポンプとして働く。この場合,Q〔m³/s〕を H〔m〕揚水するのに必要な電力 P' は,

$$P' = \frac{1}{\eta_0} 9.8\,QH \quad \therefore\quad Q = \frac{P'\eta_0}{9.8\,H} \text{〔m³/s〕}$$

上式に与えられた数値を代入すると,

$$Q = \frac{5 \times 0.8}{9.8 \times 10} = 0.0408 \text{〔m³/s〕}$$

となり,1 分間の揚水量は次のようになる。

$$1\text{分間の揚水量} = 0.0408 \times 60 \fallingdotseq 2.45 \text{〔m³〕}$$

問題 3

有効落差 60 m,使用水量 15 m³/s の水力発電所の出力が 7.5 MW のとき,水車と発電機の総合効率〔%〕は。
(イ) 81　　(ロ) 83　　(ハ) 85　　(ニ) 87

解答 (ハ)

式(4·2)から,$P_0 = 9.8\,QH\eta_0$

したがって,発電機の総合効率 η_0 は,

$$\eta_0 = \frac{P_0}{9.8\,QH} \times 100 = \frac{7.5 \times 10^3}{9.8 \times 15 \times 60} \times 100 = 85.0 \text{〔%〕}$$

問題 4

水車の種類で落差の高いところに使用するものを上から順に並べると.

(イ) ペルトン　フランシス　プロペラ
(ロ) フランシス　ペルトン　プロペラ
(ハ) ペルトン　プロペラ　フランシス
(ニ) プロペラ　フランシス　ペルトン

解答 (イ)

プロペラ水車に属しているチューブラ水車は，縦軸または斜軸としたものである。吸出し管は有効落差の損失をなくすために設けられているものである。

4・2 汽力発電所

石炭，重油，天然ガスなどの燃料をボイラで燃焼し，得られた熱エネルギーでボイラ水を気化し，気化して得た湿り蒸気をさらに過熱器で加熱して乾燥飽和蒸気にした後に，蒸気タービンに導き，その蒸気によって機械的仕事がなされ，発電機を駆動して電気エネルギーを発生させる。

〔1〕 熱サイクル

水が熱を授受する一連の系統をいい，図4・2はその一例を示す。

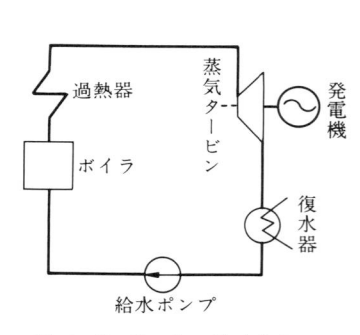

図 4・2　ランキンサイクル

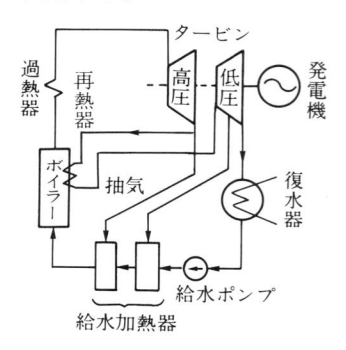

図 4・3　再生再熱サイクル

〔2〕 燃料の発熱量

ボイラ燃料として用いられる石炭，液体燃料の発生熱量を比較すると，およそ表4・3のとおりである。

表 4・3

種別	発　熱　量 〔kcal/kg〕
石　炭	4 500～ 8 100
重　油	9 800～10 500
軽　油	9 700～10 900
原　油	10 000～10 700

(3) 発電所の総合効率

発電所の総合効率 η_0 は，ボイラ効率を η_B，熱サイクル効率を η_C，タービン効率を η_T，発電機効率を η_G とすれば，次のようになる。

$$\eta_0 = \eta_B \cdot \eta_C \cdot \eta_T \cdot \eta_G$$

$$= \frac{860 \times 発電電力量〔kWh〕}{燃料の発熱量〔kcal/\ell〕\times 燃料消費量〔\ell〕} \times 100 〔\%〕 \cdots\cdots (4\cdot 6)$$

火力大容量発電所では総合効率が 36～40%程度，自家用の小容量発電所では 27～32%程度である。

また，上式から，1 kWh 当たりの燃料消費量 w〔ℓ/kWh〕は次のように表される。

$$w = \frac{860}{\eta H} 〔\ell/kWh〕 \cdots\cdots (4\cdot 7)$$

ただし，η：熱効率，H：燃料の発熱量〔kcal/ℓ〕

問題 5 汽力発電所において，蒸気またはその復水の循環する順序は，一般に。

(イ) 過熱器 → タービン → 復水器 → 節炭器
(ロ) 過熱器 → 節炭器 → タービン → 復水器
(ハ) タービン → 過熱器 → 復水器 → 節炭器
(ニ) 復水器 → 過熱器 → タービン → 節炭器

解答 (イ)

問題 6 タービンの非常調速機は，定格速度の何%を超えると動作するか。

(イ) 6　　(ロ) 8　　(ハ) 10　　(ニ) 15

解答 (ハ)

定格速度の 10%を超えると，非常調速度が動作するようになっている。

4・3 ディーゼル発電機とコージェネレーションシステム

(1) ディーゼル発電

ディーゼル機関は，発電機の原動機として離島などへき地の発電機や受電電源の予備に設置される。

他の発電所に比較すると，次のような特徴がある。

利点：建物が小さくて済む。設置場所の選定が容易。建設費が安く，電力の発生が急速にできるため容易に電力が得られる。

欠点：騒音，室内の温度上昇。燃料の保管などがある。ディーゼル機関は自己始動ができないので，一般に圧縮空気が用いられる。このため，空気圧縮機と空気タンクを設置しなければならない。

また，**調速機**は，回転数を一定に保つために設置されている。**規定速度**を10％を超えた場合は非常調速機で自動停止される。また，シリンダ内の**上下往復運動**では1回転中に速度の脈動が生じ，発生電圧の動揺となる。これを防止する対策として，フライホイール（はずみ車）を軸に直結して速度の脈動を吸収させる。

内燃力発電の発電量 P〔kWh〕は次式で示される。

$$P = \frac{H \times W}{860} \times \eta \,〔\text{kWh}〕$$

ここで，H：燃料の発熱量〔kcal/ℓ〕，W：燃料消費量〔ℓ〕，η：熱効率

問題7
非常用予備電源として設置するディーゼル発電機の燃料に使用される重油の種類は，一般に□□□□である。

解答 A重油

重油の種類にはA(1種)重油，B(2種)重油，C(3種)重油があり，それぞれ次のような範囲で使用されている。

500 rpm 未満はB重油，500～1 000 rpm はA重油，1 000 rpm 以上は軽油

問題8
非常用予備電源の原動機として，一般に用いられるものは。
(イ) 焼玉機関　(ロ) ガソリン機関　(ハ) ガスタービン　(ニ) ディーゼル機関

解答 (ニ)

ディーゼル発電は山間へき地には常用として使用されているが，それ以外はほとんどが非常用予備として設置されている。

問題9
4サイクル内燃機関の行動順序は。

(イ) 吸気 ← 排気　　(ロ) 圧縮 ← 排気　　(ハ) 爆発 ← 吸気　　(ニ) 排気 ← 吸気
　　↓　　↑　　　　　↓　　↑　　　　　↓　　↑　　　　　↓　　↑
　　圧縮 → 爆発　　　爆発 → 吸気　　　圧縮 → 排気　　　爆発 → 圧縮

解答 (イ)

4サイクル内燃機関は，ピストンが2往復する間に，次の行程によって1回燃焼を行う。

第1行程は，ピストンが最上部からシリンダの中を下降するとき，吸気弁が開いて空気を内部に吸入する。これを**吸気**という。

第2行程は，すべての弁が閉じたままピストンが上昇して，シリンダ内部の空気を圧縮する。これを**圧縮**という。

第3行程は，ピストンが最上部に達する少し前から燃料油が噴射弁の噴射孔から高温，高圧の空気中に噴射されて燃焼し，生じた高圧ガスでピストンを押し下げる。これを**爆発**という。

第4行程は，ピストンが最下部に達する少し前に排気弁が開き，ピストンが上昇するに従って，燃焼したガスを大気中に押し出す。これを**排気**という。

問題 10 ディーゼル機関にフライホイールを取り付ける主な目的は。

解答 回転速度のムラを少なくするためである。

問題 11 ディーゼル機関(4サイクル)の熱効率％は一般に，
(イ) 15～20　(ロ) 21～25　(ハ) 30～35　(ニ) 40～45

解答 (ハ)

問題 12 出力100 kWの内燃力発電装置を全出力で6時間運転したとき，発熱量10 000 kcal/ℓの燃料を172ℓ消費した。このときの発電機の総合熱効率〔％〕はいくらか。

解答 30％

発電電力量 P は，
$$P = 100 \times 6 = 600 \text{ (kWH)}$$
となる。したがって，総合効率 η_0 は式(4·6)から，次のようになる。
$$\eta_0 = \frac{860 \times 600}{10\,000 \times 172} \times 100 = 30 \text{ (\%)}$$

問題 13 ディーゼル発電機で発熱量10,000〔kcal/ℓ〕の燃料を200〔ℓ〕使用したときの，発電電力量〔kWh〕は。ただし，発電機の熱効率は35〔％〕とする。
(イ) 654　(ロ) 700　(ハ) 814　(ニ) 1,512

解答 (ハ)

発電電力量 $P = \dfrac{H \times W}{860} \times \eta$ であるから，
$$P = \frac{10,000 \text{ (kcal/}l\text{)} \times 200 \text{ (}l\text{)}}{860} \times 0.35 = 814 \text{ (kWh)}$$

(2) コージェネレーションシステム

コージェネレーションシステム（cogeneration system）は，一つのエネルギー源から電気と熱という二つの異なるエネルギーを同時に発生させ，利用するシステムである。

発生する電気とともに熱を冷暖房や給湯等にフルに利用でき，エネルギー効率の向上（総合効率が70～80％）やコストの低減という利点がある。

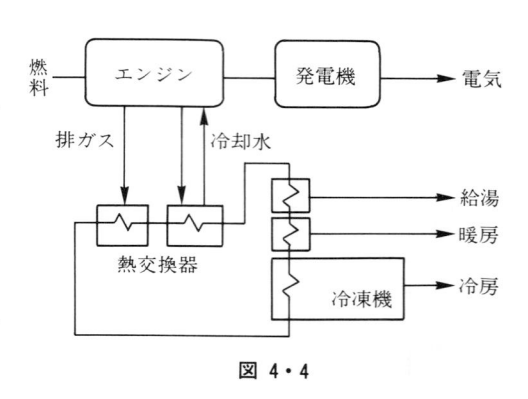

問題 14

コージェネレーションシステムに関する記述として最も適切なものは。

(イ) 受電した電気と常時連系した発電システム
(ロ) 電気と熱を併せて供給する発電システム
(ハ) 深夜電力を利用した発電システム
(ニ) 蒸気タービンとガスタービンを組み合わせた発電システム

解答 (ロ)

4・4 送電設備

(1) 送電線のたるみ

材質が均質でたわみ性があり，かつ，伸びの生じない電線を仮定して，水平な2点A，Bで支持すると図4・5(a)のような曲線（カテナリー曲線）となり，たるみ D は次式で求めることができる。

$$D = \frac{fWS^2}{8T_0} \,[\text{m}] = \frac{WS^2}{8T} \quad \cdots\cdots\cdots\cdots\cdots\cdots\cdots\cdots\cdots\cdots (4\cdot8)$$

ここに，W：電線1m当たりの重量〔kg/m〕，S：径間〔m〕，T：電線にかかる水平張力〔kg〕，f：安全率，T_0：電線の引張り強さ〔kg〕

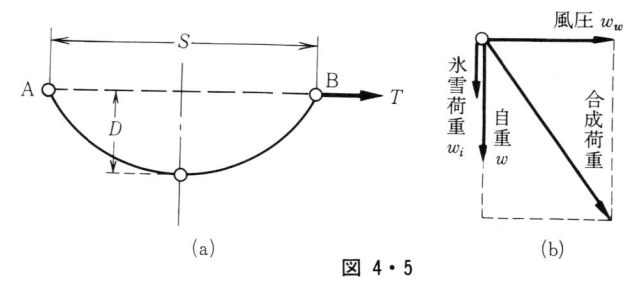

〔2〕 電線に加わる荷重

一般に，電線自身の重量のほかに図4・5(b)に示すような風圧荷重が加わる。さらに積雪地方では電線に氷結する雪の重量が増加することも考え，合成荷重は次式で求める。

$$合成荷重 = W = \sqrt{(w+w_i)^2 + w_w^2} \quad \cdots\cdots\cdots\cdots\cdots (4\cdot 9)$$

ここに，w：電線自重，w_i：氷雪の重量，w_w：風圧荷重

問題 15 架空電線路で電線の単位長の重量と径間を一定としたとき，同じ電線のたるみは。

(イ) 電線の張力に比例する　　(ロ) 電線の張力に反比例する
(ハ) 電線の張力の2乗に比例する　　(ニ) 電線の張力の2乗に反比例する

解答 (ロ)

$D = \dfrac{WS^2}{8T}$ から，電線のたるみ D は電線の張力 T に反比例する。

問題 16 次式は架空電線の設計時のたるみの計算式である。次の説明でまちがっているものは。

$$D = \frac{fWS^2}{8T_0}$$

(イ) f：適用する安全率　　(ロ) W：電線の径間当たりの重量〔kg〕
(ハ) S：径間　　(ニ) T_0：電線の引張り強さ

解答 (ロ)

W は電線1m当たりの重量である。

問題 17 架空線1mについて電線の自重 w〔kg〕，氷雪荷重 w_i〔kg〕，風圧荷重 w_w〔kg〕とすれば，架空電線1mに働く合成荷重は。

(イ) $\sqrt{(w+w_i)^2 + w_w^2}$　　(ロ) $(w+w_i) + w_w$　　(ハ) $w + w_i + w_w$
(ニ) $\dfrac{w_w}{w+w_i}$

解答 (イ)

式(4・9)から，合成荷重は，
$$W = \sqrt{(w+w_i)^2 + w_w^2}$$
である。

問題 18 架空電線の支持物に加わる垂直荷重のうち，関係ないものはどれか。
(イ) 支持物の自重　(ロ) 電線の重さ　(ハ) 風圧荷重
(ニ) がいしの重さ

解答 (ハ)

問題 19 架空電線の支持物に加わる水平荷重のうち，関係ないものはどれか。
(イ) 電線の風圧荷重　(ロ) 電線の重量　(ハ) 断線によるねじり力
(ニ) 支持物の風圧荷重

解答 (ロ)

問題 20 架空電線の支線の役目に関係あるものはどれか。
(イ) 支持物の自重　(ロ) 電線の風圧荷重　(ハ) がいしの荷重
(ニ) 電線に付着した氷雪の荷重

解答 (ロ)

(3) 架空電線路の雷害対策

　架空電線路の雷害対策は，架空地線による遮へい，避雷器によるサージの抑制，アークホーンによる被害の拡大防止の3点である。

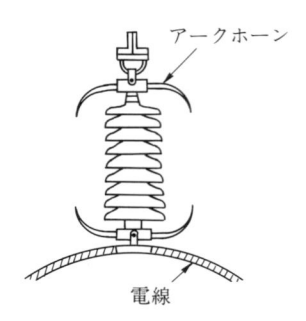

図 4・6 アークホーン

問題 21 送配電線用がいしの塩害対策として，誤っているものは。
(イ) がいし数を直列に増加する。　(ロ) アークホーンを取り付ける。
(ハ) 表面漏れ距離の長いがいしに取り替える。　(ニ) 洗浄装置を設置する。

解答 (ロ)

　塩害対策としては，過絶縁，活線洗浄などがある。過絶縁にはがいし増結や，表面漏れ距離の長いがいしを使用することなどがある。
　アークホーンは，がいしが雷撃によりフラッシュオーバーを起こした場合の被害を少なくするためのものである。

章末問題④

1	水力発電所の発電用水の経路として，正しい順序は。	(イ) 取水口 → 水圧管路 → 水車 → 放水口		(ロ) 取水口 → 水車 → 水圧管路 → 放水口	
		(ハ) 水圧管路 → 取水口 → 水車 → 放水口		(ニ) 取水口 → 水圧管路 → 放水口 → 水車	
2	有効落差 15〔m〕，使用水量 3.6〔m³/m〕の水力発電所の出力が 450〔kW〕のとき，水車と発電機の総合効率〔%〕は。	(イ) 81	(ロ) 83	(ハ) 85	(ニ) 87
3	水力発電の出力 P に関する記述として正しいものは。ただし，水車の回転速度 N，有効落差 H，流量 Q とする。	(イ) P は QH^2 に比例する。		(ロ) P は NQ に比例する。	
		(ハ) P は NQH に比例する。		(ニ) P は QH に比例する。	
4	図は火力発電所の熱サイクルを示した装置線図である。この熱サイクルの種類は。	(イ) ランキンサイクル	(ロ) 再生サイクル	(ハ) 再熱サイクル	(ニ) 再生再熱サイクル
5	汽力発電所における水及び蒸気の流れで正しいものは。	(イ) ボイラ → 過熱器 → タービン → 復水器		(ロ) 過熱器 → ボイラ → 復水器 → タービン	
		(ハ) 過熱器 → ボイラ → タービン → 復水器		(ニ) ボイラ → 過熱器 → 復水器 → タービン	

6	ディーゼル発電装置を出力300〔kW〕で8時間運転する場合に消費する燃料〔ℓ〕は,およそ。ただし,熱効率は32〔%〕,燃料の発熱量は9,800〔kcal/ℓ〕とする。	(イ)	66	(ロ)	210	(ハ)	645	(ニ)	658
7	定格出力750〔kW〕のディーゼル発電機を,発熱量10,000〔kcal/ℓ〕の重油を375〔ℓ〕使用して50〔%〕負荷で運転する場合の運転可能時間〔h〕は。ただし,50〔%〕負荷における発電機の熱効率を34.4〔%〕とする。	(イ)	2	(ロ)	3	(ハ)	4	(ニ)	5
8	ディーゼル機関の熱損失を,大きいものから順に並べたものは。	(イ)	冷却水損失 排気ガス損失 機械的損失	(ロ)	排気ガス損失 冷却水損失 機械的損失	(ハ)	冷却水損失 機械的損失 排気ガス損失	(ニ)	機械的損失 排気ガス損失 冷却水損失
9	ディーゼル発電に関する記述として誤っているものは。	(イ)	ビルなどの非常用予備発電装置として一般に使用されている。	(ロ)	回転むらを滑らかにするために,はずみ車が用いられている。	(ハ)	ディーゼル機関の動作工程は,吸気−爆発(燃焼)−圧縮−排気である。	(ニ)	ディーゼル機関は点火プラグが不要である。
10	内燃力発電装置の排熱を給湯等に利用することによって,総合的な熱効率を向上させるシステムの名称は。	(イ)	再熱再生システム	(ロ)	ネットワークシステム	(ハ)	コンバインドサイクル発電システム	(ニ)	コージェネレーションシステム

11	電線支持点が同じ高さの架空電線において，径間のたるみ（弛度）を一定とし，径間を半分にした場合，電線に加わる水平張力は何倍となるか。	(イ) $\frac{1}{4}$	(ロ) $\frac{1}{2}$	(ハ) 1	(ニ) 2
12	架空電線路の支持物の強度計算を行う場合，一般的に考慮しなくてよいものは。	(イ) 風圧	(ロ) 電線の張力		
		(ハ) 年間降雨量	(ニ) 支持物及び電線への氷雪の付着		

第5章 配電設備

5・1 配電電圧

わが国では配電系統の標準電圧として，低圧では公称電圧 100, 200, 100/200, 415, 240/415 V がある。ただし，主要電気機械器具の定格電圧は，100, 200, 230, 400 V とする。また，高圧および特高では公称電圧 3.3, 6.6, 11, 22, 33 kV がある。

問題 1 わが国の高圧配電系統には，主として非接地方式が採用されている。この理由として，誤っているものは。

- (イ) 一線地絡時の故障電流が小さい。
- (ロ) 一線地絡故障時の電磁誘導障害が小さい。
- (ハ) 短絡事故時の故障電流が小さい。
- (ニ) 非接地系統でも信頼度の高い保護方式が確立されている。

解答 (ハ)

非接地方式の一線地絡電流は主に，対地静電容量の充電電流によるもので小さく，通信線に対する誘導障害が少ないなどの特徴があり，6.6〔kV〕配電系統で採用されている。

また，短絡事故時の故障電流は接地方式に左右されず極めて大きい。

5・2 低圧配電方式

低圧配電線路の電気方式は，表5・1のものがある。

表 5・1

単相交流	2線式	100 V, 200 V
	3線式	100/200 V
三相交流	3線式	200 V, 400 V, 6 000 V
	4線式	240/415 V

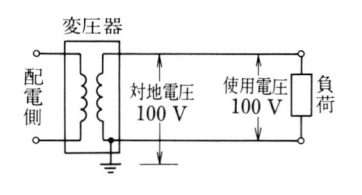

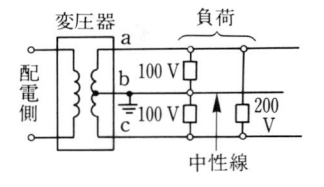

5・2 低圧配電方式

(a) 単相2線式

(b) 単相3線式

図 5・1　単相交流の配電方式

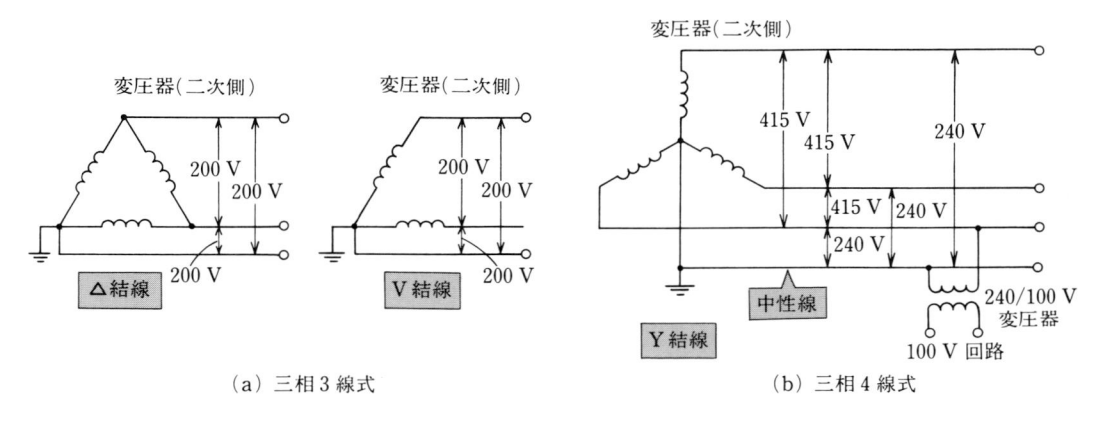

(a) 三相3線式　△結線／V結線

(b) 三相4線式　Y結線

図 5・2　三相交流の配電方式

問題 2

100/200〔V〕単相3線式配電線路に関する記述として誤っているものは。

(イ) 使用電圧が 200〔V〕であっても，対地電圧は 100〔V〕である。

(ロ) 負荷が完全に平衡していれば，中性線における電力損失は零である。

(ハ) 中性線が断線すると，単相 100〔V〕負荷の端子電圧が異常に高くなることがある。

(ニ) 中性線は接地し，中性線にはヒューズを入れなければならない。

解答　(ニ)

中性線（b線）が接地されa線，c線の対地電圧は 100〔V〕である。

また，中性線（b線）に流れる電流は $I_{ab}-I_{bc}$ となるから，負荷 P_1，P_2 が等しければ，

$$I_{ab}=I_{bc}$$
$$I_{ab}-I_{bc}=0$$

となり中性線（b線）に電流は流れない。

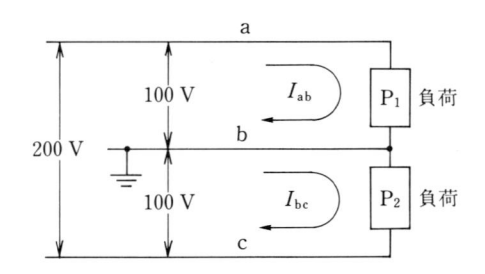

中性線（b線）が断線した場合，負荷 P_1，P_2 の抵抗をそれぞれ R_1，R_2 とすると，P_1 にかかる電圧 V_1，P_2 にかかる電圧 V_2 は，

$$V_1=200\times\frac{R_1}{R_1+R_2}\,\text{〔V〕}$$

$$V_2 = 200 \times \frac{R_2}{R_1 + R_2} \text{ [V]}$$

となり，抵抗に比例した電圧がかかる。

R_1，R_2 に大きな差があると抵抗値の高い負荷に異常に高い電圧が発生することになる。

�については，電技解釈39条において，「電路の一部に接地工事を施した低圧架空電線路の接地側電線には，過電流遮断器を施設しないこと。」とあるので誤りである。

問題3 図に示す単相2線式配電線路の電流 I の値〔A〕は。

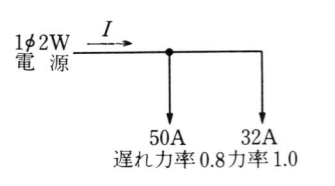

(イ) 72　(ロ) 74　(ハ) 78　(ニ) 82

解答 (ハ)

分岐電流 50A を I_1，32A を I_2 とし複素数で表示すると，

$$\dot{I}_1 = 50(\cos\theta + j\sin\theta) \text{ [A]}$$

$\cos\theta$：力率

$$\sin\theta = \sqrt{1-\cos^2\theta}$$

$$\dot{I}_1 = 50(0.8 + j\sqrt{1-0.8^2}) = 40 + j30 \text{ [A]}$$

$$\dot{I}_2 = 32(1.0 + j0) = 32 \text{ [A]}$$

電流 $\dot{I}$〔A〕は，

$$\dot{I} = \dot{I}_1 + \dot{I}_2 = (40+32) + j30 = 72 + j30 \text{ [A]}$$

$\dot{I}$ の大きさ（絶対値）は，

$$I = \sqrt{72^2 + 30^2} = \sqrt{6084} = 78 \text{ [A]}$$

5・3　単相2線式と単相3線式との比較

表5・2は単相2線式と単相3線式の比較の概要である。

表5・2　単相2線式と3線式の比較

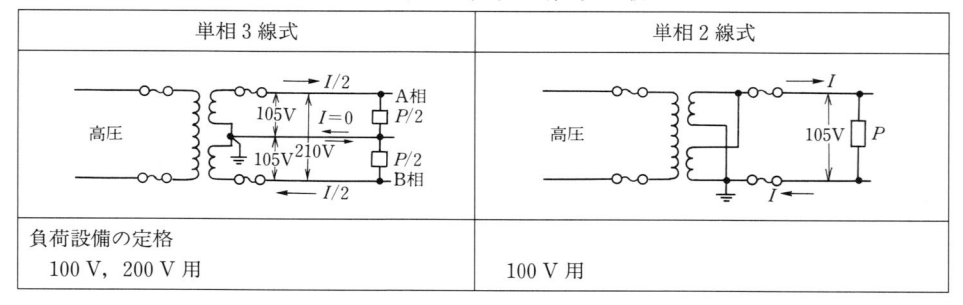

単相3線式	単相2線式
（回路図：高圧，105V/105V/210V，A相 P/2，B相 P/2，$I=0$，$I/2$）	（回路図：高圧，105V，P，I，接地）
負荷設備の定格 100V，200V用	100V用

5・3 単相2線式と単相3線式との比較

同一負荷に対する線電流 　A・B相 $I/2$ 　中性線 0	I
線負荷に対する条件 　A・B相の負荷は平衡させる	無関係
配線上の条件 　中性線ヒューズ……取付不可 　中性線断線………負荷にかかる電圧は，負荷インピーダンスに比例配分され異常電圧が加わる。	断線すれば停電するだけ
電圧降下（同一条件で） 　1/4	1
設備の経済度 　電力損失を基準とした所要銅量 37.5%	100%

問題 4 図のような単相3線式配電線路において，中性線に流れる電流 I_N の値〔A〕は。

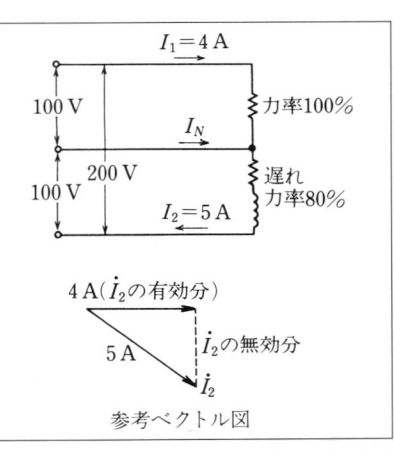

(イ) 2　(ロ) 3　(ハ) 4　(ニ) 5

解答 (ロ)

$I_N = I_2 - I_1$

設問により，$I_1 = 4$〔A〕，$I_2 = 5(\cos\theta + \sin\theta)$

∴ $I_N = 5(\cos\theta + \sin\theta) - 4 = (5 \times 0.8 + 5\sqrt{1-0.8^2}) - 4 = 3$〔A〕

となる。

問題 5 図のように，単相3線式回路で，中性線が点 d で断線した場合，負荷の a, b 間，c, d 間の電圧は。ただし，両負荷は抵抗負荷とし，線路のインピーダンスは 0 とする。

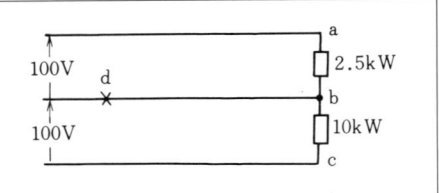

解答 $V_{ab} = 160$〔V〕，$V_{bc} = 40$〔V〕

負荷の抵抗を求め，a，c 間の 200 V を抵抗値で配分すればよい。
a，b 間の抵抗は 4 Ω，b，c 間の抵抗は 1 Ω。

$$V_{ab} = 200 \times \frac{4}{4+1} = 160 \text{ (V)} \qquad V_{bc} = 200 \times \frac{1}{4+1} = 40 \text{ (V)}$$

問題 6 図のような回路で，$R=10$〔Ω〕の 4 つの負荷に電力を供給している。二次側×印の箇所で断線した場合の負荷電力〔kW〕は。

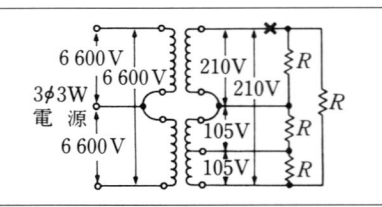

(イ) 2.2　(ロ) 4.4　(ハ) 6.6　(ニ) 8.8

解答 (ロ)

設問の×印の点で断線した場合の回路図は下図のようになる。

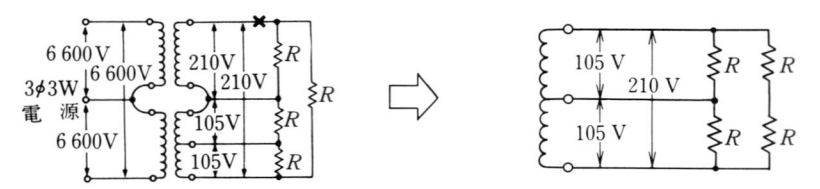

負荷電力 P〔W〕は，電圧 V〔V〕，抵抗 R〔Ω〕，とすると，

$$P = \frac{V^2}{R} \text{ (W)}$$

である，これに数値を代入して，

$$P = \frac{105^2}{10} + \frac{105^2}{10} + \frac{210^2}{10+10} = 4\,410 \text{ (W)} \fallingdotseq 4\,400 \text{ (W)} = 4.4 \text{ (kW)}$$

5・4　電圧降下および電圧変動率

(1) 電圧降下

図 5・3 のように，1 線の抵抗が R〔Ω〕，リアクタンスが X〔Ω〕で，帰線が 0〔Ω〕の配電線の受電端に P〔kW〕，力率 $\cos\theta$（遅れ）の負荷がかかっているとき，受電端電圧を V_r，送電端電圧を V_s としてベクトル図を描くと，図 5・4 のようになる。この図から，

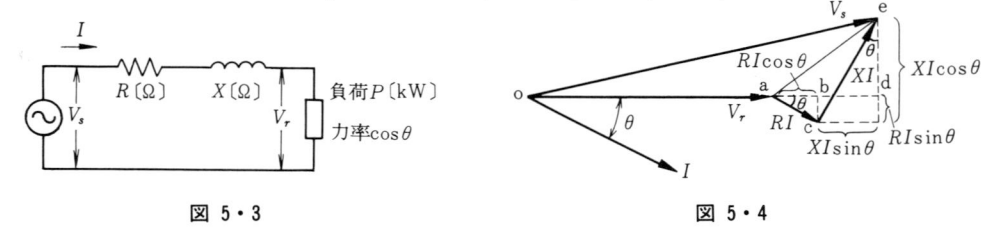

図 5・3

図 5・4

5・4 電圧降下および電圧変動率

$$V_s = \sqrt{od^2 + de^2}$$
$$= \sqrt{\{V_r + (RI\cos\theta + XI\sin\theta)^2\} + (XI\cos\theta - RI\sin\theta)^2} \quad \cdots\cdots\cdots\cdots (5\cdot1)$$

上式の $\sqrt{}$ 内の第2項は極めて小さいから，これを省略すると，

$$V_s \fallingdotseq V_r + I(R\cos\theta + X\sin\theta) \quad \cdots\cdots\cdots\cdots (5\cdot2)$$

したがって，電圧降下 v は，

$$v = V_s - V_r = I(R\cos\theta + X\sin\theta) \quad \cdots\cdots\cdots\cdots (5\cdot3)$$

式(5・3)の電圧降下は，図5・3の場合の電圧降下の式であるから，一般には，

電圧降下 $v = KI(R\cos\theta + X\sin\theta) \quad \cdots\cdots\cdots\cdots (5\cdot4)$

で表される。したがって，配電方式により K の値は，次のようになる。

$$\left.\begin{array}{ll}\text{単相2線式} & K=2 \\ \text{単相3線式} & K=1 \\ \text{三相3線式} & K=\sqrt{3}\end{array}\right\} \quad \cdots\cdots\cdots\cdots (5\cdot5)$$

この K を線路形態による**電圧降下定数**と呼んでいる。また，負荷電流 I は次式で求められる。

$$\left.\begin{array}{ll}\text{単相2線式} & I = \dfrac{P}{V_r\cos\theta} \\ \text{単相3線式} & I = \dfrac{1}{2}\times\dfrac{P}{V_r\cos\theta} \\ \text{三相3線式} & I = \dfrac{P}{\sqrt{3}\times V_r\cos\theta}\end{array}\right\} \quad \cdots\cdots\cdots\cdots (5\cdot6)$$

なお，1m当たりの抵抗及びリアクタンスが r 〔Ω/m〕，x 〔Ω/m〕であれば，線路長が l 〔m〕のとき，1線当たりの抵抗 R 及びリアクタンス X は，

$$R = rl \ , \quad X = xl$$

で表される。

<注> 電圧降下の式(5・4)は，送電線，高圧専用線のような末端集中負荷の場合に適用できる。

問題 7 単相2線式100V配電線路を単相3線式100V/200Vに変更した場合，電線路の電圧降下を変更前と比べてみよ。ただし，負荷は平衡負荷で，その大きさならびに供給電圧は変わらないものとする。

(イ) 変わらない　　(ロ) 1/2倍　　(ハ) 1/3倍　　(ニ) 1/4倍

解答 (ニ)

図のように，線路に流れる電流は，単相2線式の場合を I，単相3線式の場合を $\dfrac{I}{2}$，線路・インピーダンスを $Z = R\cos\theta + X\sin\theta$ とすると，電圧降下 v は，式(5・4)，(5・5)の関係から，

単相2線式 $v = 2I(R\cos\theta + X\sin\theta)$

電圧降下率 $=\dfrac{2I}{100}(R\cos\theta+X\sin\theta)$

単相3線式 $v'=I(R\cos\theta+X\sin\theta)$

電圧降下率 $=\dfrac{I}{200}(R\cos\theta+X\sin\theta)$

ゆえに，単相2線式と単相3線式の電圧降下率の比は $\dfrac{1}{4}$ 倍となる。

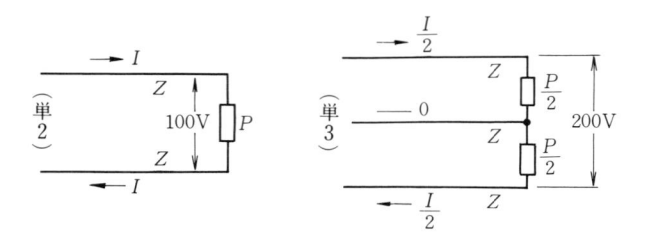

問題 8

図のような配電線路における受電端の電圧〔V〕は，およそ。

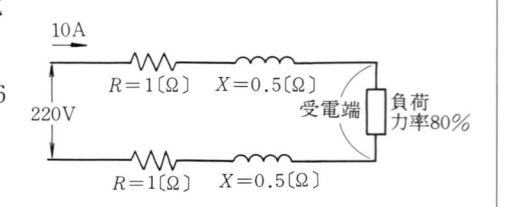

(イ) 194　(ロ) 198　(ハ) 202　(ニ) 206

解答　(ロ)

〔受電端電圧〕=〔送電端電圧〕-〔電圧降下〕であることから，この式を良く理解して，式(5・3)によって解けば次のようになる。

$$v=I(R\cos\theta+X\sin\theta)$$
$$=10(2\times 0.8+1\times 0.6)=22$$
$$\therefore\ V=220-22=198\ \text{〔V〕}$$

$\begin{cases}\cos\varphi=0.8\\ \sin\varphi=\sqrt{1-0.8^2}=0.6\\ R=1+1=2\\ X=0.5+0.5=1\end{cases}$

問題 9

単相3線式で図のように電灯負荷に供給した場合，a，b間(V_1)及びb，c間(V_2)の電圧は。ただし，力率は100%とする。

(イ) $\begin{cases}V_1=92.8\ \text{V}\\ V_2=95.2\ \text{V}\end{cases}$　(ロ) $\begin{cases}V_1=96\ \text{V}\\ V_2=100\ \text{V}\end{cases}$

(ハ) $\begin{cases}V_1=96\ \text{V}\\ V_2=96.8\ \text{V}\end{cases}$　(ニ) $\begin{cases}V_1=97.0\ \text{V}\\ V_2=98.4\ \text{V}\end{cases}$

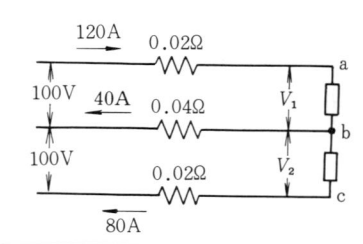

解答　(ロ)

5・4 電圧降下および電圧変動率

〔負荷端子電圧〕=〔電源電圧〕-〔電圧降下〕であることをまず念頭において考える。この問題は電圧降下の計算を問うているので，単相3線式の中性線に流れる電流の値と向きの定め方がポイントになる。

各線の電流値及び方向を図のように定めれば，
$$V_1 = 100 - (120 \times 0.02 + 40 \times 0.04) = 100 - 4.0 = 96 \,[\text{V}]$$
$$V_2 = 100 - (-40 \times 0.04 + 80 \times 0.02) = 100 - (-1.6 + 1.6) = 100 \,[\text{V}]$$

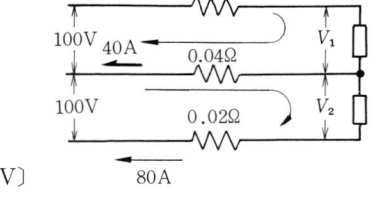

＜注＞ 電流は電源から負荷へ向かう方向を正方向とする。中性線に流れる電流が負荷から電源へ向かってくる場合は，電圧降下でなく電圧上昇の要素となる。

問題 10

図のような三相3線式配電線路において，電圧降下 ($V_1 - V_2$) の値〔V〕を示す式は。

(イ) $\dfrac{r}{R}V_2$　　(ロ) $\dfrac{\sqrt{3}\,r}{R}V_2$　　(ハ) $\dfrac{2r}{R}V_2$

(ニ) $\dfrac{\sqrt{3}\,r}{2R}V_2$

解答 (イ)

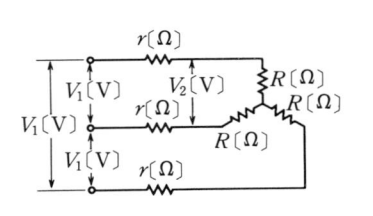

図(a)における線電流 I〔A〕を求める。

平衡三相回路であるので一相分の単相回路に置き直すと，図(b)になる。

$$I = \frac{\frac{V_2}{\sqrt{3}}}{R} = \frac{V_2}{\sqrt{3}\,R} \,[\text{A}]$$

電圧降下は $I \times r$ であるから，

$$\frac{V_1}{\sqrt{3}} - \frac{V_2}{\sqrt{3}} = I \times r \,[\text{V}]$$

$$V_1 - V_2 = \frac{V_2}{\sqrt{3}\,R} \times r \times \sqrt{3} = \frac{r}{R}V_2 \,[\text{V}]$$

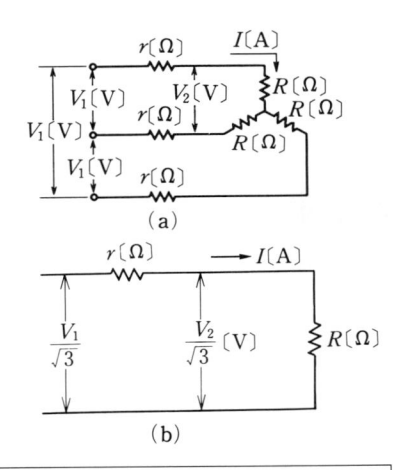

問題 11

図のような三相3線式配電線路で，各点間の抵抗が電線1条当たりそれぞれ0.1〔Ω〕，0.2〔Ω〕，0.4〔Ω〕である。D点の電圧を200〔V〕にするためのA点の電源電圧〔V〕は。ただし，負荷の力率はすべて100〔%〕であるとする。

(イ) 206　　(ロ) 208　　(ハ) 210　　(ニ) 212

解答 (ハ)

三相3線式配電線路の電圧降下は次式で表せる。

$$v = \sqrt{3}I(\cos\varphi + X\sin\varphi) \cdots\cdots (1)$$

$\cos\varphi$：力率

設問から各区間の電圧降下を計算すると，

C-D間　$v_{CD} = \sqrt{3} \times 5 \times 0.4 \times 1.0 = 3.46$ 〔V〕

B-C間　$v_{BC} = \sqrt{3} \times 10 \times 0.2 \times 1.0 = 3.46$ 〔V〕

A-B間　$v_{AB} = \sqrt{3} \times 20 \times 0.1 \times 1.0 = 3.46$ 〔V〕

以上からAD間の電圧降下は各区間の電圧降下の合計値となるので，

$$v_{AD} = v_{CD} + v_{BC} + v_{AB} = 3.46 + 3.46 + 3.45 = 10.38 \fallingdotseq 10 \text{〔V〕}$$

よってA点の電源電圧は，

$$V_A = 200 + 10 = 210 \text{〔V〕}$$

問題12

図は，送電端電圧 $\dot{V}_s$〔V〕，受電端電圧 $\dot{V}_r$〔V〕，線路抵抗 R〔Ω〕，線路リアクタンス X〔Ω〕の1相分の等価回路である。深夜において，負荷がコンデンサだけになった場合の電流と電圧の関係を示すベクトル図は。

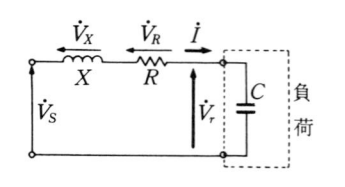

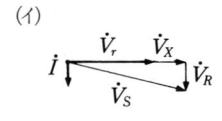

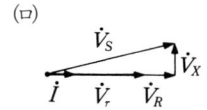

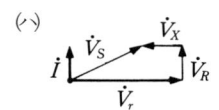

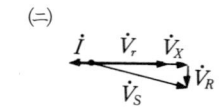

(イ)　(ロ)　(ハ)　(ニ)

解答　(ハ)

負荷がコンデンサCだけになったのであるから，負荷電流 $\dot{I}$ の位相は受電端の電圧 $\dot{V}_r$ に対して，90度進みとなる。この電流 $\dot{I}$ によって線路抵抗 R〔Ω〕の発生する電圧降下 $\dot{V}_R$ は図のように電流 $\dot{I}$ と同様に発生する。

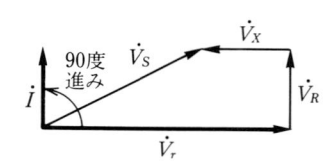

〔2〕 電圧変動率

$$電圧変動率 = \frac{無負荷時受電端電圧\ V_{or} - 負荷時受電端電圧\ V_r}{負荷時受電端電圧\ V_r} \times 100 \text{〔％〕} \cdots\cdots (5\cdot7)$$

また，短距離電線路では無負荷時受電端電圧＝送電端電圧の関係から，

$$電圧変動率 = \frac{送電端電圧\ V_s - 受電端電圧\ V_r}{受電端電圧\ V_r} \times 100 \text{〔％〕}$$

$$= \frac{電圧降下\ v}{受電端電圧\ V_r} \times 100 = \frac{負荷電流\ I \times (R\cos\theta + X\sin\theta)}{V_r} \times 100 \text{〔％〕}$$

$$\cdots\cdots (5\cdot8)$$

問題 13

配電線路において，無負荷時の受電端電圧が 6 700 [V]，全負荷時の受電端電圧が 6 400 [V] であるとき，受電端の電圧変動率 [%] は。

(イ)　4.4　　(ロ)　4.7　　(ハ)　5.0　　(ニ)　5.3

解答　(ロ)

電圧変動率 $\varepsilon = \dfrac{V_{or} - V_r}{V_r} \times 100$ [%]

V_{or}：無負荷時受電端電圧 [V]，　　V_r：負荷時受電端電圧 [V]

設問により，

$$\varepsilon = \frac{6\,700 - 6\,400}{6\,400} \times 100 \,[\%] = 4.7\,[\%]$$

問題 14

図に示す高圧配電線路における電圧降下率 [%] はおよそ。

ただし，1線当たりの線路条数は $R = 0.9$ [Ω/km]，$X = 0.4$ [Ω/km] とする。

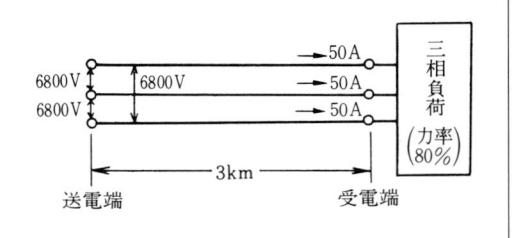

解答　3.8%

電圧降下率とは，電圧降下すなわち $v = V_s - V_r$ の受電端電圧に対する百分率である。

式 (5・4) から，電圧降下 v は，

$$\begin{aligned}
v &= \sqrt{3}\,I\,(R\cos\theta + X\sin\theta) \\
  &= \sqrt{3} \times 50\,(2.7 \times 0.8 + 1.2 \times 0.6) \fallingdotseq 249\,[V]
\end{aligned}$$

$$\therefore \begin{cases} \cos\theta = 0.8,\ \sin\theta = \sqrt{1 - 0.8^2} = 0.6 \\ R = 0.9 \times 3 = 2.7,\ X = 0.4 \times 3 = 1.2 \end{cases}$$

受電端電圧 $V_r = V_s - v$ は，$6\,800 - 249 = 6\,551$ V

ゆえに，電圧降下率 $= \dfrac{\text{電圧降下}}{\text{受電端電圧}} \times 100 = \dfrac{249}{6\,551} \times 100 = 3.8\%$

電圧降下率 = (送電端電圧 − 受電端電圧)/受電端電圧 × 100 〔%〕

∴ 電圧降下率 = $\frac{V_s - V_r}{V_r} \times 100 = \frac{v}{V_r} \times 100 = \frac{249}{6551} \times 100 \fallingdotseq 3.8$ 〔%〕

5・5 電力損失および電力損失量

線路に施設した電線や機器内の損失を**電力損失**といい，負荷電流は刻々と変動するので，電力損失量は一般に**年間の損失量**で表される。

電線の電力損失 $= I^2 R \times 10^{-3} \times$（条数）〔kW〕

同一負荷電力への供給において，負荷電流は配電方式及び負荷力率によって，次のように変化する。

$$
\left.
\begin{array}{ll}
\text{単相2線式} & I = \dfrac{P}{V \cos \theta} \\
\text{単相3線式} & I = \dfrac{P}{2 \times V \cos \theta} \text{（平衡負荷）} \\
\text{三相3線式} & I = \dfrac{P}{\sqrt{3} V \cos \theta}
\end{array}
\right\} \quad \cdots\cdots (5 \cdot 9)
$$

問題 15

図Aに示す単相2線式電線路の電力損失は，図Bに示す三相3線式電線路の電力損失の何倍か。

ただし，電線1条当たりの抵抗を 0.1〔Ω〕とする。

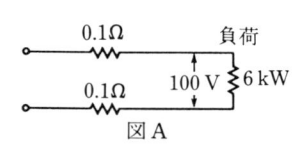

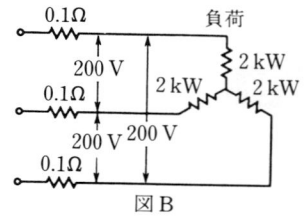

(イ) 2　(ロ) 3　(ハ) 4　(ニ) 8

解答　(ニ)

図Aにおける線電流 I_A は，

$$I_A = \frac{P_A}{V \cos \theta_A}$$

図Aにおける電力損失 P_A は，

$$P_A = I^2 R \times 2 = \left(\frac{P_B}{V \cos \theta_B}\right)^2 R \times 2 = \left(\frac{6000}{100}\right)^2 \times 0.1 \times 2 = 720 \text{〔W〕} \quad \cdots\cdots ①$$

図Bにおける線電流 I_B は，

$$I_B = \frac{P_B}{\sqrt{3} V \cos \theta_B}$$

図Bにおける電力損失 P_B は，

$$P_B = I^2 R \times 3 = \left(\frac{P_B}{\sqrt{3} V \cos \theta_B}\right)^2 R \times 3 = \left(\frac{3 \times 2000}{\sqrt{3} \times 200}\right)^2 \times 0.1 \times 3 = 90 \text{〔W〕} \quad \cdots\cdots ②$$

よって，①/②より8倍となる。

問題 16

図のような三相3線式配電線路において，負荷の消費電力を P 〔kW〕，負荷の線間電圧を V 〔kV〕，力率を $\cos\theta$，電線1条当たりの抵抗を R 〔Ω〕としたとき，配電線路の電力損失〔W〕を表す式は。

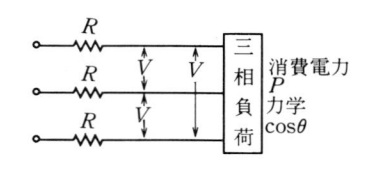

(イ) $\dfrac{P^2R}{\sqrt{3}V^2\cos^2\theta}$ (ロ) $\dfrac{P^2R}{V^2\cos^2\theta}$ (ハ) $\dfrac{\sqrt{3}P^2R}{V^2\cos\theta}$ (ニ) $\dfrac{3P^2R}{V^2\cos^2\theta}$

解答 (ロ)

三相電力 P 〔W〕は，

$$P=\sqrt{3}VI\cos\theta \text{〔W〕}$$

V：線間電圧〔V〕，I：負荷電流〔A〕，$\cos\theta$：力率

上式より，負荷電流 I 〔A〕は，

$$I=\frac{P}{\sqrt{3}V\cos\theta}\text{〔A〕}$$

線路の電力損失 w 〔W〕は

$$w=nI^2R\text{〔W〕}$$

R：線路抵抗〔Ω〕，n：線条数

よって，

$$w=3\times\left(\frac{P}{\sqrt{3}V\cos\theta}\right)^2\times R=\frac{P^2R}{V^2\cos^2\theta}\text{〔W〕}$$

問題 17

一定負荷に供給する配電線路で，配電電圧を2倍に格上げすると配電線路中の電力損失は格上げ前に比べて何倍になるか。

(イ) $\dfrac{1}{4}$ (ロ) $\dfrac{1}{2}$ (ハ) 2 (ニ) 4

解答 (イ)

電力損失 = (負荷電流)² × 抵抗 × 条数

$$I_1=\frac{P}{V\cos\theta}, \quad \text{電圧が2倍になると} \quad I_2=\frac{P}{2V\cos\theta}$$

電圧格上げ前の電力損失を P_1，格上げ後の電力損失を P_2 とすれば，

$$\frac{P_2}{P_1}=\frac{I_2^2}{I_1^2}=\frac{\left(\dfrac{P}{2V\cos\theta}\right)^2}{\left(\dfrac{P}{V\cos\theta}\right)^2}=\frac{1}{4}$$

問題 18 鉄損が 50 W，全負荷時の銅損が 120 W の単相変圧器がある。1 日のうち 10 時間を全負荷で使用し，14 時間を 50% の負荷で使用した場合，1 日の電力損失量〔Wh〕はいくらか。

解答 2 820 Wh

鉄損は負荷の割合（定格出力の m 倍）に影響せず，銅損は m^2 に比例する。
1 日中の鉄損電力量 $p_i = 50 \times 24 = 1\,200$ 〔Wh〕
1 日中の銅損電力量 $p_c = 120 \times 10 + 120 \times (1/2)^2 \times 14 = 1\,620$ 〔Wh〕
1 日中の電力損失量 $= p_i + p_c = 1\,200 + 1\,620 = 2\,820$ 〔Wh〕

5・6　支線の強度計算

木柱，鉄柱及び鉄筋コンクリート柱は支線を用いて，その強度を分担させることができることになっている。

図 5・5 のように，支持物の頂部に水平張力 P が加わり，これを支線で支持するものとすれば，水平張力 P〔kg〕は，支線の張力 T〔kg〕と，支持物に圧縮力 Q〔kg〕が分担される。

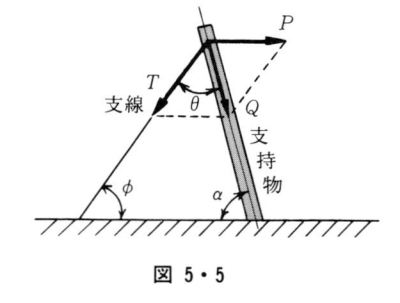

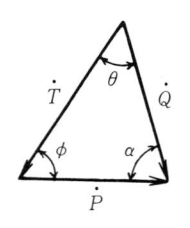

図 5・5　　　　　**図 5・6**

この張力関係は，図 5・6 のようにベクトル図に表すことができ，正弦法則から次式が成り立つ。

$$\frac{\dot{P}}{\sin \theta} = \frac{\dot{T}}{\sin \alpha} = \frac{\dot{Q}}{\sin \phi} \quad \cdots\cdots (5\cdot10)$$

ゆえに，支線に加わる張力 T は，

$$\dot{T} = \frac{\sin \alpha}{\sin \theta} \dot{P} \text{〔kg〕} \quad \cdots\cdots (5\cdot11)$$

となる。ここで，支持物が垂直とすれば，

$\sin \alpha = \sin 90 = 1$

となるから，張力 T は，次のように表すことができる。

$$T = \frac{P}{\sin \theta} \text{〔kg〕} \quad \cdots\cdots (5\cdot12)$$

5・6 支線の強度計算

問題 19 図のように，支線を用いて電圧に加わる水平張力を支えようとする。支線に直径 4 mm の鉄線 7 条を用いるものとすれば，これにより支えることができる水平張力は最大何〔kg〕となるか計算せよ。ただし，支線の安全率 2.5，鉄線の引張り強さは 35 kg/mm² とする。

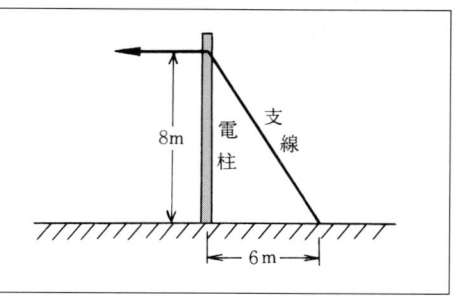

解答 739〔kg〕

直径 4 mm で 7 条の鉄線の許容張力 T は，

$$T = 35 \times \frac{\pi \times 4^2}{4} \times 7 \div 2.5 \fallingdotseq 1\,230.9 \text{〔kg〕}$$

電柱と支線とのなす角を θ とすると，

$$\sin\theta = \frac{6}{\sqrt{8^2+6^2}} = 0.6$$

式 (5・12) から，水平張力 P〔kg〕について式を変形すると，

$$P = T\sin\theta = 1\,230.9 \times 0.6 = 738.5 \fallingdotseq 739 \text{〔kg〕}$$

問題 20 図において，電線の張力は 600 kg で，支線の地表面との取付角度は 60°であった。支線に引張り強さ 440 kg の 4 mm 鉄線を使用する場合，必要な最小の鉄線条数は。ただし，支線の安全率を 2.5 とする。

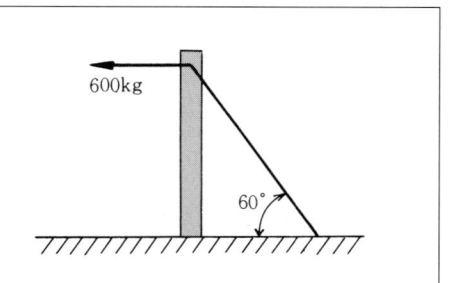

解答 7 条

支線と電柱とのなす角は $\theta = 90 - 60 = 30°$，支線の許容張力 T は式 (5・12) から，

$$T = \frac{600}{\sin 30} \times 2.5 = 3\,000 \text{〔kg〕}$$

鉄線 1 条の引張り強さが 440 kg であるから，

$$\text{求める条数} = \frac{T}{440} = \frac{3\,000}{440} \fallingdotseq 6.8$$

ゆえに，鉄線の条数は 7 条である。
この関係を図に示す。

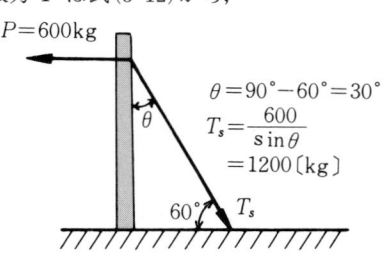

5・7 電圧調整

電気設備の普及と高度化にともない，電圧の維持は欠くことができない。負荷電流の増減による電圧降下の変動を自動的に調整する具体的な方法は，変電所，配電線，柱上変圧器の各所で行われている。出題傾向から柱上変圧器のタップ調整及び昇圧器による電圧調整について考えてみよう。

変圧器のタップ構成は，図5・7のように規格化されている。

変圧器のタップは，その電圧が一次側に加わったときに，二次側に定格電圧（105Vまたは210V）が発生するようになっている。

いま，変圧比をaとすると，

$$a = \frac{V_1}{V_2} = \frac{n_1}{n_2} = \frac{V_{1T}}{V_{2O}} \cdots\cdots (5・13)$$

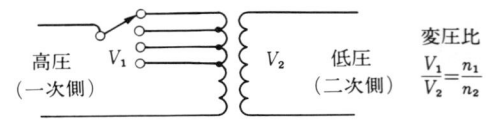

タップ 3.3kV用：2 850，3 000，3 300，3 450
一 次 6.6kV用：5 700，6 000，6 300，6 600，6 900
二 次 105V

図 5・7

となる。

ここで，V_1：1次側入力電圧〔V〕，V_{1T}：1次側タップ電圧〔V〕
V_2：2次側発生電圧〔V〕，V_{2O}：2次側定格電圧〔V〕

$\dfrac{n_1}{n_2}$：巻数比

問題 21 変圧比6 300 V/105 Vの変圧器をタップ6 300 Vから6 000 Vに変更すると，低圧側電圧はどのようになるか。
(イ) 5 V 上昇　(ロ) 10 V 上昇　(ハ) 5 V 降下　(ニ) 10 V 降下

解答 (イ)

タップ6 300 Vを使って二次側に105 V発生していたとすれば，一次側電圧は6 300 Vである。いま，一次側電圧を変更しないで，タップを6 000 Vに変更したときの二次側電圧V_2は，

$$\frac{V_1}{V_2} = \frac{n_1}{n_2}, \quad V_2 = V_1 \times \frac{1}{\frac{n_1}{n_2}}, \quad \text{ただし，} \frac{n_1}{n_2} \text{は巻数比。}$$

$$V_2 = 6\,300 \times \frac{1}{\frac{6\,000}{105}} \fallingdotseq 110 \,〔V〕$$

したがって，105 Vが110 Vとなり5 V上昇したことになる。

5·7 電圧調整

問題 22 配電用 6 kV 変圧器（三相，定格一次電圧 6 600 [V]，定格二次電圧 210 [V]）のタップ電圧が 6 750 [V] のとき，二次側電圧は 200 [V] であった。タップ電圧を 6 450 [V] に変更した場合の二次側電圧 [V] は。

(イ) 191　　(ロ) 204　　(ハ) 209　　(ニ) 214

解答 (ハ)

タップ 6 750 [V] のとき，二次側出力電圧が 200 [V] であるから，一次側入力電圧 [V] は，

$$V_1 = \frac{V_1 T \times V_2}{V_{2o}} = \frac{6\,750 \times 200}{210} = 6\,429\,[V]$$

この電圧をタップ 6 450 [V] で使用するから，二次出力電圧 V_2 は，

$$V_2 = \frac{V_1 \times V_{2o}}{V_{IT}} = \frac{6\,429 \times 210}{6\,450} = 209\,[V]$$

となる。

問題 23 柱上変圧器の高圧側の使用タップが 6 600 V のとき，低圧側の電圧が 95 V であった。低圧側をおよそ 100 V にするための高圧側の使用タップは。

解答 6 300 V

図 5·7 にあるように，二次電圧を 105 V とし，まず高圧側の電圧を求める。

$$\frac{V_1}{95} = \frac{6\,600}{105} \quad V_1 = 95 \times \frac{6\,600}{105} \fallingdotseq 5\,971\,[V]$$

高圧側電圧 5 971 V はそのままで，低圧側に 100 V に近い電圧を出すためのタップ電圧 V_{IT} は，

$$\frac{5\,971}{100} = \frac{V_{IT}}{105} \quad \therefore \quad V_{IT} = 105 \times \frac{5\,971}{100} = 6\,269\,[V]$$

6 269 V に近い電圧タップは 6 300 V である。

〔参考〕 6 300 V のタップを使ったとき低圧側は何 [V] になるかを計算してみよう。

$$\frac{5\,971}{V_2} = \frac{6\,300}{105} \quad V_2 = 105 \times \frac{5\,971}{6\,300} = 99.5\,[V]\ である。$$

問題 24 一次側のタップ電圧 6 300 V，二次側の定格電圧 210 V の単相変圧器 3 台を Y-△結線にし，一次側に 6 000 V の三相平衡電圧を加えるとき，二次側に発生する電圧 V_2 は。

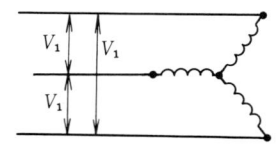

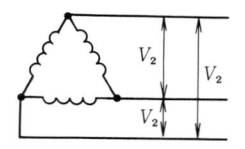

解答 115.5 V

この問題は実際に線路におけるタップ計算である。

従来の考えでやると，$\dfrac{V_1}{V_2}=\dfrac{6\,300}{210}$ としたいが，V_1，V_2 は変圧器に加わる電圧であることに注意しなければならない。

一次側は Y 結線であるから，変圧器1台に加わる電圧は $\dfrac{V_1}{\sqrt{3}}$ である。すなわち，

$$\dfrac{\dfrac{V_1}{\sqrt{3}}}{V_2}=\dfrac{\dfrac{6\,000}{\sqrt{3}}}{V_2}=\dfrac{6\,300}{210} \qquad \therefore\quad V_2=115.5 \text{〔V〕}$$

問題 25 無効電力を制御しない方法で，電力系統の電圧を適正な範囲に維持するために用いられる機器は。

(イ) 電力用コンデンサ　　(ロ) 分路リアクトル　　(ハ) 負荷時タップ切替変圧器

(ニ) 同期調相器

解答 (ハ)

電力用コンデンサは，電力系統の無効潮流及び電圧の調整を目的とした無効電力の供給源として用いられ，分路リアクトルは，長距離・超高圧送電線やケーブル系統の充電容量などによる余剰無効電力を吸収し，電圧の過昇を抑制するのに用いられる。

また，同期調相器は，界磁電流を調整し，無効電力及び電圧の調整を行なうために用いられる。

負荷時タップ切替変圧器は，負荷状態でタップ切替のできる装置（負荷時タップ切替装置）を取付けた変圧器で，負荷電流を流した状態で有効電力・無効電力に関係なく電圧の制御ができるものである。

章末問題⑤

1	図のような単相3線式配電線路において，a-b 間の電圧〔V〕は。	(イ) 100	(ロ) 102	(ハ) 104	(ニ) 106
2	送電電圧を2倍にしたときの電圧降下は，昇圧前に比べて何倍となるか。	(イ) $\dfrac{1}{4}$	(ロ) $\dfrac{1}{2}$	(ハ) 2	(ニ) 4

3	図のような単相3線式の電灯回路において，中性線がP点で断線した場合，b-c間の電圧〔V〕は。ただし，電灯Ⓡはすべて同一定格とする。	(イ) 80	(ロ) 100	(ハ) 120	(ニ) 200
4	三相3線式の高圧配電線路の末端に遅れ力率80〔%〕の三相負荷がある。変電所から負荷までの配電線路の電圧降下が600〔V〕であるとき，配電線路の線電流〔A〕は。ただし，電線1条の抵抗は1.2〔Ω〕，リアクタンスは1.6〔Ω〕とする。	(イ) 173	(ロ) 180	(ハ) 300	(ニ) 312
5	三相3線式電線路の線電流が173〔A〕であるとき，この配電線路の線間電圧の電圧降下〔V〕は。ただし，電線1条の抵抗を0.2〔Ω〕，負荷の力率を1とし，電線のインダクタンスは無視するものとする。	(イ) 20	(ロ) 40	(ハ) 60	(ニ) 80
6	三相3線式配電線路から電力の供給を受ける力率80〔%〕，消費電力40〔kW〕の三相平衡負荷がある。電線1条当たりの抵抗を0.02〔Ω〕，負荷点の線間電圧を200〔V〕とするとき，配電線路の送電端の線間電圧〔V〕は。ただし，線路のリアクタンスは考えないものとする。	(イ) 202	(ロ) 204	(ハ) 206	(ニ) 208

7	配電線路で送電端電圧が6 600〔V〕で,受電端の無負荷電圧が6 400〔V〕,受電端の全負荷電圧が6 000〔V〕であるとき,受電端負荷側の電圧変動率〔%〕は,およそ。	(イ) 3.1	(ロ) 3.3	(ハ) 6.1	(ニ) 6.7
8	図のように,取付け角度が30°となるように支線を施設する場合,支線の引張り荷重を2 200〔kg〕とし,支線の安全率を2とすると,許容される電線の水平張力の最大値〔kg〕は。	(イ) 500	(ロ) 550	(ハ) 600	(ニ) 650
9	配電用6 kV油入変圧器のタップ電圧を6 600〔V〕で使用していたが,二次側電圧が196〔V〕となったので,タップ電圧を変更して,二次側電圧を210〔V〕に近づけたい。適切なタップ電圧〔V〕は。	(イ) 6 150	(ロ) 6 300	(ハ) 6 450	(ニ) 6 750
10	配電用6 kV油入変圧器(定格電圧6 600/210〔V〕)において,一次側タップを6 600〔V〕に設定してあるとき,二次側電圧が200〔V〕であった。二次側電圧を210〔V〕に最も近い値とするための電圧〔V〕は。	(イ) 6 150	(ロ) 6 300	(ハ) 6 450	(ニ) 6 750

第6章 受電設備

6・1 受電設備の分類と設備制限

　自家用受・変電設備は，電気事業者から高圧または特別高圧で受電し，構内に設備した変電設備により低圧に変えて供給することを目的としており，次のように分類される。
　＜注＞　受・変電室は，電気室または変電室と呼称されることもある。

〔1〕 設置場所による分類

(1) 屋内式
　独立した建物または建物の一部を利用し，屋内に施設したもの（キュービクル式を除く）。

(2) 屋外式
　屋外に設置したもので，屋上，地上，柱上などがある（キュービクル式を除く）（図(a)）。

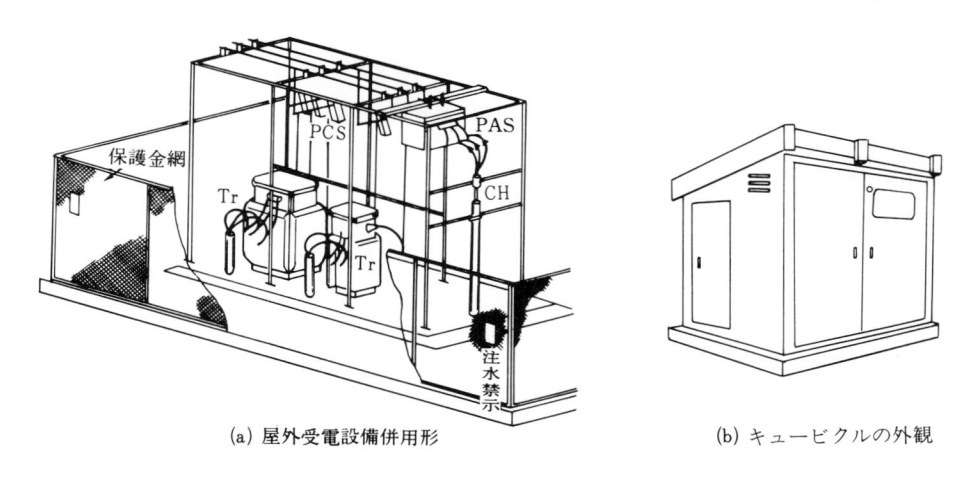

(a) 屋外受電設備併用形　　(b) キュービクルの外観

図 6・1　高圧受・変電設備

(3) キュービクル式
　金属箱に収めた施設したもの（図(b)）。（JIS C 4620 に適合するもの）

(4) 柱上式
　変圧器等を木柱，鉄柱または鉄筋コンクリート柱を用いる H 柱などに施設する方式をいう。ただし，キュービクル式を除く。

(5) 金属箱に収めた受電設備

変圧器等を金属箱に収めて施設する方式であって，JEM 1425 金属閉鎖形スイッチギヤ及びコントロールギヤに準ずるものをいう。

(2) 保護方式による分類

(1) CB形（図6·2(a)）

主遮断装置として遮断機(CB)を用いて，過電流継電器・地絡継電器などと組み合わせて，過負荷，短絡，地路等の故障保護を行なうものである。

(2) PF-CB形（図(b)）

配電線路の変化により，CBの遮断容量が不足したときなどに，限流ヒューズの限流効果を利用し遮断容量を補うことにより，遮断器を小容量化できる。保護機能は，CB形と同一とすることができる。

(3) PF-S形（図(c)）

経済化をはかった受電方式で，限流ヒューズと負荷閉鎖器と組み合わせて保護するものである。キュービクル受電など比較的小容量の簡易な設備に適用される。

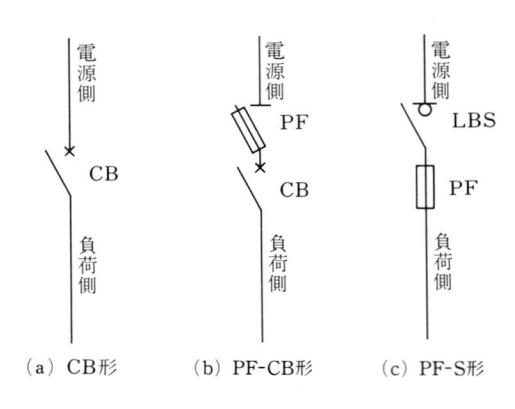

図 6·2 保護方式による分類

(3) 受電設備容量の制限

受電設備容量は，主遮断装置の形式及び施設場所の方式により，表6·1に示す値を超えないようにする。

表 6·1 主遮断装置の形式と施設場所の方式ならびに設備容量

設置場所の方式			CB形	PF-CB形	PF-S形
箱に収めないもの	屋外式	屋上式	＊	500 kVA	150 kVA
		柱上式			100 kVA
		地上式	＊	500 kVA	150 kVA
	屋内式		＊	500 kVA	150 kVA
キュービクル式	キュービクル式受電設備 (JIS C 4620)		2000 kVA	500 kVA	300 kVA
	上記以外のもの		＊		

［注］ ＊は容量の制限がない。

〔4〕 受電設備方式の制限

① 柱上方式は，保守・点検に不便であるから，地域の状況及び使用目的を考慮し，他の方式を使用することが困難な場合に限り使用する。
② PF-S形は，負荷設備に高圧電動機を有しないこと。

〔5〕 キュービクル式高圧受電設備

受電用の設備を極力整理，単純化し，これらの配線の全部または大部分を一括して設置した，金属箱の中に収めた高圧受電方式を**キュービクル式高圧受電設備**という。

(1) キュービクルの利点

キュービクルの利点としては，次のことがあげられる。

① 充電部が露出していないので，安全である。
② 屋外用を使用すると，建物は不要で，占有面積も少なくて経済的である。
③ 工事が容易である。
④ 設備全体が工場でつくられるため信頼度が高い。

(2) キュービクルの欠点

欠点は次のようなことがあげられる。

① 機器や配線の目視点検が困難である。
② 機器の設置が容易でない場合がある。

問題 1 受電用遮断器の遮断容量を決定するのに最も必要な要素は。
(イ) 契約電力の容量　(ロ) 負荷設備の総容量　(ハ) 受電点の短絡容量
(ニ) 最大負荷電流

解答 (ハ)

遮断容量は，受電点の短絡容量を知らなければ決定できない。

問題 2　高圧受電設備に関する記述として適当なものは。
- (イ) 受電設備容量が 300〔kVA〕超過のキュービクル式高圧受電設備には，一般に主遮断装置として，PF-S 形が用いられている。
- (ロ) 主遮断装置として PF-S 形を用いる場合，構内の一線地絡事故の保護装置は必要ない。
- (ハ) 主遮断器として PF-S 形を用いた場合，限流ヒューズの動作で欠相する可能性があるので，欠相対策を行なうことが望ましい。
- (ニ) 受電設備容量が 300〔kVA〕以下の高圧受電設備の主遮断装置には，真空遮断器を用いてはならない。

解答　(ハ)

　受電設備が 300〔kVA〕超過のキュービクル式高圧受電設備には PF-S 形の主遮断装置は用いることはできない。
　(ロ)の PF-S 形の遮断装置は過電流に対しては限流ヒューズで保護できるが，一線地絡電流については保護できないので，地絡保護の設置が必要である。
　(ニ)の真空遮断器は受電設備容量に関係なく使用できる。

問題 3　閉鎖形高圧受電設備を開放形受電設備と比較した場合の利点として，誤っているものは。
- (イ) 現地工事の短縮化が図れる。
- (ロ) 据付面積が少なく電気室の縮小化が図れる。
- (ハ) 単位回路ごとに標準化されており，装置に互換性があるので増設，補修が容易である。
- (ニ) 機器や配線が直接目視できるので日常点検が容易である。

解答　(ニ)

　閉鎖形高圧受電設備とは，一般にキュービクルと呼ばれ，受電用の機器を極力整理単純化し，これらと配線の全部または大部分を接地した金属箱の中に収められた受電設備である。

6・2　遮断器・開閉器・断路器

〔1〕　遮断器の機能と種類

　遮断器は負荷電流の開閉および過負荷，短絡電流などの故障電流を自動的に遮断する機能をもっている。

表6・2に遮断器の種類，構造および特性を示す。

表 6・2

種類	記号	構造
油遮断器	OCB	電路の遮断が絶縁油を媒質として行われる。
真空遮断器	VCB	電路の遮断が高真空中で行われる。
磁気遮断器	MBB	アークをアークシュートのようなイオン装置中へ駆動させる磁気回路を有し，大気中で電路の遮断を行う。
ガス遮断器	GCB	電路の遮断が六ふっ化硫黄のような特殊な気体を媒質として行われる。

(1) 遮断器の特性

① **定格電圧** 遮断器が使用される回路で，各種性能を十分に発揮できる電圧の限度を**遮断器の定格電圧**といい，6 000 V の場合は 7.2 kV で，回路の公称電圧より少し高い。

② **定格電流** 遮断器の導電部分の各部を，定められた温度上昇限度を超えることなく，連続して流すことのできる電流値の限界を**遮断器の定格電流**という。

③ **遮断電流** 遮断電流は遮断器の性質を表す最も重要な因子の一つであり，KA で表されている。三相の容量で表す場合，次式によって求め，参考値とする。

$$遮断容量 = \sqrt{3} \times 定格電圧 \times 遮断電流 \quad \cdots\cdots\cdots(6・1)$$

この単位は，KA または MVA で表される。

(2) 過電流遮断器の施設

① 電路の必要な箇所には，過電流による過熱焼損から電線及び電気機械器具を保護し，かつ，火災の発生を防止できるよう，過電流遮断器を施設しなければならない（電技14条）。

② 過電流遮断器の遮断容量は，取付け場所における短絡電流を確実に遮断できるものでなければならない（電技解釈38条）。

また，CB の遮断容量を補うために限流ヒューズを併用する方法が用いられている（PF-CB形）。

〔2〕 開閉器の機能と種類

開閉器は，通常状態において負荷電流，励磁電流および充電電流を開閉及び通電することができるものである。また，開閉器は，電路の短絡状態における異常電流を投入し，通電することもできる。

開閉器には，外部から開閉機構が確認できる遮断器タイプのものと，箱等に収められた開閉表示機構の付属したタイプのものがある。

(1) 気中開閉器

油を使用していないので爆発や火災のおそれがない。外部から開閉状態を確認できるタイプと箱に収められたものがる。

(2) 真空開閉器

真空バルブに接触部が封入され，要素を数個組み合わせた操作機構を取り付けた開閉器で，油を使用しないので，事故が発生して短絡状態になっても引火や爆発のおそれがない。

(3) 油負荷開閉器

油負荷（油入）開閉器は，油中で定格電流（負荷電流）の開閉を行うものである。なお，既設開閉器は，改修などの際に不燃性絶縁物を使用したものに取り替える。

(3) 断路器の機能

断路器はジスコンとも呼ばれ，図6・3のような構造で，変電室などで機器の点検または回路の切換えのような場合は，無負荷電流の状態で開閉を行うもので，負荷電流の開閉はできない。

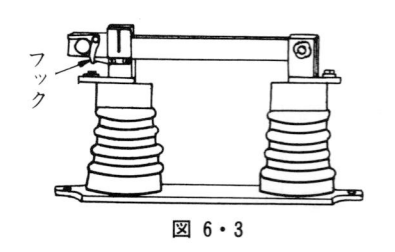

図6・3

断路器が垂直下向きに取り付けられた場合，刃自身の重みで自然に開路状態になると危険なので，刃受けに鎖錠装置をつける（取り付けてあるものを使用する）。なお，このような開閉器は開閉状態が見ただけで確認できるので，開閉状態の表示は必要ない。

また，操作用フック棒は，絶縁処理した堅木の木材を柄の先端にフック金具を取り付けたもので，操作は手動で行なう構造のものが多いが，圧縮空気を利用したものもある。

(4) 限流ヒューズ

高圧電路の短絡電流は，一般的に数千〔A〕にも及ぶため，これをすばやく遮断しないと，電線類や機器が破壊される。

限流ヒューズはこうした短絡電流を短時間に遮断させる機能をもっている。

限流ヒューズの特徴は，
① 短絡電流を小さく抑制する。
② 小形軽量で遮断容量が大きい。
③ アークガスの放出がない。
④ 小電流では溶断特性がよくない。
⑤ 動作時に電源電圧より高い電圧を発生する。

などがある。

問題4 真空遮断器を油遮断器と比較した場合の利点として，誤っているものは。

(イ) 遮断時に異常電圧が発生しにくい。　　(ロ) 火災の心配がない。
(ハ) 電気的開閉鎖寿命が長い。　　(ニ) 装置全体が小形軽量である。

解答 (イ)

　真空遮断器は，小形・軽量，長寿命，保守点検の容易性や，油遮断器のように多量の油の使用による火災の危険性がない。

　しかし，真空遮断器では電流開閉時のサージ電圧の発生が問題となる。

　したがって，サージ電圧を低い値に抑制する対策が必要になる。(イ)が誤り。

問題 5

　遮断器は，　(a)　状態の電路を開閉するもので，　(b)　状態の電路の開閉はできない。したがって，断路器を操作するときは，　(c)　を確かめる必要がある。

　上記の記述中の空白箇所(a)，(b)及び(c)に記入する字句として，正しいものの組み合わせは。

(イ) { (a) 定格負荷　(b) 過負荷　(c) 電力計 }
(ロ) { (a) 定格電圧　(b) 過電圧　(c) 電圧計 }
(ハ) { (a) 無負荷　(b) 負荷　(c) 電流の有無 }
(ニ) { (a) 無電圧　(b) 充電　(c) 電圧の有無 }

解答 (ハ)

　断路器は，アークを消す消弧装置がないため，負荷電流を開閉することができない。

問題 6

　限流ヒューズとその負荷側の保護機器の保護協調について，限流ヒューズが通常時に不要動作しないよう検討するために用いる限流ヒューズの特性曲線は。

(イ) 溶断特性（溶断時間－電流特性）
(ロ) 遮断（動作）特性（動作時間－電流特性）
(ハ) 許容時間電流特性（許容時間－電流特性）
(ニ) 限流特性

解答 (ハ)

　溶断特性とは，ヒューズに過電流が流れ始めてから，可溶体が溶断してアークが発生するまでの時間と電流の関係を表したものである。

　遮断（動作）特性は，ヒューズに過電流が流れ始めてからアークが消滅するまでの時間と電流の関係を表したものである。

　また，許容時間電流特性は，ヒューズにある時間電流を通電しても，可溶体に劣化を生じない電流の限界と時間の関係を表したもので，限流特性とは，短絡電流が波高値に達する前に可溶体が溶断し，内部のアーク電圧によって短絡電流を限流し，遮断する特性を表している。

6・3 短絡電流・短絡容量計算

定格電流を I, 定格電圧を V, 線路の合成インピーダンスを Z, 合成パーセントインピーダンスを $\%Z$ とすれば,

$$\%Z = \frac{IZ}{V} \times 100 \ [\%] \quad \therefore \quad Z = \frac{\%ZV}{100I} \quad \cdots\cdots (6\cdot 2)$$

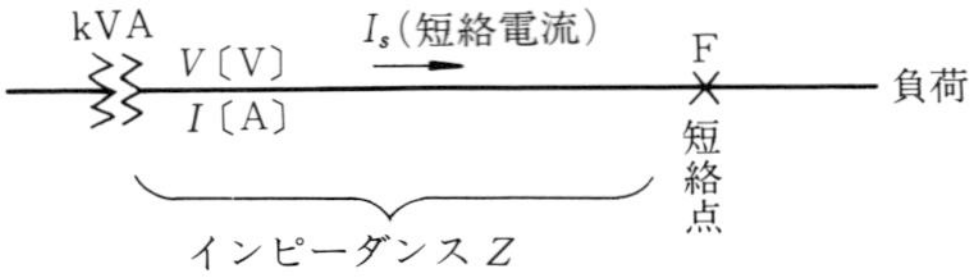

図 6・4

いま, 図 6・4 から, F 点で短絡を生じたときに流れる短絡電流 I_s は,

$$I_s = \frac{V}{Z} = \frac{V}{\frac{\%ZV}{I \times 100}} = \frac{I}{\%Z} \times 100 \ [\text{A}] \quad \cdots\cdots (6\cdot 3)$$

となり, 高圧設備に短絡が発生したときは大きな短絡電流が流れる。この短絡電流を速やかに安全に遮断して事故の波及を防がなければならない。このために設備されるのが高圧遮断器であり, その遮断器の容量は遮断容量で表す。したがって, 高圧遮断器の遮断容量は短絡容量以上のものを選定する。

$$\left. \begin{array}{l} 送電容量(三相) = \sqrt{3}IV \\ 短絡容量(三相) = \sqrt{3}I_sV \end{array} \right\} [\text{kVA}] \quad \cdots\cdots (6\cdot 4)$$

これに三相短絡容量を P_s として $I_s, \%Z, I$ の関係を代入すると,

$$P_s = \sqrt{3}I_sV = \sqrt{3} \times \frac{I}{\%Z} \times 100 \times V = \sqrt{3}IV \times \frac{100}{\%Z} \ [\text{kVA}] \quad \cdots\cdots (6\cdot 5)$$

$\%Z$ の値は一般に, 送電容量 10 000 kVA (10 MVA) を基準にした場合の合成インピーダンスで表される。したがって, 式(6・5)にこの関係を代入し,

$$P_s = 10 \ [\text{MVA}] \times \frac{100}{\%Z} \ [\text{MVA}] \quad \cdots\cdots (6\cdot 6)$$

として求められる。

問題 7

受電用遮断容量は受電点における短絡電流を安全に遮断できるものでなければならない。公称電圧 6.6 kV の受電点から見た電力系統の電源側の％インピーダンスが，10 MVA を基準として 10％である場合に，流れる短絡電流及び必要な遮断容量を次のように計算した。□ 内に数値を記入せよ。

$$三相短絡電流 \ I = \frac{\boxed{} \times 100}{\sqrt{3} \times 6.6 \times \boxed{}} \approx \boxed{} \ [\text{A}]$$

$$三相短絡容量 \ P = \frac{\boxed{} \times 100}{\boxed{}} = \boxed{} \ [\text{MVA}]$$

解答

$$三相短絡電流 \ I = \frac{\boxed{10\,000 \ \text{kVA}} \times 100}{\sqrt{3} \times 6.6 \ \text{kVA} \times \boxed{10}} \approx \boxed{8\,750} \ [\text{A}]$$

$$三相短絡容量 \ P = \frac{\boxed{10 \ \text{MVA}} \times 100}{\boxed{10}} = \boxed{100} \ [\text{MVA}]$$

式 (6·3) から，三相短絡電流 I_s は，

$$I_s = \frac{100}{\%Z} I$$

I は線路の定格電流であり，送電容量 P が 10 MVA であるから，定格電圧 V とすれば，次式の関係がある。

$$10 \ [\text{MVA}] = \sqrt{3} IV$$

$$\therefore \ I = \frac{10 \ \text{MVA}}{\sqrt{3} V} = \frac{10 \times 10^6}{\sqrt{3} \times 6.6 \times 10^3} \ [\text{A}]$$

$$I_s = \frac{100}{\%Z} \times \frac{10 \times 1\,000}{\sqrt{3} \times 6.6} = \frac{10\,000 \times 100}{\sqrt{3} \times 6.6 \times 10} \approx 8\,750 \ [\text{A}]$$

$$P_s = \sqrt{3} I_s V = P \times \frac{100}{\%Z} = 10 \ \text{MVA} \times \frac{100}{10} = 100 \ [\text{MVA}]$$

問題 8

図に示す高圧需要家の受電点（A 点）から電源側の合成％インピーダンス〔％〕は 10〔MVA〕基準でいくらか。ただし，配電用変電所の変圧器の％インピーダンスは 30〔MVA〕基準で 21〔％〕，変電所から電源側及び高圧配電線の％インピーダンスは 10〔MVA〕基準でそれぞれ 2〔％〕及び 3〔％〕とする。

(イ) 12　　(ロ) 23　　(ハ) 24　　(ニ) 26

解答 (イ)

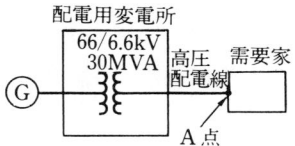

配電用変電所の変圧器の％インピーダンスを 10〔MVA〕基準の値に換算し，合成インピーダンス $\%Z$ を計算する。

変圧器％インピーダンス $= 21 \times \dfrac{10}{30} = 7 \ [\%]$ であるから，よって，

$$\%Z = 2 + 7 + 3 = 12 \text{ [\%]}$$

となる。

問題 9 図の三相3線式配電線路において，変圧器二次側よりP点に至る線路の1線当たりの抵抗 $r = 1.5$ [Ω]，リアクタンス $x = 1.8$ [Ω]，変圧器二次側から見た電源側の1相当たりの抵抗 $r_T = 0$ [Ω]，リアクタンス $x_T = 0.2$ [Ω] とするとき，配電線の末端P点における三相短絡電流 [kA] は。

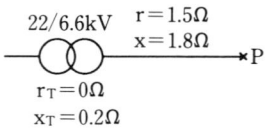

(イ) 1.5 (ロ) 1.7 (ハ) 2.6 (ニ) 2.8

解答 (イ)

三相短絡電流は，

$$I_s = \frac{V}{\sqrt{3}Z} \text{ [kA]}$$

I_s：短絡電流 [kA]，V：送電端電圧 [kV]，Z：1線当たりの合成インピーダンス [Ω]

で求められる。

合成インピーダンス Z [Ω] は，

$$Z = \sqrt{(r_T + r)^2 + (X_T + X)^2}$$

で求められる。

数値を代入すると，

$$I_s = \frac{6.6}{\sqrt{3} \times \sqrt{(0 + 1.5)^2 + (0.2 + 1.8)^2}} \fallingdotseq 1.5 \text{ [kA]}$$

6・4 変圧器容量の決定と需要率・負荷率・不等率

変圧器1台の容量を決定するには，まず，負荷の実態から変圧器群にかかる最大負荷を算出しなければならない。負荷の実態とは，需要率，負荷率，不等率，あるいは現時点，近い将来における負荷の容量などである。

次に，変圧器の結線方法を考え，△-△結線なら $\frac{1}{3}$，V-V結線なら $\frac{1}{\sqrt{3}}$ の変圧器容量を決定する。

図6・5の負荷供給状態における需要率，負荷率，不等率を考えてみよう。

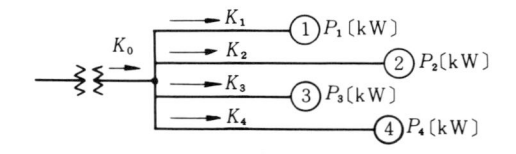

図 6・5

$$需要率 = \frac{負荷設備の最大負荷 (K)}{負荷設備の定格容量 (P)} \times 100 \text{ [\%]} \quad \cdots\cdots\cdots (6 \cdot 7)$$

したがって，各負荷の需要率は，

① $\cdots \dfrac{K_1}{P_1} \times 100$ 〔％〕   ② $\cdots \dfrac{K_2}{P_2} \times 100$ 〔％〕   ③ $\cdots \dfrac{K_3}{P_3} \times 100$ 〔％〕   ④ $\cdots \dfrac{K_4}{P_4} \times 100$ 〔％〕

負荷率 $= \dfrac{負荷の平均値}{最大負荷(K_0)} \times 100$ 〔％〕 ・・・・・・・・・・・・・・・・・・・・・・・・・(6・8)

日負荷率 $= \dfrac{日平均電力}{最大電力} \times 100$ 〔％〕 ・・・・・・・・・・・・・・・・・・・・・・・・・・・・・・・・(6・9)

不等率 $= \dfrac{各負荷設備の最大負荷の合計(K_1+K_2+K_3+K_4)}{負荷群として発生する最大負荷\ K_0}$ ・・・・・・・・・・・・・(6・10)

各個の最大需要電力の和は，その負荷群の合計最大電力よりいくぶん大きくなるのが普通である。この割合を示すものを不等率といい，1以上の値となる。また，需要率を α ％，負荷率を γ ％，不等率を β ％として，変圧器にかかる最大負荷を求めてみよう。

$$\begin{aligned}変圧器群としての必要容量 &= 負荷群として発生する最大負荷 \times \dfrac{1}{\cos\theta}\\ &= \dfrac{各負荷の最大負荷の合計}{不等率} \times \dfrac{1}{\cos\theta}\\ &= \dfrac{P_1\alpha_1+P_2\alpha_2+P_3\alpha_3+P_4\alpha_4}{\beta} \times \dfrac{1}{\cos\theta}\ 〔kVA〕\end{aligned} \quad \cdots\cdots (6\cdot 11)$$

問題 10

出力 50 kW の誘導電動機 8 台，容量 30 kW の電熱器 15 台，100 W の白熱電灯 500 個を設置させた需要家の最大需要電力が 495 kW であるとき，この需要家の需要率〔％〕は。

(イ) 40   (ロ) 55   (ハ) 60   (ニ) 65

解答 (ロ)

図 6・5 を参考。需要家の需要率 $= \dfrac{K_0}{P_1+P_2+P_3+P_4} \times 100$ 〔％〕

上式に与えられた数値，$K_0 = 495$〔kW〕，$P_1 = 50\ \text{kW} \times 8\ 台 = 400$〔kW〕，$P_2 = 30\ \text{kW} \times 15 = 450$〔kW〕，$P_3 = 0.1\ \text{kW} \times 500 = 50$〔kW〕を代入すると，

$$需要率 = \dfrac{495}{400+450+50} = \dfrac{495}{900} = 0.55 \quad \therefore\ 需要率は\ 55〔％〕$$

問題 11

図のような負荷に電力を供給する変圧器の必要最低容量〔kVA〕は。

ただし，分岐回路間の不等率は 1.1，力率は 80％ である。

(イ) 40   (ロ) 50   (ハ) 60   (ニ) 70

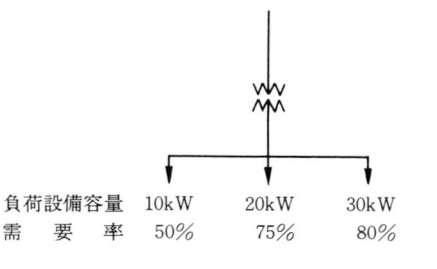

負荷設備容量	10 kW	20 kW	30 kW
需要率	50％	75％	80％

解答 (ロ)

$$K_0 = \frac{K_1 + K_2 + K_3}{1.1} = \frac{5+15+24}{1.1} = 40 \text{ [kW]}$$

$$\therefore \begin{cases} K_1 = 10 \text{ kW} \times 0.5 = 5 \text{ [kW]} \\ K_2 = 20 \text{ kW} \times 0.75 = 15 \text{ [kW]} \\ K_3 = 30 \text{ kW} \times 0.8 = 24 \text{ [kW]} \end{cases}$$

変圧器の必要容量 $= \dfrac{K_0}{総合力率} = \dfrac{40}{0.8} = 50 \text{ [kVA]}$

問題 12

負荷設備容量の合計が，それぞれ 100 kW 及び 200 kW の二つの工場がある。個の工場の需要率を各々50％とし，工場間の不等率を 1.2 とすれば，総合最大電力 [kW] は。

(イ) 125　　(ロ) 150　　(ハ) 180　　(ニ) 250

解答 (イ)

$$K_0 = \frac{100 \text{ kW} \times 0.5 + 200 \text{ kW} \times 0.5}{1.2} = 125 \text{ [kW]}$$

問題 13

設備電力が 400 kW の工場で需要率が 50％，負荷率が 75％の場合の平均電力 [kW] は。

(イ) 150　　(ロ) 200　　(ハ) 300　　(ニ) 350

解答 (イ)

平均電力 ＝ 最大需要電力 × 負荷率 ＝ 設備電力 × 需要率 × 負荷率
　　　　＝ 400 × 0.5 × 0.75 ＝ 150 [kW]

問題 14

図は，ある工場における日負荷曲線である。この工場の日負荷率 [％] は。

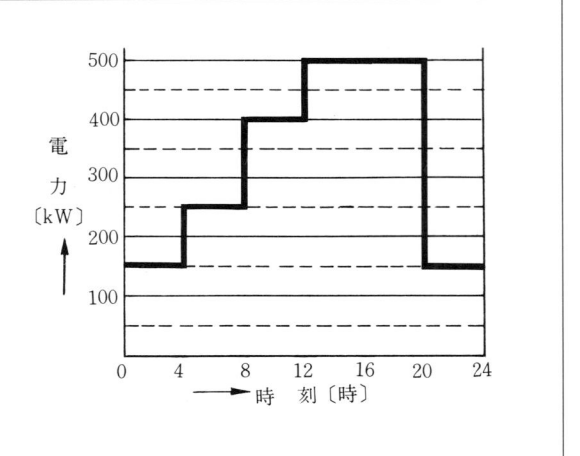

解答 65%

日負荷曲線から平均電力を求めると，

$$平均電力 = \frac{(150+250+400+500+500+150) \times 4}{24} = 325 \text{ [kW]}$$

また，この工場の最大電力は 500 kW であるから，負荷率は，

$$負荷率 = \frac{325}{500} \times 100 = 65 \text{ [\%]}$$

問題 15 図は，A，B 二つの工場における，ある日の電力負荷曲線である。A，B 工場相互間の不等率はおよそいくらか。

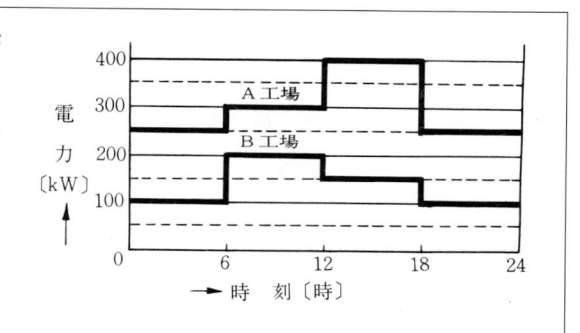

解答 1.09

A，B 工場の最大負荷 K_A，K_B は電力負荷曲線から，

$$K_A = 400 \text{ [kW]} \quad K_B = 200 \text{ [kW]}$$

また，負荷群として発生する合成最大負荷 K_0 は，図から見て 12 時から 18 時の間であり，

$$K_0 = 400 + 150 = 550 \text{ [kW]}$$

したがって，A，B 工場間の不等率は，

$$不等率 = \frac{K_A + K_B}{K_0} = \frac{400+200}{550} = 1.09$$

問題 16 1 台当たりの消費電力 12 [kW]，遅れ力率 80 [%] の三相負荷がある。定格容量 150 [kVA] の三相変圧器から電力を供給する場合，供給できる負荷の最大台数は。

(イ) 10　(ロ) 12　(ハ) 15　(ニ) 16

解答 (イ)

三相変圧器から供給できる電力は，その変圧器の kVA 容量で決まる。したがって，負荷電力も kVA 容量（すなわち皮相電力）に換算してから変圧器容量と比較しなければならない。

負荷（1 台当たり）の皮相電力を P_s とすると，

$$P_s = \frac{負荷の消費電力 \text{ [kW]}}{負荷力率} = \frac{12}{0.8} = 15 \text{ [kVA]}$$

よって供給できる負荷の台数 N は，

$$N = \frac{変圧器の定格容量 \text{ [kVA]}}{負荷 1 台当たりの皮相電力} = \frac{150}{15} = 10 \text{ [台]}$$

6・5 変圧器の開閉装置と変圧器の保護

(1) 変圧器の開閉装置

変圧器の一次側には，表6・3により，開閉装置を設ける。

表6・3 変圧器の開閉装置の適用例

変圧器容量 \ 一次側機器の種別	開閉装置		
	CB	LBS	PC
300 kVA 以下	○	○	○
300 kVA 超過	○	○	×

(2) 変圧器の保護

小型のものは，一次側に高圧カットアウトなどにヒューズを設けたものが多く用いられる。やや大型になると油温検出装置や過電流継電器を用いて過負荷からの保護をしたり，地絡継電器や差動継電器を用いて巻線の故障を検出する。

また，内部故障が生じたとき二次的に生ずる油の分解ガスや油流などを利用するブッフホルツ継電器などが用いられる。

問題 17 図のA点は，変圧器の励磁突入電流とその継続時間を示したものである。変圧器の励磁突入電流を考慮した一次側保護用電力ヒューズの選定として適切なものは。

ただし，図中の──は電力ヒューズの遮断特性，---は電力ヒューズの許容電流時間特性とする。

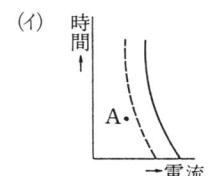

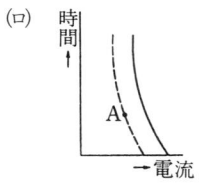

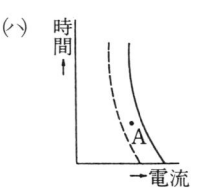

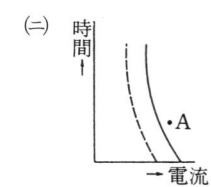

(イ) (ロ) (ハ) (ニ)

解答 (イ)

電力ヒューズは受変電設備における高圧回路及び機器の短絡保護用として，事故時の短絡電流遮断に用いられる

高圧回路及び機器を開閉すると，突入過電流と呼ばれる短時間の過大電流が流れ，変圧器の励磁突入電流はその代表的なものである。

電力ヒューズの選定に当たってはこの突入過電流によりヒューズが溶断したり性能が損われないように，その遮断特性や許容電流時間特性が突入電流の大きさと流れる時間を上回る性能のものを選定する必要がある。

したがって，上記の条件を満足しているのは(イ)である。

6・6 高圧進相用コンデンサとコンデンサの開閉装置

　高圧進相用コンデンサ（電力用コンデンサ）は，回路の力率改善用として用いられる。そして，容量は 10～300 kVA 程度のものを使用する。

　母線に一括して高圧コンデンサを設置するときは，遮断器や開閉器を通じて接続し，数多く設置するときは何群かに分けて，負荷の状態に応じて適宜開閉し，適正力率を得るように調整できるようにする。高圧電動機や動力用変圧器では，高圧コンデンサを並列に設置し，運転中だけ投入できるようにする。コンデンサの保護は限流ヒューズを使用する。

　コンデンサの回路に開閉器を使用するときは，表6・4，図6・6のようにする。

表 6・4　コンデンサの開閉装置適用例

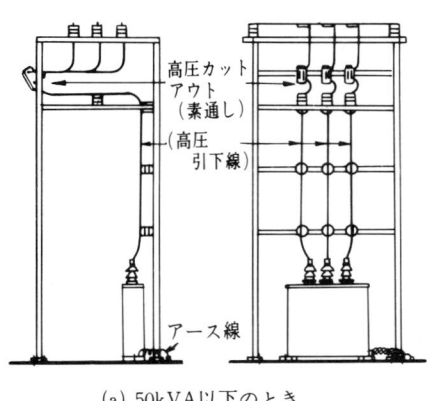

一次側機器の種別 進相コンデンサ容量	開 閉 装 置		
	CB	LBS	PC
50 kVA 以下	○	○	○
50 kVA 超過	○	○	×

図 6・6
(a) 50kVA以下のとき
(b) 100kVA以下のとき

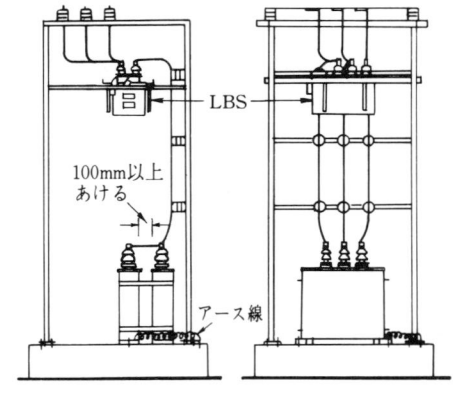

《放電コイルなど》

　コンデンサの保安装置の一種で，コンデンサの残留電荷を速やかに放電させるため，常時これと並列に放電コイルなどをつなぎ，コンデンサを電源から開放した場合，端子電圧を50 V以下に下げることになっている（放電抵抗の場合は開路後5分以内，放電コイルの場合は5秒以内）。

問題 18

高圧受電設備内で使用する高圧進相コンデンサ（放電抵抗内蔵形）に関する記述として誤っているものは。

　(イ)　コンデンサ回路の保護装置として限流ヒューズを用いている。

　(ロ)　コンデンサ投入時の突入電源を抑制するために直列リアクトルを設置する。

　(ハ)　正常時の外箱のふくらみの程度を確認しておく必要がある。

　(ニ)　点検の際には，コンデンサの線路端子間の絶縁抵抗を絶縁抵抗計で測定し，良否を判断する。

解答 (ニ)

(イ)は高圧受電設備指針の「保護協調」より，正。(ロ)の直列リアクトルは，コンデンサ投入時の突入電流を抑制するとともに，高調波障害の拡大を防止する目的で，正。

また，コンデンサの絶縁油などの誘導体は，鉄箱内に密封されているが，経年劣化などにより，誘導体損が増加して温度上昇し，鉄損がふくらむことがある。このため，正常時のふくらみを測定記録しておくことにより，異常の程度が分かるため，簡単に測れることから劣化の目安として使用することが多い。よって(ハ)は正しい。

(ニ)は「放電抵抗内蔵形コンデンサ」とあり，図の基本回路に示すように，線間に高抵抗"R"が入っているため，この抵抗をも測定することになり，良否判断は不適切である。

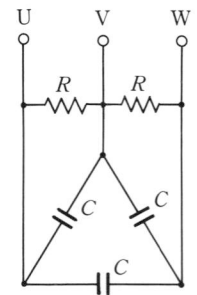

問題 19

定格電圧 6 600 [V]，定格容量 50 [kVA] の高圧進相コンデンサ（放電装置内蔵）を検査した結果として，明らかに異常であると判断されるものは。

(イ) 外箱が両側で 2 [mm] ふくらんでいた。
(ロ) 線路端子を一括したものと，外箱間の絶縁抵抗値が 1 500 [MΩ] であった。
(ハ) 周囲温度が 20 [℃] のとき，外箱の温度が 80 [℃] であった。
(ニ) 電源を開放してから 5 分後の残留電圧が 10 [V] であった。

解答 (ハ)

JIS C 4902 によれば，

絶縁抵抗…全線路端子を一括したものと外箱との間に直流 100〜1 000 V の電圧を加え，絶縁抵抗計により試験を行ない，1 000 MΩ 以上。

温度上昇…周囲温度 35℃ において，定格電圧，定格周波数を加えたときの外箱の最高温度部が 30℃ 以下。

放　　電…コンデンサの残留電圧を 5 分間に 50 V 以下に低下できるもの。

となっている。外箱の変形について特に規定はないが，油密構造がしっかりしており，他に異常がなければ問題はない。

6・7 力率改善に必要なコンデンサ容量の求め方

図 6・7 は有効電力 P，無効電力 Q_1，皮相電力 S，力率 $\cos \theta_1$ の状態から力率 $\cos \theta_2$ に改善しようとする。この場合の必要コンデンサ容量 Q [kVA] を求めてみよう。

$$Q_1 = P \tan \theta_1 \qquad Q_2 = P \tan \theta_2$$

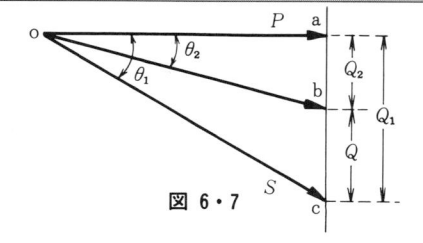

図 6・7

$$Q = Q_1 - Q_2 = P(\tan\theta_1 - \tan\theta_2) \quad \cdots\cdots\cdots\cdots\cdots\cdots\cdots\cdots\cdots\cdots\cdots\cdots (6\cdot12)$$

Q〔kWA〕のコンデンサを取り付けることによって，同一電力 P に対し，皮相電力は $\overline{oc}$ から $\overline{ob}$ に減少し，負荷電流も減少させることができる。

この結果，電圧降下，電力損失，供給する変圧器の容量も減少させることができるが，改善にも限度がある。すなわち，力率を 90% 以上に改善するには，必要なコンデンサ容量が急増するので，取付経費と改善効果を総合的に考えて，力率改善の限度を決定することが望ましい。

問題 20

容量 100 kW，力率 0.6（遅れ）の負荷がある。この負荷の力率を 0.8（遅れ）に改善するために必要なコンデンサ容量〔kVA〕は。

解答 58.3 kVA

力率改善の問題は，形を変えて毎年出題されているので，十分に理解しておかなければらない。問題を図解すると，図のようになる。

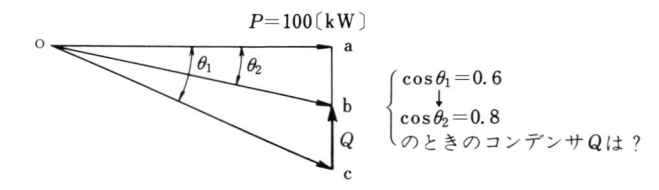

$\begin{cases} \cos\theta_1 = 0.6 \\ \cos\theta_2 = 0.8 \end{cases}$ のときのコンデンサ Q は？

$$Q = \overline{ac} - \overline{ab} = P(\tan\theta_1 - \tan\theta_2) = P\left(\frac{\sin\theta_1}{\cos\theta_1} - \frac{\sin\theta_2}{\cos\theta_2}\right)$$

上式に与えられた数値を代入すると，

$$Q = 100\left(\frac{0.8}{0.6} - \frac{0.6}{0.8}\right) = 58.3 \text{〔kVA〕}$$

$P = 100$〔kW〕， $\cos\theta_1 = 0.6$， $\sin\theta_1 = \sqrt{1-0.6^2} = 0.8$
$\cos\theta_2 = 0.8$， $\sin\theta_2 = \sqrt{1-0.8^2} = 0.6$

ゆえに，コンデンサ容量 Q は，58.3 kVA になる。

<注> 無効電力の単位は，var または kvar であるが，コンデンサの進相容量は JIS で kVA 単位で表されており，習慣上からもこれを用いることが多い。

問題 21

480 kW 力率 0.8（遅れ）の負荷がある。力率改善のため 220 kVA のコンデンサを設置したときの合成力率〔%〕は。

解答 96%

まず問題を図解すると，図のようになり $\overline{ab}$ がわかれば力率を求めることができる。

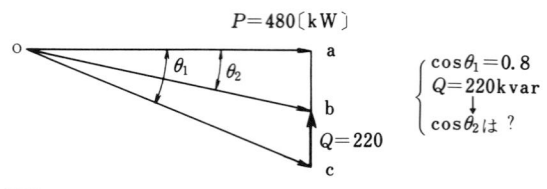

$$\cos\theta_2 = \frac{\overline{oa}}{\overline{ob}} = \frac{P}{\sqrt{P^2 + \overline{ab}^2}}$$

$$\overline{ab} = \overline{ac} - \overline{bc} = P\tan\theta_1 - 220 = P\frac{\sin\theta_1}{\cos\theta_1} - 220 = P \times \frac{\sqrt{1-\cos^2\theta_1}}{\cos\theta_1} - 220$$

上式に与えられた数値を代入すると，$\overline{ab} = 480 \times \frac{\sqrt{1-0.8^2}}{0.8} - 220 = 140$

ゆえに，求める力率 $\cos\theta_2$ は，

$$\therefore \quad \cos\theta_2 = \frac{P}{\sqrt{P^2 + \overline{ab}^2}} = \frac{480}{\sqrt{480^2 + 140^2}} = \frac{480}{500} = 0.96 \quad (=96\%)$$

問題22

遅れ力率 80〔％〕，容量 500〔kVA〕の負荷を有する高圧受電設備に定格容量 100〔kVar〕の高圧進相コンデンサを設置して力率を改善した場合，受電点における負荷の容量〔kVA〕は。

(イ) 300　　(ロ) 354　　(ハ) 400　　(ニ) 447

解答　(ニ)

負荷の有効電力 P は

$$P = W_1\cos\theta = 500 \times 0.8 = 400 \text{〔kW〕}$$

となる。また，このときの無効電力 Q_1 は，

$$Q_1 = 500 \times \sin\theta = 500 \times \sqrt{1-\cos^2\theta} = 500 \times 0.6 = 300 \text{〔kVar〕}$$

である。

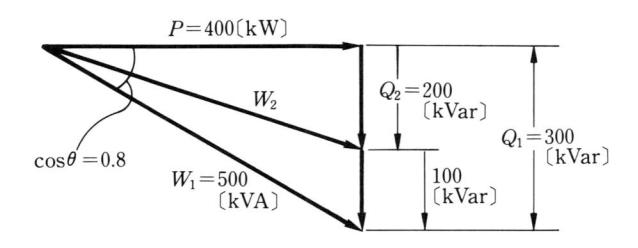

いま，100〔kvar〕のコンデンサを設置して力率改善をはかると，負荷の無効電力 Q_2 は，

$$Q_2 = Q_1 - 100 = 300 - 100 = 200 \text{〔kVar〕}$$

となる。よって，力率改善後の皮相電力 W_2 は，

$$W_2 = \sqrt{P^2 + Q_2^2} = \sqrt{400^2 + 200^2} \fallingdotseq 447 \text{〔kVA〕}$$

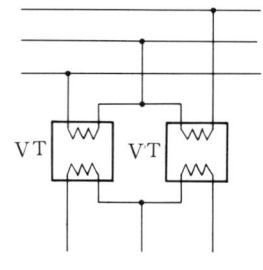

6·8 計器用変圧・変流器

（1） 計器用変圧器

　高電圧を測定する場合，この回路に直接電圧計をつなぐことは危険であり，かつ，高い電圧に耐える計器を作成することは技術的にも経済的にも困難であるから，高電圧を低電圧に比例変成して測定する。この目的のために使用されるのが**計器用変圧器**（VCT）である。

　計器用変圧器は，二次側に取り付けられている電力計，力率計，電圧計などに，一次側電圧に比例した電圧を供給するとともに，表示灯（パイロットランプ）の点灯用の電源としても使用される。

図 6·8　計器用変圧器

(1) 変圧比

　変圧比とは，次のように定義されている。

$$\text{変圧比} = \frac{\text{一次電圧}(V_1)}{\text{二次電圧}(V_2)} \quad \cdots\cdots (6\cdot13)$$

　一般に，高圧回路は，一次電圧が 6 600 V で，二次電圧が 110 V であるから，変圧比は 60 となる。

(2) 二次側電路の接地

　高圧または特別高圧で電路に施設される計器用変圧器について，混触などによる危険防止のため二次側電路に，高圧用のものでは D 種接地工事，特別高圧用のものでは A 種接地工事を施すこと（電技解釈 27 条）。

(3) 使用上の注意

　計器用変圧器は二次側端子を開放してもよいが，短絡した場合には焼損のおそれがあるので注意すること。

（2） 変流器

　高圧大電流あるいは低圧大電流を測定する場合には，直接電流計を接続することは危険であるとともに，技術的または経済的に困難であるから，大電流を小電流に比例変成して測定する。この目的のために使用されるのが**変流器**（CT）である。

　変流器は，一次巻線を負荷と直列に接続して，二次巻線には電流計，力率計，電力計，の電流コイルなどが接続される。

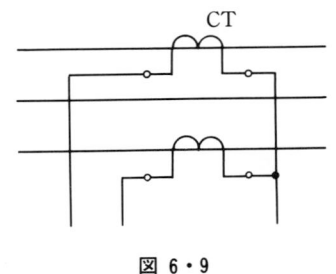

図 6·9

(1) 変流比

変流比は，次のように定義されている。

$$\text{変流比} = \frac{\text{一次電流}(I_1)}{\text{二次電流}(I_2)} \quad \cdots\cdots\cdots (6\cdot14)$$

ただし，一次電流 I_1 は，$I_1 = \dfrac{P}{\sqrt{3}\,V_1 \cos\varphi}$ 〔A〕

ここで，P：負荷〔kW〕，V_1：一次側電圧〔kV〕，$\cos\varphi$：力率

(2) 二次側電路の接地

高圧計器用変流器の二次側電路には，D種接地工事を施さなければならない。

(3) 使用上の注意

変流器(CT)の一次側に負荷電流が流れている状態で二次側回路を開放すると，一次電流はすべて励磁電流として働き，鉄心の磁束密度が極度に高くなり，二次巻線は過大な電圧を誘起して絶縁破壊を起こして焼損することになる。このため，二次側は常時短絡しておかなければならない。

問題 23 6.6〔kV〕の三相3線式受電設備の契約電力が470〔kW〕，力率0.8のとき，受電用配電盤に施設する変流器の定格一次電流〔A〕として適当なものは。

(イ) 5 (ロ) 25 (ハ) 40 (ニ) 75

解答 (ニ)

三相電力 P〔W〕は

$$P = \sqrt{3}\,VI\cos\theta \text{〔W〕}$$

V：線間電圧〔V〕，I：負荷電流〔A〕，$\cos\theta$：力率

この式より負荷電流 I〔A〕を数値に求めると，

$$I = \frac{P}{\sqrt{3}\,V\cos\theta} = \frac{470\times 10^3}{\sqrt{3}\times 6\,600\times 0.8} = 51.4 \text{〔A〕}$$

したがって，直近上位の75〔A〕定格の変流器を用いるのが適当である。

問題 24 定格電圧3 000〔V〕，定格容量100〔kVA〕の三相負荷の制御盤に施設するのに適当な変流器の定格一次電流〔A〕は。

(イ) 15 (ロ) 30 (ハ) 40 (ニ) 50

解答 (ロ)

この回路の流れる電流は

$$\text{電流 } I = \frac{100\times 10^3 \text{〔VA〕}}{\sqrt{3}\times 3\,000} = 19.2 \text{〔A〕}$$

高圧受電設備指針の「保護協調」によると、整定は一般的には

　　　タップ値≧受電電力（契約電力）から求めた電流値×1.5

したがって、CTの定格は、

　　　19.2〔A〕×1.5＝28.8〔A〕

問題 25　通電中に変流器の二次回路に接続された電流計を取り外す場合の適切な手順は。

(イ) 電流計を取り外した後、変流器の二次側を短絡する。
(ロ) 変流器の二次側端子をの一方を接地した後、電流計を取り外す。
(ハ) 電流計を取り外した後、変流器の二次側端子の一方を接地する。
(ニ) 変流器の二次側を短絡した後、電流計を取り外す。

解答　(ニ)

6・9　保護継電器

保護継電器は配電線路や電気機器などの突発の事故時に、故障部を回路からすみやかに切り離し、機器の損傷や停電範囲の拡大を防止し、かつ、継電器の動作表示によって故障の種類や場所を選定し、事故復旧の迅速化や被害を軽減させる目的で取り付けるものである。継電器の種類は多いが、主な継電器は表6・5のとおりである。

表 6・5　継電器

種類	用途
過電流継電器 （過電流保護器）	故障や負荷電流などによって、整定値以上の過電流が流れたときに動作する。
不足電圧継電器	回路電圧が整定値より小になったときに動作する。
過電圧継電器	回路電圧が整定値より大になったときに動作する。
比率差動継電器	被保護機器の内部故障などによって整定値以上の電流を生じたときに作動する。
地絡継電器	地絡事故によって零相電流が整定値以上流れたときに動作する。

(2) 継電器の動作時限

また、動作時限により、継電器の種類を区別すると次のようなものがある。なお、動作時限とは、継電器に動作電流が流れてから故障検出接点が閉ざされるまでの時間のことで、秒単位で表される。このほかサイクルを単位とすることもある。例えば、動作時限3サイクルということは、商用周波数（50 Hz, 60 Hz）を基準にして3/50秒、または3/60秒のことである。

① 瞬時動作形　　：動作電流値に達すると瞬時に動作するもの。
② 定限時形　　　：動作電流値以上では一定時限で動作するもの。
③ 反限時形　　　：動作電流に反比例して動作時限が短くなるもの。

④ 反限時定限時形：動作電流に反比例して動作時限がある程度短くなるが，電流がある値以上になると定限時特性になってしまうもの。

以上の特性を図示すると図 6・10 のようになる。

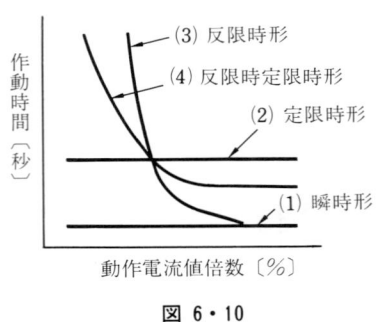

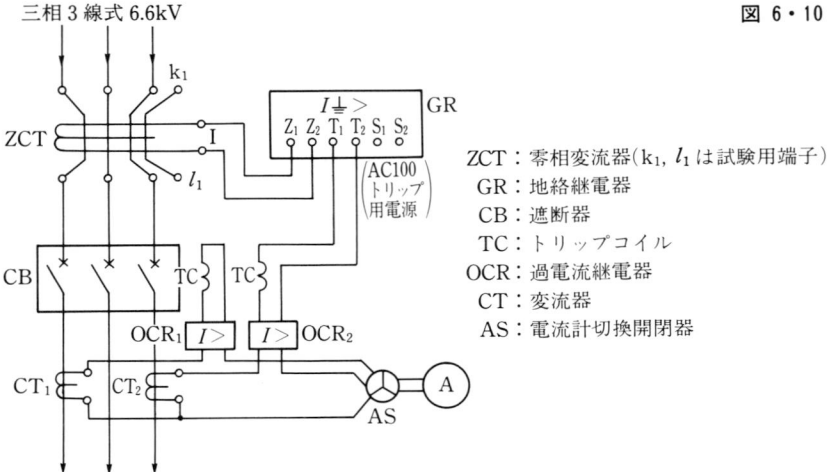

図 6・10

図 6・11 受電設備の保護継電器

ZCT：零相変流器（k_1, l_1 は試験用端子）
GR：地絡継電器
CB：遮断器
TC：トリップコイル
OCR：過電流継電器
CT：変流器
AS：電流計切換開閉器

〔1〕 地絡継電器

(1) 地路継電器の原理

地路継電器は零相変流器（ZCT）と組み合わせて使用し，接地事故が発生した場合の零相電流を検出し，それを増幅して遮断器を動作させ，回路を遮断すると同時に，ブザーなどによって動作表示を行なうものである。

(2) 電流感度の整定範囲

一般に，電流感度の整定範囲は，100 mA～1 A までであるが，標準的には 200 mA に整定されている。特殊な場合の整定に当たっては電力会社と協議する必要がある。

(3) 限時特性曲線

一般に 20 Hz 以下で，電流感度整定値の 200% 以上では 2～3 Hz 以下となり，瞬時で動作する。

(4) 零相変流器

零相変流器（ゼロ相変流器ともいう）の負荷側に地絡事故が生じたとき，零相電流を検出する変流器で，定格零相電流は零相一次電流と二次電流との比で表され，200/1.5 mA 及び 200/3 mA が標準となっている。

問題 26 零相変流器と組み合わせて使用す継電器の種類は。

(イ) 過電圧継電器　(ロ) 地絡継電器　(ハ) 過電流継電器　(ニ) 差動継電器

解答 (ロ)

問題 27 高圧受電設備の非方向制高圧地絡継電装置が，電源側の地絡事故によって不必要動作をするおそれがあるものは。

(イ) 電源側の電路の対地静電容量が小さい場合。
(ロ) 電源側の電路の対地静電容量が大きい場合。
(ハ) 需要家構内の電路の対地静電容量が小さい場合。
(ニ) 需要家構内の電路の対地静電容量が大きい場合。

解答 (ニ)

　高圧配電線は非接地系統となっており，地絡電流は配電線の対地静電容量を介して供給される分もある。地絡継電器の電源側である電力会社の配電線等で事故が起きた場合，地絡継電器に対地静電容量に比例した逆方向の充電電流が流れる。したがって，対地静電容量が大きければ，地絡継電器の整定値を超える逆方向の地絡電流を検出することとなり不必要動作となる。

(2) 過電流継電器

(1) 過電流継電器の原理

　過電流継電器は，CT の二次電流によって，変流器から負荷側に発生した短絡事故の事故電流あるいは過負荷の際に流れる過電流を検出し，遮断器を動作させる継電器である。

(2) 電流タップの整定

　電流タップは 3，4，5，6 A などのタップがあり，整定電流に応じたタップにプラグを挿入する（タップを変えることによって継電器の主コイルの巻数が変わる）。

　電流タップの整定値は次のとおりである。

$$電流タップの整定値 = \frac{CT の二次側定格電流}{CT の一次側定格電流} \times 一次側電流 \quad \cdots\cdots(6\cdot15)$$

$$一次側定格電流 = \frac{最大電力〔kW〕}{\sqrt{3} \cdot V \cdot \cos\theta} \times \alpha \quad \cdots\cdots(6\cdot16)$$

　　　α：係数 $1.25 \sim 1.75$，$\cos\theta$：力率

(3) 時限レバー（時限調整）

　タップ板の下側に時限レバーと時限目盛りがあり，時限レバーを移動して，固定接点と可動接点の間隔を調整することによって動作時間を整定する。

時限レバーの整定は，もし短絡事故が生じたときには配電用変電所より早く動作させなければならない。このため，時限レバーによって動作時限の協調をはかる必要がある。

この時限目盛りは0～10までであり，2秒定時限のものでは10目盛りでの動作時限が2秒なので，1目盛りは0.2秒となる。

(4) 誘導形過電流継電器の動作

① 継電器の電流コイルに整定値以上の電流が流れると円盤が回転し，主接点が生じる。(図6・12)
② 主接点が閉じると同時に補助接触器のコイルを励磁し，補助接触器が閉じる。
③ トリップコイルに変流器の二次電流が流れ，継電器に動作表示をすると同時に遮断器が動作して，高圧側回路が遮断される。

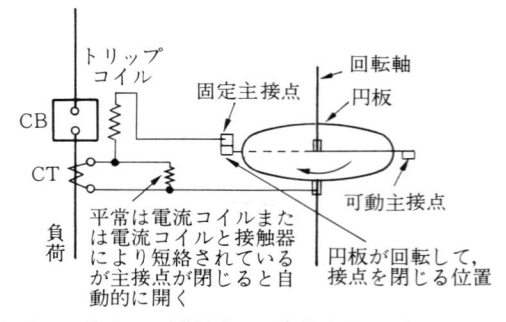

図6・12 誘導形過電流継電器の動作

(5) 過電流継電器の保護協調

図6・13中，①の曲線は配電用変電所の過電流継電器の動作特性，②の曲線は需要家変電設備の過電流継電器の動作特性プラスCB遮断器特性を示す。

配電用変電所の過電流継電器と，高圧需要家の受電設備の過電流継電器＋CBの間で，過電流保護協調をとる場合，これを数式で示すと下式のようになる。

$$K \cdot T_{RY1} > T_{RY2} + T_{CB2} \quad \cdots\cdots\cdots (6 \cdot 17)$$

T_{RY1}：配電用変電所の過電流継電器の動作時間〔s〕
T_{RY2}：高圧受電設備の過電流継電器の動作時間〔s〕
T_{CB2}：高圧受電設備の遮断器の動作時間〔s〕
K：配電用変電所の過電流継電器の慣性特性係数

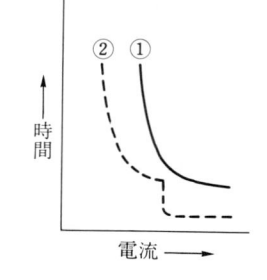

図6・13

問題28 変流比50/5〔A〕の変流器を用いている受電設備において，250〔A〕の過電流が流れたとき，過電流継電器の動作時間〔s〕は。ただし，過電流継電器の時限動作特性は図に示すとおりであり，タップ整定値は5〔A〕，レバーは1に整定されているものとする。

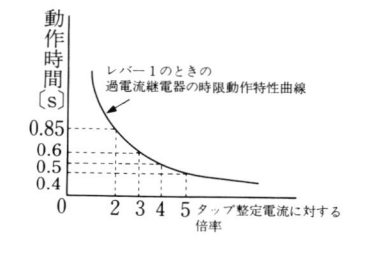

(イ) 0.4　　(ロ) 0.5　　(ハ) 0.6　　(ニ) 0.85

解答 (イ)

$$変流比 = \frac{一次電流}{二次電流} = \frac{50}{5} = 10$$

であるから，一次側に 250〔A〕の電流が流れたとき，二次側には 25〔A〕の電流が流れる。

変流器の二次側電流は過電流継電器のタップ整定値 5〔A〕の 5 倍（25〔A〕）であるから，横軸の 5 と特性曲線の交点とを結ぶ縦軸の数値 0.4〔s〕が動作時間となる。

問題 29

誘導形過電流継電器のレバーが 10 で動作時間が 2〔秒〕ならば，レバーを 4 に設定した場合の動作時間〔秒〕は。ただし，流れる電流は同一とする。

(イ) 0.3　　(ロ) 0.8　　(ハ) 1.0　　(ニ) 5.0

解答 (ロ)

（整定レバー変更曲線図）

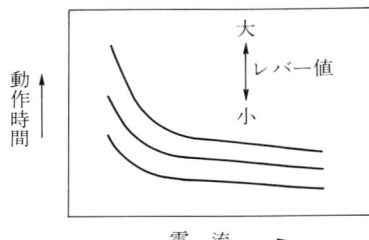

誘導形過電流継電器の時限整定レバーは，目盛り 10 のときが 10/10 つまり最大時限である。このレバーを変更することで，過電流継電器の動作時間が変わる。

題意では流れる電流を同一として，レバー 10 で動作時間 2 秒をレバー 4 に変更した場合の動作時間を求めている。

図からもわかるとおり，レバーを変更することは時限特性曲線が動作時間の小さい方へ平行移動したことになる。したがって，レバー 4 の動作時間は比例式で $2 \times 4/10 = 0.8$〔秒〕となる。

問題 30

CB 形高圧受電設備と配電用変電所の過電流継電器との保護協調がとれているものは。ただし，図中①の曲線は，配電用変電所の過電流継電器動作特性を示し，②の曲線は，高圧受電設備の過電流継電器動作特性＋CB の遮断特性を示す。

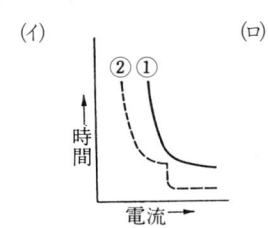

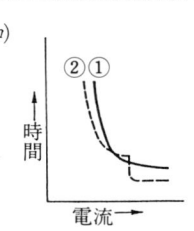

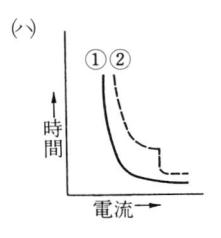

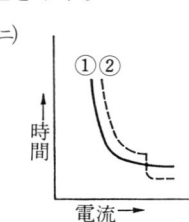

解答 (イ)

6・10 避雷器

避雷器（アレスタ）は，直撃雷や誘導雷の外部異状電圧から，配電線や変電所の機器を保護するために設備されるものである（図6・14）（電技解釈41条）。

(1) 避雷器の動作

避雷器は，受・変電設備などの機器を保護するために受電点の近くに設置される。

その機能は，雷のような瞬間的な高電圧が侵入してきたとき，それによる電流だけを流し，常時，電路を正常に保つものである。また，避雷器の放電が終了した後，引続き回路から避雷器を通して大地に電流が流れることを**続流**といい，この様な電流が流れ続けると電力系統は故障状態になるので，続流はできるだけ早く遮断する必要がある。

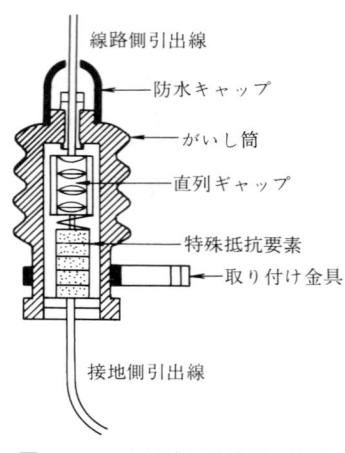

図 6・14 弁抵抗形避雷器の構造

(2) 特性

《定格電圧》

特殊機器なので，6 600 V の回路には定格 8.4 kV の避雷器を使用する。

《商用周波数放電開始電圧》

国内で一般に使用されている周波数 50 Hz 及び 60 Hz の電圧を加えたとき，実質的に避雷器に電流が流れ始める電圧（実効値）のことをいう。

一例を述べると，6 600 V の回路では 12.6 kV である。

《公称放電電流》

放電電流の規定値で，5 000 A，2 500 A の 2 種類があり，高電圧回路では 5 000 A が多く用いられている。

《衝撃放電開始電圧》

避雷器の端子に雷などによる異状電圧が加わるとき，どんな放電が開始されるかということを示すもので，条件によって異なる値が定められている。

一例を述べると，6 600 V の回路では 33 kV（波高値）である。

問題 31

雷その他による異常な過大電圧が加わった場合の避雷器の機能として適当なものは。

(イ) 過大電圧にともなう電流を大地へ分流することによって過大電圧を制限し，過大電圧が過ぎ去った後に，電路を速やかに健全な状態に回復させる。

(ロ) 過大電圧の侵入した相を強制的に接地して，大地と同電位にする。

(ハ) 内部の限流ヒューズが溶断して，保護すべき電器設備を電源から切り離す。

(ニ) 電源と保護すべき電気設備を一時的に切り離し，過大電圧が過ぎ去った後，再び接続する。

解答　(イ)

避雷器の内部構造は，図6·14のとおり，直列ギャップと特性要素からなっている。特性要素は電圧が正常のときは高抵抗を有しているが，電圧が異常に高くなると抵抗値が小さくなるという特性をもっており，避雷器に雷，開閉サージ等の過大電圧が負荷されると直列ギャップが放電し，放電電流は特性要素を通って大地に流れ，その電流により電圧が制限される。そして放電が終了すると，特性要素で続流が遮断され，電路は健全な状態に回復する。

6·11　直列リアクトル

高圧進相用コンデンサと直列に接続して，コンデンサの高調波電流や突入電流を抑制する。

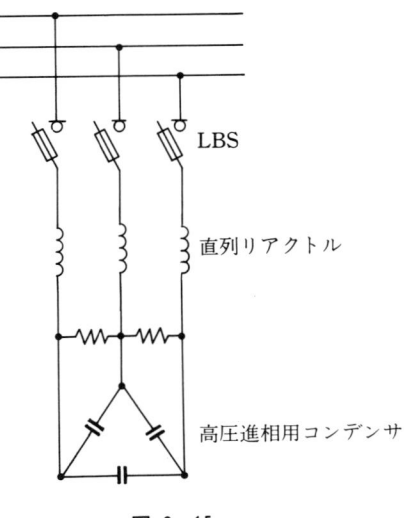

図 6·15

6・12 蓄電池

(1) 鉛蓄電池

鉛蓄電池は，希硫酸中に陽極（PbO_2），陰極（Pb）を浸して構成したものである。

充放電反応は

$$\underset{(陽極)}{PbO_2} + 2H_2SO_4 + \underset{(陰極)}{Pb} \underset{充電}{\overset{放電}{\rightleftarrows}} \underset{(陽極)}{PbSO_4} + 2H_2O + \underset{(陰極)}{PbSO_4}$$

1槽当たりの超電力は，電解液濃度で多少異なるが，1.9～2.1〔V〕である。

電解液が少なくなると，電極が露出するなどにより，反応が起こりにくくなる。このときは，蒸留水を規定液面まで注入する必要がある。

放電時ははじめの電解液中の希硫酸が消滅して，水になる。この結果，電解液の比重は，放電とともに小さくなっていく。

(2) アルカリ蓄電池

アルカリ蓄電池といえば，一般的にはニッケル－カドミウム電池をいう。

ニッケル－カドミウム電池は，陽極に $NiOOH$（オキシ水酸化ニッケル），負極に金属カドミウムを使用したものである。

充放電反応は

$$2NiOOH + 2H_2O + Cd \underset{充電}{\overset{放電}{\rightleftarrows}} Cd(OH)_2 + 2Ni(OH)_2$$

1槽当たりの起電力は，1.25V位といわれている。

ニッケル－カドミウム電池は，完全密閉された乾電池形が多く用いられており，特徴は表6・6のようになっている。

表6・6

長所	短所
・重負荷性，低温特性がよい ・サイクル寿命が長い ・振動，衝撃に強い ・サルフェーション現象がない ・自己放電が少なく，保守が簡単	・鉛蓄電池に比べ内部抵抗が高いので，電圧変動率が大きく，アンペア時効率も低い ・超電力も約1.2Vと低い ・高価である

問題 33 鉛蓄電池の電解液は。

(イ) 希硫酸　(ロ) 純水　(ハ) かせいカリ（水酸化カリウム）水溶液
(ニ) 硫酸銅溶液

解答 (イ)

問題 34 ニッケル-カドミウム電池に関する記述として誤っているものは。
(イ) アルカリ蓄電池の一種である。
(ロ) 鉛蓄電池に比べて自己放電が少ない。
(ハ) 単位電池の超電力は鉛電池より大きく，約 3 [V] である。
(ニ) 鉛蓄電池に比べて内部抵抗が高く電圧変動率が大きい。

解答 (ハ)

章末問題⑥

1	屋内式高圧受電設備（金属箱に収めないもの）で，主遮断装置にPF・S形を使用できる最大受電設備容量 [kVA] は。	(イ)	150	(ロ)	300	(ハ)	500	(ニ) 1 000
2	主遮断装置としてPF・S形を用いた高圧受電設備において，遮断器（CB）により開閉または遮断できない電流は。	(イ) 地路電流		(ロ) 負荷電流		(ハ) 地絡電流		(ニ) 過負荷電流
3	非限流形電力ヒューズと比較した限流形電力ヒューズの長所として誤っているものは。	(イ) 小型で遮断容量が大きい。			(ロ) 限流効果が大きい。			
		(ハ) 遮断時にアークガスの放出がない。			(ニ) 小電流遮断性能が良い。			
4	公称電圧 6.6 [kV]，周波数 50 [Hz] の高圧受電設備に使用する高圧交流遮断器（三相定格電圧 7.2 [kV]，定格遮断電流 12.5 [kA]，定格電流 600 [A] の遮断容量 [MVA] は。	(イ)	2.5	(ロ)	90	(ハ)	130	(ニ) 160

5	線間電圧 V〔kV〕, 電源容量 P_a〔kVA〕, 短絡点より電源側を見たパーセントインピーダンスが, P_a〔kVA〕を基準として Z〔%〕であるとき, 短絡点における三相短絡電流を〔A〕示す式は。	(イ)	$\dfrac{100 P_a}{\sqrt{3} V Z}$	(ロ)	$\dfrac{100 P_a}{V Z}$	(ハ)	$\dfrac{100\sqrt{3} P_a}{V Z}$	(ニ)	$\dfrac{300 P_a}{V Z}$
6	設備容量 300〔kW〕, 需要率 60〔%〕の A 工場と, 設備容量 400〔kW〕, 需要率 50〔%〕の B 工場に配電している変電所がある。A 工場, B 工場間の不等率を 1.15 とすると, この変電所の最大電力〔kW〕は。	(イ)	330	(ロ)	350	(ハ)	437	(ニ)	700
7	負荷設備の合計容量が 150〔kVA〕, 平均力率が 80〔%〕, 需要率が 40〔%〕の工場がある。この工場の最大需要電力〔kW〕として必要なものは。	(イ)	48	(ロ)	75	(ハ)	120	(ニ)	150
8	高圧進相コンデンサに直列リアクトルを接続する目的として正しいものは。	(イ)	軽負荷時に高圧電路の負荷電流が進み位相とならないようにする。	(ロ)		コンデンサの残留電荷を急速に放電する。
		(ハ)	商用周波数の変化に対して, コンデンサ容量を一定にする。	(ニ)		コンデンサの高調波電流及び投入時の突入電流を抑制する。

9	図のB点（×印の位置）に高圧進相コンデンサを設置することによって生ずる結果として誤っているものは。 電源 3φ6,600 V	(イ)	変圧器Tの設備容量に余裕を生ずる。	(ロ)	A点より電源側の電力損失が減少する。		
		(ハ)	A点より電源側の電圧降下が低減される。	(ニ)	A点より電源側の力率が改善される。		
10	三相3線式の配電線路の末端に消費電力80〔kW〕，遅れ力率0.8の負荷がある。この負荷に電力用コンデンサを接続して力率1.0に改善した場合，線路電流はもとの電流の何倍になるか。	(イ)	0.64	(ロ)	0.80	(ハ) 1.00	(ニ) 1.25
11	消費電力320〔kW〕，遅れ力率0.8の負荷がある。力率を1にするために必要なコンデンサの容量〔kvar〕は。	(イ)	60	(ロ)	120	(ハ) 180	(ニ) 240
12	高圧受電設備で定格電流100/5〔A〕の変流器を使用したとき，変流器の二次側に3〔A〕の電流が測定された。このときの一次側の電流〔A〕は。	(イ)	0.15	(ロ)	35	(ハ) 60	(ニ) 104
13	受電電圧6 600〔V〕，受電電力350〔kW〕，力率80〔％〕の三相負荷の受電時において，受電用配電盤の変流器（変流比50/5〔A〕）の二次側に流れる電流値〔A〕は，およそ。	(イ)	3.1	(ロ)	3.8	(ハ) 4.5	(ニ) 4.8

14	変電所等の大型変圧器の内部故障を電気的に検出する一般的な保護装置は。	(イ) 距離継電器	(ロ) 比率差動継電器	(ハ) 不足電圧継電器	(ニ) 過電圧継電器
15	受電電圧 6 600〔V〕，受電電力 97〔kW〕，力率 80〔%〕の高圧需要家の受電用遮断器に用いる過電流継電器の適切なタップ値〔A〕は。ただし，変流器の定格は 20/5〔A〕とし，タップ整定値は全負荷電流の 150〔%〕とする。	(イ) 3	(ロ) 4	(ハ) 5	(ニ) 6

16	図の様な，配電用変電所から引き出された高圧配電線に接続する高圧受電設備内の×印の位置で事故が生じた場合，保護協調上最も望ましいものは。 (図：変圧器遮断器Ⓐ、配電用変電所、高圧配電線、高圧受電設備、地絡継電装置付高圧交流負荷開閉器Ⓑ（G付PAS）、遮断器Ⓒ、限流ヒューズ付Ⓓ、事故点、変圧器)	(イ) ×印の事故点で地絡事故が発生したとき，遮断器Ⓐが動作した。	(ロ) ×印の事故点で地絡事故が発生したとき，遮断器ⒶとG付PASⒷが同時に動作した。
		(ハ) ×印の事故点で短絡事故が発生したとき，遮断器Ⓒが動作した。	(ニ) ×印の事故点で短絡事故が発生したとき，限流ヒューズⒹが溶断した。
17	鉛蓄電池に関する説明として誤っているのは。	(イ) 充電された1槽の起電力は約2〔V〕で，放電とともに低下する。	(ロ) 電解液の比重は，放電時間とともに大きくなる。
		(ハ) 同一の蓄電池で放電電流を大きくすると，容量（アンペア時）は小さくなる。	(ニ) 使用中に液面が低下した場合には，蒸留水を規定液面まで注入する。
18	鉛蓄電池と比較したアルカリ電池の長所として誤っているものは。	(イ) 重負荷特性が良い。	(ロ) 1個の起電力が大きい。
		(ハ) 保守が簡単である。	(ニ) 小型密閉化が容易である。

第7章 配線図とシーケンス制御

7・1 配線図

(1) 配線図とは

　配線図とは、ビルディング、事務所、工場などの電気使用設備がどんな所に設けられ、それに対する配線がどのようにして施工されているかを示す工事設計図のことである。また、高圧で受電して構内に電力を配電するための高圧受電設備の図面を**高圧配線図**といい、大別すると次のような種別になっている。

① 使用区域平面図　② 送電関係一覧図　③ 電線接続図　④ 機械器具配置図
⑤ 架空電線路図　⑥ 地中電線路図　⑦ 低圧配線図

　ここでは、受験に最も関係のある送電関係一覧図、電線接続図について説明する。

(2) 配線図に用いる各種記号（JIS C 0617）

表7・1

文字記号	用　語	図記号 単線図	図記号 複線図	備考
LBS	負荷開閉器			
TC	引外しコイル			
ZCT	零相変流器			

CH	ケーブルヘッド			
VCT	計器用変圧変流器			略記号をMOFと書き表すことがある。これはmetering out fitの略である。
F	ヒューズ			
DS	遮路器			
CB	遮断器			
PF付LBS	ヒューズ付負荷開閉器			
PF付DS	ヒューズ付断路器			
VT	計器用変圧器			
CT	計器用変流器			

C	進相用コンデンサ	⊥	⊥	
T	変圧器	(Y△)	⧈	⊸ 中間点引出しの単相変圧器
GR	地絡継電器	I⏚>		
DGR	地絡方向継電器	I⏚>→		
OC	過電流継電器	I >		
UVR	不足電圧継電器	U <		
CLX	直列リアクトル	⏚		
WH	取引用電力量計	Wh		
V	電圧計	Ⓥ		

記号	名称	図記号		
A	電流計	Ⓐ		
AS	電流計切換開閉器	⊗		
VS	電圧計切換開閉器	⊕		
SL	表示灯	⊗		
LA	避雷器			
G	変流発電機	Ⓖ		
E	接地			
PC	ヒューズ付開閉器 （高圧カットアウト）			

(3) 高圧受電設備配線図

(1) 単線結線図

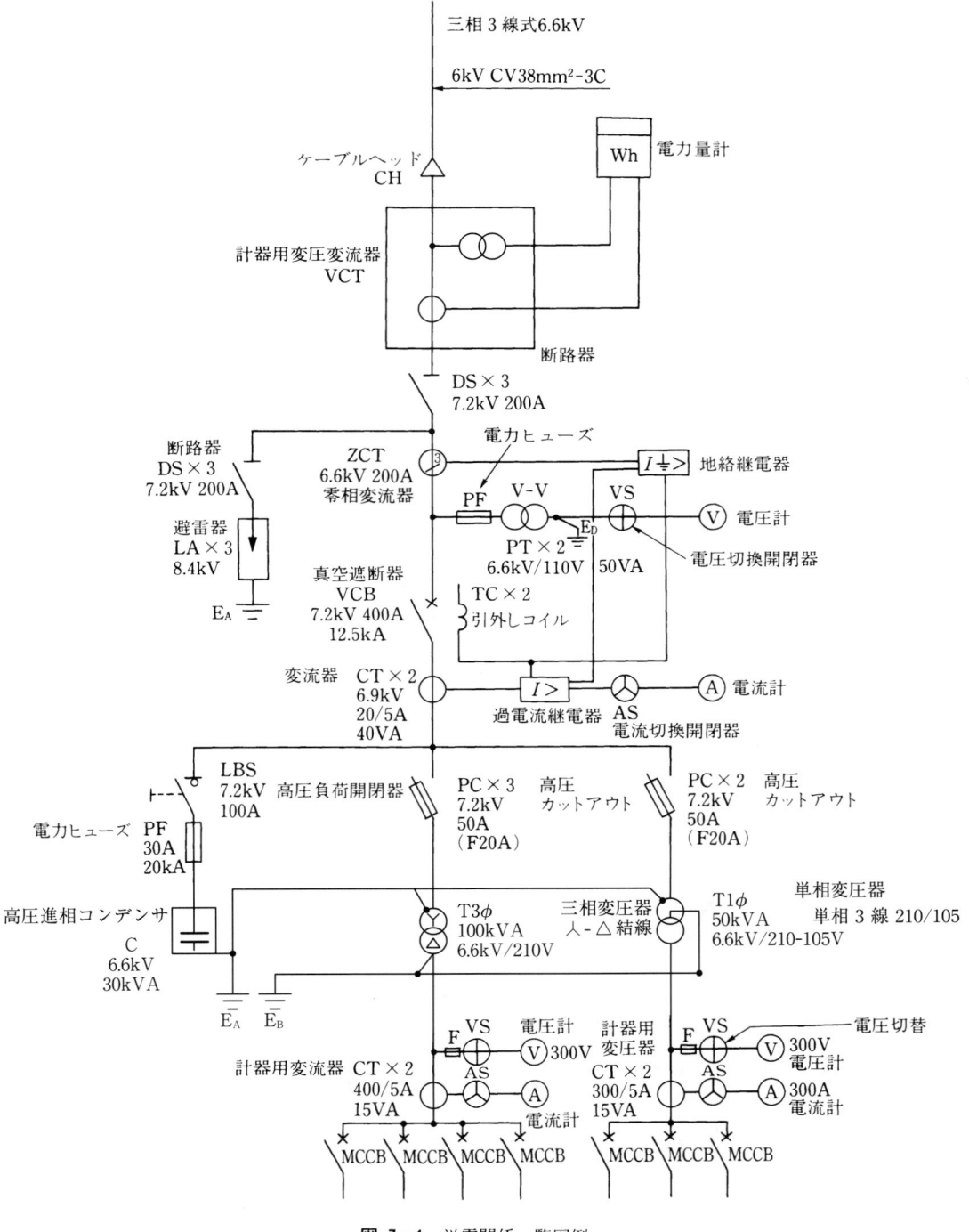

図 7・1 送電関係一覧図例

(2) 電線接続図（複線結線図）

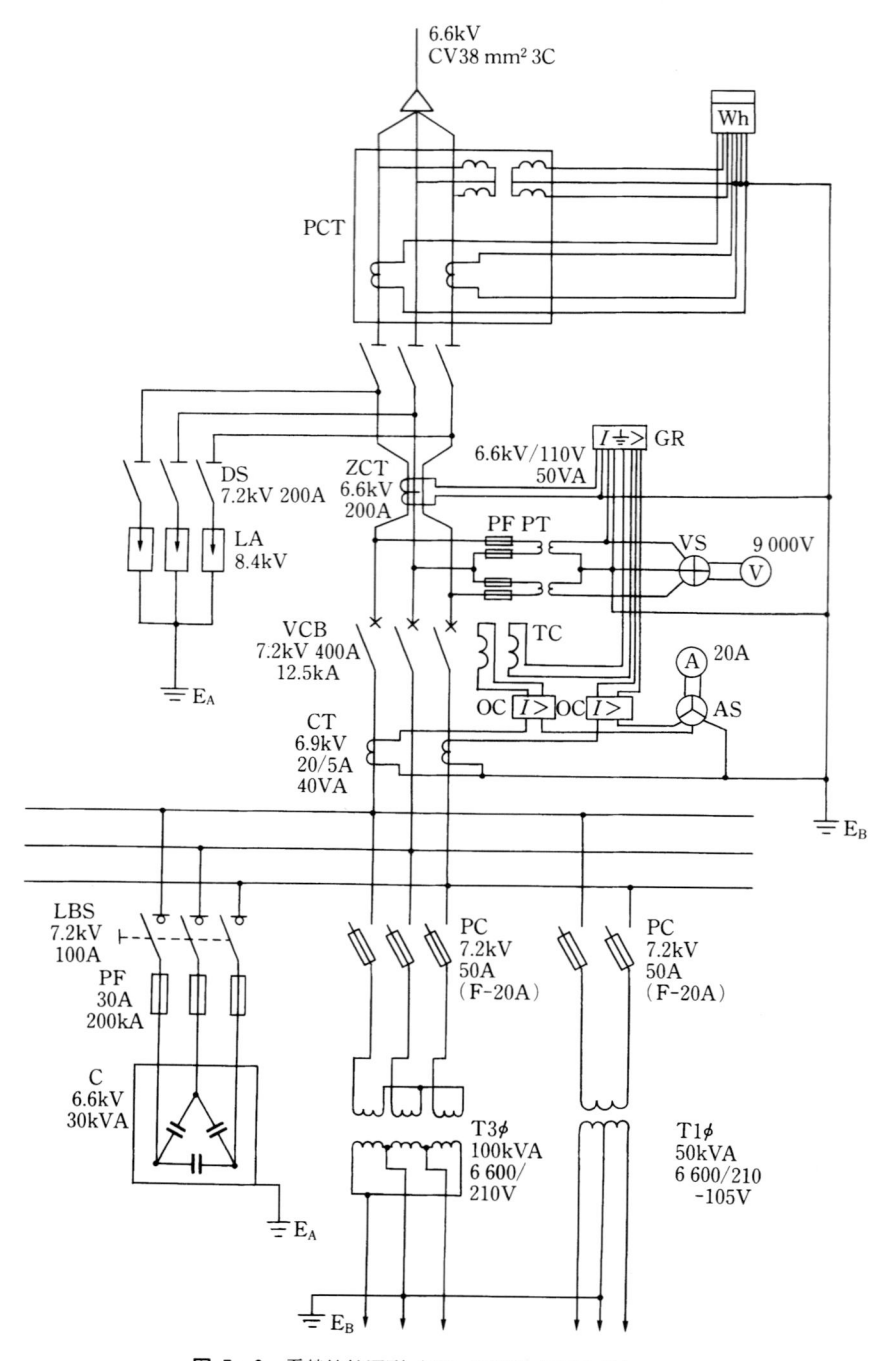

図7・2 電線接続図列（JIS C 0301（系列 1））

問題1 配線図

図は，非常用予備発電装置を有する高圧受電設備の単線結線図である。この図の矢印で示す場所に関する各問には，4つの答 ((イ), (ロ), (ハ), (ニ)) が書いてある。それぞれの問に対して答を1つ選びなさい。

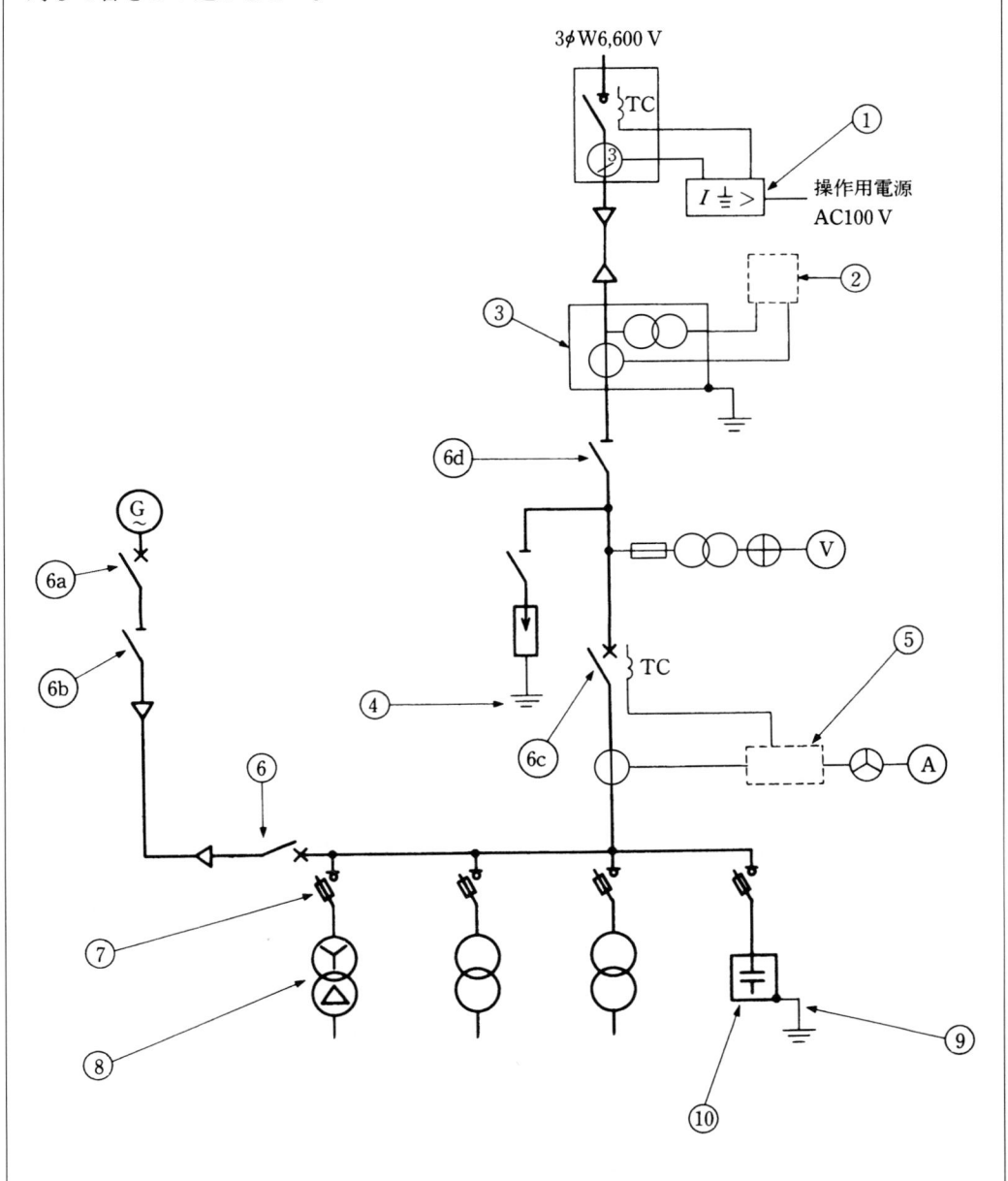

問い	答え			
1	①の機器を使用する目的は。	(イ) 交流遮断器を遠隔操作する。	(ロ) 地絡事故時の地絡電流を測定する。	(ハ) 地絡事故時に交流遮断器を自動遮断する。	(ニ) 地絡事故時に地絡継電装置付高圧交流負荷開閉器（G付PAS）を自動遮断する。
2	②に設置する機器は。	(イ) 力率計	(ロ) 過電圧継電器	(ハ) 取引用電力量計	(ニ) 周波数計
3	③で示す機器は。	(イ) 計器用変圧器	(ロ) 零相変流器	(ハ) 計器用変圧変流器	(ニ) コンデンサ形計器用変圧器
4	④の部分に施す接地工事の種類は。	(イ) A種接地工事	(ロ) B種接地工事	(ハ) D種接地工事	(ニ) C種接地工事
5	⑤に設置する機器のJISに定める図記号は。	(イ) $U>$	(ロ) $I<$	(ハ) $\rightarrow I$	(ニ) $I>$
6	⑥とインターロックをかけるべき機器は。	(イ) 6a	(ロ) 6b	(ハ) 6c	(ニ) 6d
7	⑦で示す図記号の名称は。	(イ) ヒューズ付負荷開閉器	(ロ) 断路器	(ハ) ナイフスイッチ	(ニ) 交流遮断器
8	⑧の部分の複線図は。	(イ)	(ロ)	(ハ)	(ニ)
9	⑨の部分に使用する軟鋼線の太さの最小値〔mm〕は。	(イ) 1.6	(ロ) 2.6	(ハ) 3.2	(ニ) 4
10	⑩の機器を使用する目的は。	(イ) 電圧波形の改善	(ロ) 力率の改善	(ハ) 異常電圧の大地への放流	(ニ) 突入電流の抑制

解答 　1 (ニ)　2 (ハ)　3 (ハ)　4 (イ)　5 (ニ)　6 (ハ)　7 (イ)　8 (イ)
　　　　　9 (ロ)　10 (ロ)

1　地絡過電流継電器である。地絡事故時に動作し，地絡継電装置付高圧交流負荷開閉器(G付PAS)を自動遮断させる。

2　取引用電力量計である。計器用変圧変流器（VCT）と組み合わせて計量する。

3　計器用変圧変流器（VCT）である。

4　④は避雷器の接地である。
　電技解釈第42条により，A種接地工事を施さなければならない。

5　CTとTCが接続されているので，過電流継電器であり，JISで定める図記号は $\boxed{I>}$ である。

6　電技第61条により，非常用予備発電機を運転する場合は電力会社の配電線に電気が逆流しないようにしなければならない。問題の ⑥b と ⑥c はジスコンであり，常時投入してあると考えてよい。発電機が運転され，⑥が投入される前に主遮断器 ⑥c が開放されなければならないから，遮断器⑥とインターロックをかける遮断器は ⑥c である。

7　この図記号は，限流ヒューズ付高圧交流負荷開閉器である。高圧負荷回路の開閉及び過電流遮断器として用いる。

8　⑧の単相結線図記号は，三相変圧器Y-△接続であり，これと同じ結線図は(イ)である。
　なお，(ロ)は三相変圧器△-△接続，(ハ)は単相変圧器V-V接続，(ニ)は△-Y（中性点引出）接続である。

9　電技解釈第29条により高圧用機器の外箱はA種接地工事となる。A種接地工事の接地線の太さは，電技解釈第20条第1項により，銅線の最小の太さは2.6 mm以上と定められている。

10　⑩の図記号は，高圧進相用のコンデンサである。並列に接続して，力率改善に用いる。

問題2

配線図

　図は，受電電圧6 kVの高圧受電設備の単線結線図である。この図に関する各問には，4通りの答（(イ), (ロ), (ハ), (ニ)）が書いてある。それぞれの問に対して答を1つ選びなさい。

3φ3W 6,600 V

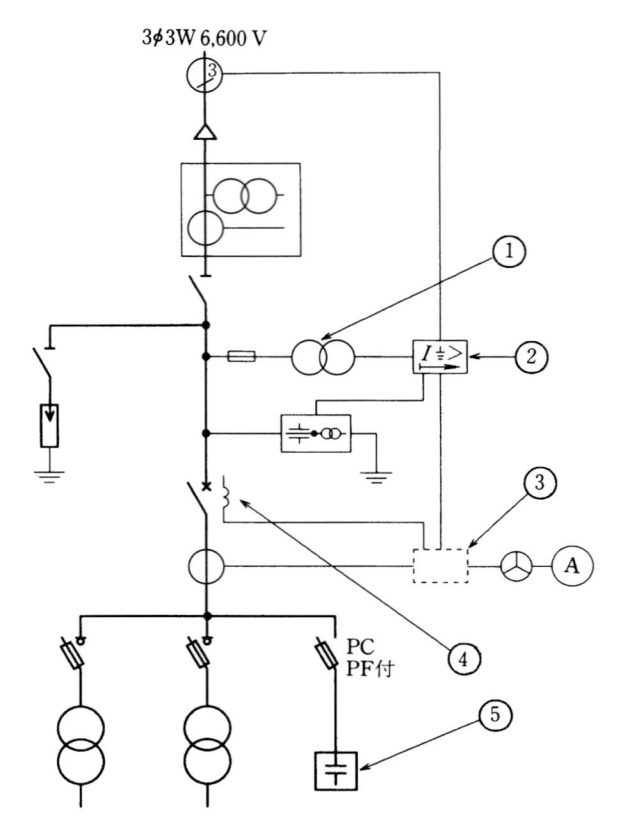

問い	答え			
1	①で示す機器の一次定格電圧〔kV〕と二次定格電圧〔V〕の基準値は。	(イ) 6.0〔kV〕 105〔V〕	(ロ) 6.0〔kV〕 110〔V〕	(ハ) 6.6〔kV〕 105〔V〕	(ニ) 6.6〔kV〕 110〔V〕
2	②に使用する機器の名称は。	(イ) 差動継電器	(ロ) 地絡方向継電器	(ハ) 過電圧継電器	(ニ) 過電流継電器
3	③の部分に設置する機器のJISに定める図記号は。	(イ) $I<$	(ロ) $I>$	(ハ) $U<$	(ニ) $U>$
4	④で示す装置の役割は。	(イ) 遮断器をロックする。	(ロ) 遮断器を遠方操作する。	(ハ) 遮断器を自動的に引き外す。	(ニ) 遮断器の温度を測定する。

| 5 | ⑤に取り付けることができるコンデンサ容量の最大値〔kvar〕は。 | (イ) 50 | (ロ) 75 | (ハ) 100 | (ニ) 150 |

解答 1 (ニ)　2 (ロ)　3 (ロ)　4 (ハ)　5 (イ)

1　JIS C 1731 計器用変圧器の定格電圧の基準値にある通り，定格二次電圧は 110〔V〕とし，定格一次電圧は受電電圧が 6 600 V のため，6.6〔kV〕となる。

2　JIS C 0301 継電器図記号 II，11，4，33 にある通り，地絡方向継電器である。

3　結線図から計器用交流器とトリップコイルが接続されていることから，③に設置されるのは過電流継電器である。

4　この図記号は引き外しコイルを示す。

5　内線規程 705-9 進相用コンデンサ表 6・4 により，開閉装置が PC（高圧カットアウト）の場合，コンデンサ容量は 50〔kVA〕以下となる。

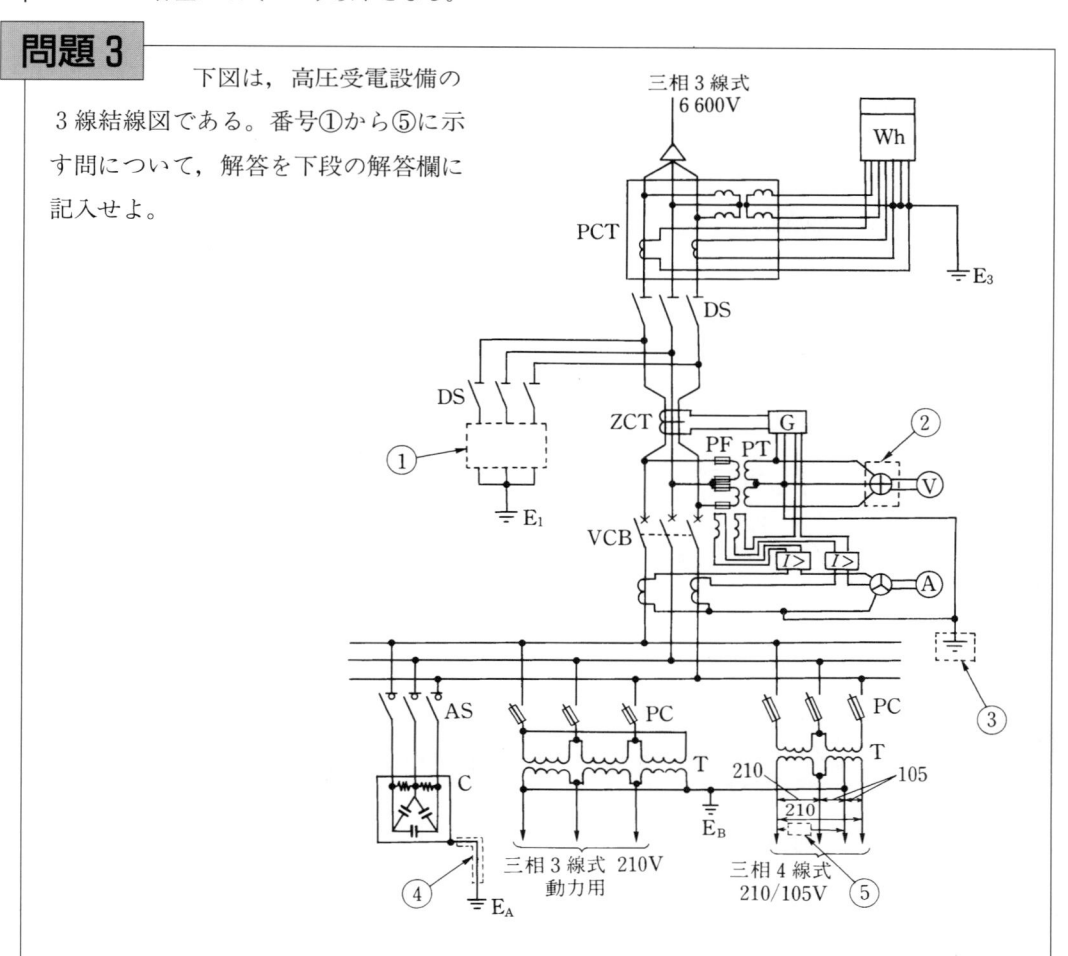

問題 3

下図は，高圧受電設備の 3 線結線図である。番号①から⑤に示す問について，解答を下段の解答欄に記入せよ。

番号	問	解答欄
①	①に示す機器の複線図用記号は。	
②	②に示す機器の名称は。	
③	③に示す設置工事の種類は。	
④	④に示す接地線の太さ〔mm〕の最小値は。	
⑤	⑤に示す線間電圧〔V〕は。	

解答 ① 避雷器（lightning arrester：LA）　② 電圧計用切換開閉器（VS）
③ C種接地工事　④ 2.6 m　⑤ 182 V

① 複線図は，図6·10に示したように単線図用記号を各相に記入する（記入例は図6·32 LAを参照）。避雷器は，変電設備の機器を保護するため，変電所の受電点の開閉器（DS）のすぐ下から配線されている。

② 電圧計用切換開閉器は，計器用変圧器の二次側に接続し，これを切換えることによって，母線などの各相の電圧を一つの電圧計で読み取ることができる。

③ 電技解釈第27条によって，高圧電路に接続する計器用変成器の二次側には，C種接地工事を施設することが義務付けられている。

④ 電技解釈第29条によって，高圧機器の外箱にはA種接地工事を施設することが義務付けられている。なお，接地線の太さには2.6 mmの太さのものを使用しなければならない。

⑤ これは異容量V結線で，接続図は図(a)のようになり，そのベクトル関係は図(b)のようになっている。したがって，

$$V_{dc} = V_{ca} \sin 60° = 210 \times \frac{\sqrt{3}}{2} \fallingdotseq 182 \text{〔V〕}$$

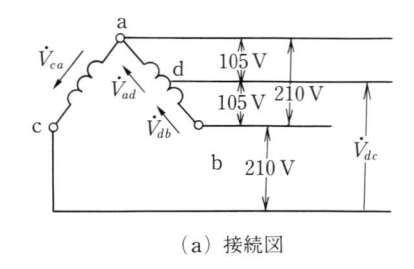

(a) 接続図 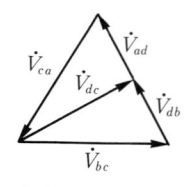　(b) ベクトル図

7·2　シーケンス制御の基本回路

(1) シーケンス制御

シーケンス制御とは，「あらかじめ定められた順序に従って制御の各段階を逐次進めて行く制御」と定められている。つまり，シーケンス制御とは，前段階における制御動作が完了した後に

次の動作に移行する制御ということができる。

〔2〕 シーケンスダイアグラム（展開接続図）

シーケンスダイアグラムとは，電気回路の図面で制御母線及び分岐線を有し，これに接続される継電器，接点及び抵抗などの電気機器並びに部品を図記号（シンボル）によって示し，配電盤及び制御装置などの電気的連動回路を，実際の配置に関係なく，単にその動作順序に従って書いた接続図をいい，**展開接続図**ともいう。図7・3は実態配線図及び展開接続図の例を示したものである。

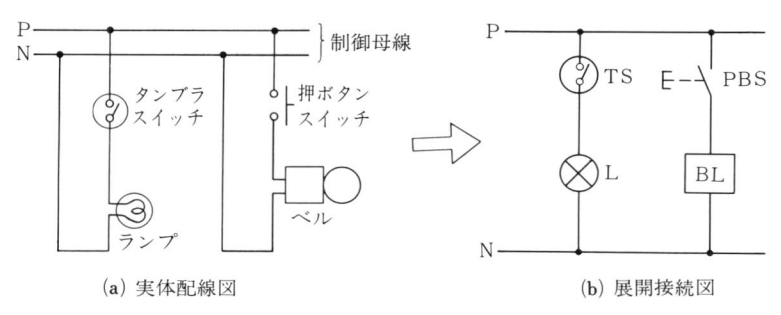

図 7・3

〔3〕 接点の種類

シーケンス上必要な接点（継電器及び器具など）は，次の3種類がある。

(1) a接点（arbeit contact）

常時は開いており，動作したとき接点が閉じるもの。

(2) b接点（break contact）

常時は閉じており，動作したとき接点が開くもの。

(3) c接点（change over contact）

切換接点の意味で，a接点とb接点を共有したもの。

〔4〕 基本回路とその動作

実際の制御回路では，複雑な動作が必要となるため，電磁リレーすなわち電磁コイルや接点の連携などを巧みに利用し，それぞれの必要動作に合わせて適用されている。

(1) 動作と復帰

電磁リレーは，電磁コイルと接点などから構成されており，電磁コイルに電流が流れると，その電磁力によって可動鉄片が吸引され，これに連動した接点が閉じ，または開く働きをする。これを電磁リレーが**動作する**という。

これに対して電磁コイルに流れた電流が遮断されると，電磁力を失うために可動鉄片及びこれ

に連動された接点が，ばねなどの力によって元の状態にもどる。これを電磁リレーが**復帰する**という。

(2) 自己保持回路

電磁リレーに外部から与えられた信号を，リレー自身の接点によって側路（バイパス）して動作回路を作り，自己保持する回路を**自己保持回路**という。

例えば，図7・4のように，接点 X-a と Y-a が閉じれば電磁リレー Z が動作し，この接点 Z-a（**自己保持接点**ともいう）が閉じる。従って，接点 Z-a が閉じているので，接点 Y-a が開いても電磁リレー Z が動作し続けるような回路を自己保持回路という。

(3) 禁止回路（インタロック回路）

複数の回路があって，いずれか一方の回路が動作中のときは，他の回路はたとえ入力接点が閉じても絶対に動作しないような回路を**禁止回路**あるいは**インタロック回路**という。図7・5はその一例で，接点 A, B は継電器 (X_1)，(X_2) を動作させるための入力接点で，X_1 及び X_2 の接点は互いに相手の制御回路に直列に入っている。したがって，どちらか一方に入力信号があって，継電器が動作しているときには，他方の回路の接点が開放され動作が禁止される。このような回路は誘導電動機の始動時に Y-△ 始動制御や正・逆転制御の際の誤動作による短絡防止などによく用いられる。

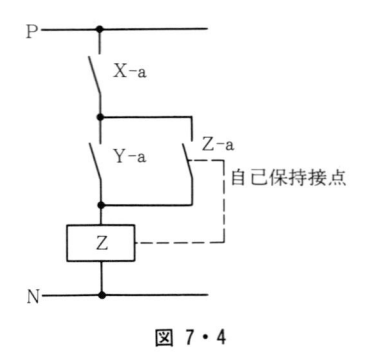

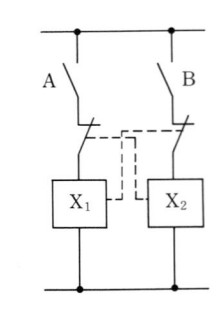

図 7・4

図 7・5 禁止回路（インタロック回路）

〔5〕 シーケンスについての一般的な取り決め

シーケンスの書き方について，次のような決まりがある。

(1) 展開接続図の表している状態

（ⅰ）電源は切り離した状態
（ⅱ）制御する機器または電気回路は休止状態
（ⅲ）手動操作のものは手を放した状態
（ⅳ）復帰を要するものは復帰した状態
（ⅴ）接続線に現われるエネルギーの流れは大部分が上から下，左から右になるように表す。

(2) 縦書きと横書き

信号やエネルギーの流れる方向によって，上から下のほうに図示される縦書きと，左から右方向に図示される横書きとがある。そして，その配列は動作の順序に従って，次のように書くのが一般的である。

(i) 縦書きのものは左から右に。
(ii) 横書きのもは，上から下へ。

〔6〕 シーケンス制御に用いる各種記号（JIS C 0617）

(1) シーケンス制御記号

表7・2 シーケンス制御記号

文字記号	用語	図記号	備考
KS	ナイフスイッチ	a接点　　一般	電流計付
LS	リミットスイッチ	a接点　b接点	
BS	ボタンスイッチ	a接点　b接点	B
MCCB	配線用遮断器		モータブレーカ
MC	電磁接触器	コイル　a接点　b接点	MC
SL	表示灯		色を明示したいとき RD-赤，YE-黄，WH-白 GN-緑　BU-青

BL	ベル	⏻	
BZ	ブザー	⏻	
R	継電器	コイル　a接点　b接点	□の中に文字記号または図記号を記入して継電器を表す。
THR	熱動継電器	ヒータ　a接点　b接点	
TLR	限時継電器	駆動部　a接点　b接点	⇀動作　↽復帰 ・半円の中心方向に向いているとき，動作が遅延される
G	発電機	Ⓖ	
M	電動機	Ⓜ	交流電動機の例を次に示す。 Ⓜ∼　Ⓜ3∼
G	発電機	Ⓖ	

(2) 接点機能記号

　接点機能記号及び操作方式記号は単独に使用するものではなく，接点記号と組み合わせて使用する補助記号である。

表 7・3 接点機能記号

名　　称	図　記　号	摘　　要
接 点 機 能	ɑ　IEC	
遮 断 機 能	×　IEC	
断 路 機 能	—　IEC	
負荷開閉機能	◡　IEC	
自動引外し機能	□　IEC	
リミットスイッチ機能	◁　IEC	機械的に両方向に操作される場合は，図のように両側に表示する。▷
遅 延 機 能	⌒　IEC	動作が遅延する接点と 2 本の線で組み合せる。
ばね復帰機能	◁　IEC	
残 留 機 能	○　IEC	

7・3　三相誘導電動機の始動・停止制御回路

〔1〕　三相誘導電動機のじか入れ始動・停止

図 7・6 は三相誘導電動機の全電圧始動（じか入れ始動という）の制御回路である。ここでは，電動機の始動停止の動作順序を図面に従って考えてみよう。

(1) 誘導電動機の始動

① 電源スイッチ MCCB を閉じると，操作回路に電圧が印加され，緑色ランプ GN が点灯し，始動準備ができたことを示す。
② 押しボタンスイッチ BS 始 を押す。
③ 電磁接触器のコイル（MC）に電流が流れ，電磁接触器が動作する。
④ 電磁接触器の主接点 MC が閉じる。
⑤ 主接点 MC が閉じると電動機 M に電流が流れ始動し，運転される。
⑥ ③の動作と同時に a 接点 MC-a（自己保持接点）が閉じ，b 接点 MC-b が開く。
⑦ 緑色ランプ GN に電流が流れなくなり消灯し，赤色ランプ RD が点灯する。

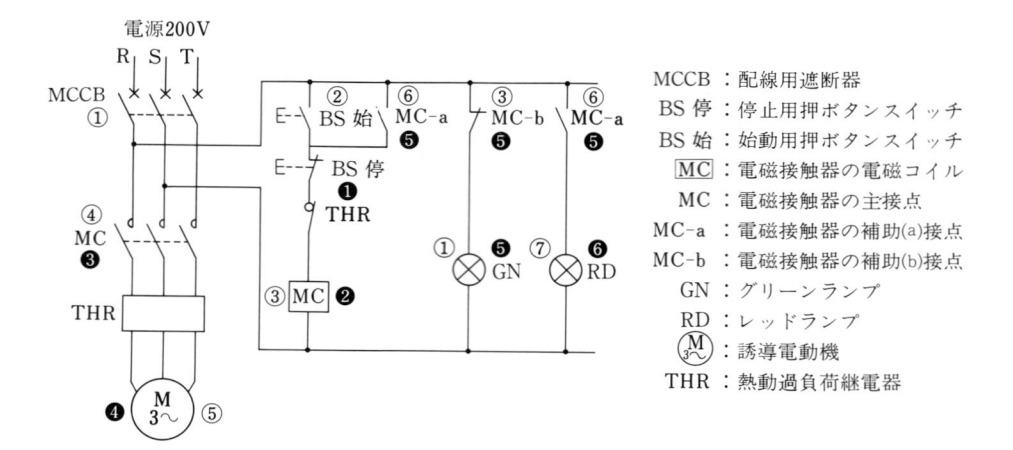

```
          電源200V
           R S T
MCCB   ×  ×  ×
        ①
                    ② BS始  ⑥ MC-a    ③ MC-b   ⑥ MC-a
                  E-↘            ❺            ❺
                  E-╱  BS停
                       ❶
         ④           THR
         MC
         ❸                              ①      ⑤    ⑦    ⑥
                                        ⊗     ⊗
         THR            ③ MC ❷          GN     RD
           ⓂＭ
           3〜
         ❹      ⑤
```

MCCB ： 配線用遮断器
BS 停 ： 停止用押ボタンスイッチ
BS 始 ： 始動用押ボタンスイッチ
MC ： 電磁接触器の電磁コイル
MC ： 電磁接触器の主接点
MC-a ： 電磁接触器の補助(a)接点
MC-b ： 電磁接触器の補助(b)接点
GN ： グリーンランプ
RD ： レッドランプ
Ⓜ ： 誘導電動機
THR ： 熱動過負荷継電器

図 7・6 三相誘導電動機の全電圧始動のシーケンス図

(2) 誘導電動機の停止

① 押しボタンスイッチ BS 停を押す。
② 電磁接触器のコイル (MC) に電流が流れなくなり，電磁接触器が復帰する。
③ 電磁接触器の主接点 MC が開く。
④ 主接点 MC が開くと，電動機 M に電流が流れなくなり，M は停止する。
⑤ ②の動作と同時に a 接点 MC-a が開き，b 接点 MC-b が閉じるので緑色ランプ GN が点灯する。
⑥ a 接点 MC-a が開くと，赤色ランプ RD に電流が流れなくなり，消灯する。

問題 4

配線図

図は，現場・遠方操作による電動機の始動・停止制御シーケンス図である。この図の矢印で示す 5 ヵ所について，それぞれの問に対して，4 つの答 ((イ)，(ロ)，(ハ)，(ニ)) が書いてある。このうちから答を 1 つ選びなさい。

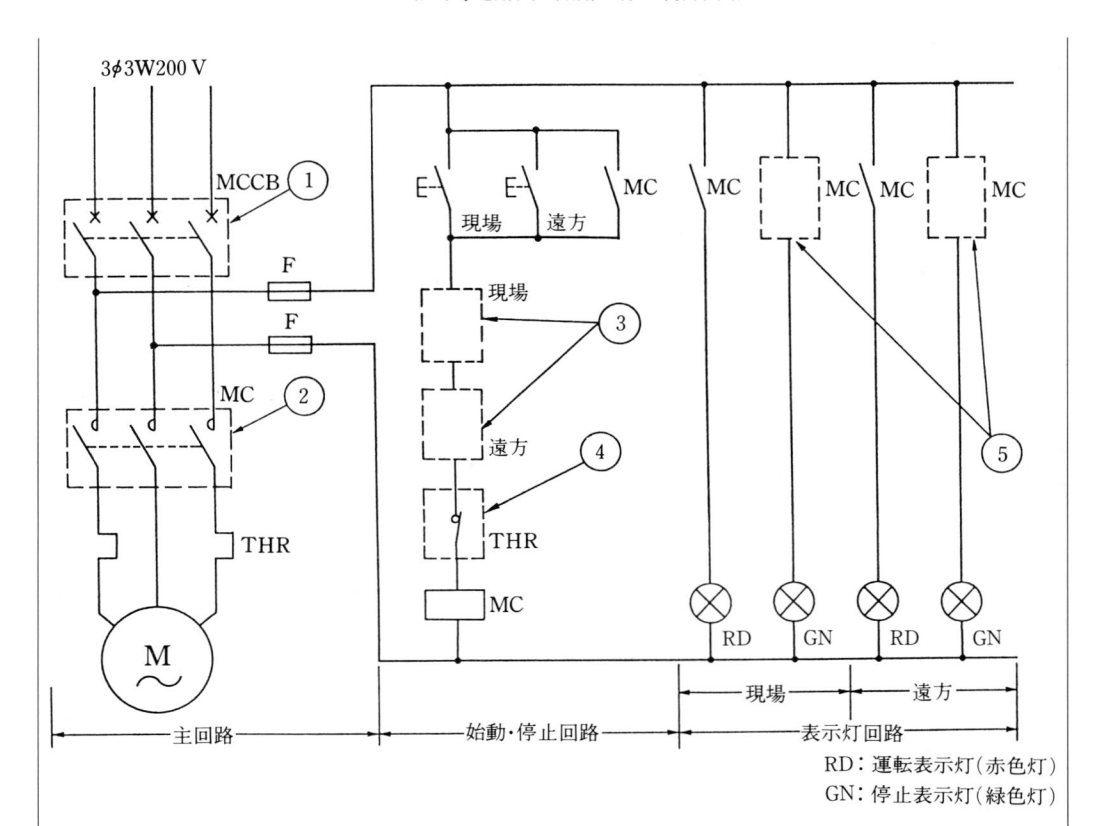

7・3 三相誘導電動機の始動・停止制御回路

問い	答え			
1	①で示す図記号の名称は。	(イ) 磁気遮断器	(ロ) 真空遮断器	(ハ) 配線用遮断器	(ニ) 刃型開閉器
2	②で示す図記号の名称は。	(イ) 電磁開閉器	(ロ) 電磁接触器	(ハ) モータブレーカ	(ニ) 始動継電器
3	③の部分は押しボタンスイッチの図記号は。	(イ)	(ロ)	(ハ)	(ニ)
4	④で示す図記号の名称は。	(イ) 熱動継電器のa接点	(ロ) 熱動継電器のb接点	(ハ) 限時動作a接点	(ニ) 限時復帰b接点
5	⑤の部分の図記号は。	(イ)	(ロ)	(ハ)	(ニ)

RD：運転表示灯（赤色灯）
GN：停止表示灯（緑色灯）

解答 1 (ハ)　2 (ロ)　3 (イ)　4 (ロ)　5 (ハ)

1　MCCBとは配線用遮断器であり，交流遮断器の種類を表す場合は記号を傍記する。また，油遮断器のOCB，ガス遮断器GCB，磁気遮断器MBB，空気遮断記ABB，真空遮断器VCB等がある。
2　MCとは電磁接触器のことであり電磁開閉器はMS，モータブレーカはMBである。
3　押しボタンスイッチの図記号は(イ)である。なお，(ロ)は限時復帰リレーであり，(ハ)と(ニ)は引き操作スイッチである。
4　④のTHRは熱動継電器接点であり，通常閉じている状態をb接点という。
5　⑤は停止表示灯であるためb接点を使用する。なお，b接点でも(イ)のリミットスイッチは制御用検出スイッチのため，ここでは使用しない。

7・4　三相かご形誘導電動機のY-△始動回路

前節で学んだ基本回路の自己保持回路及び禁止回路が巧みに利用されているが，次にこの場合の始動・停止動作について調べてみよう。

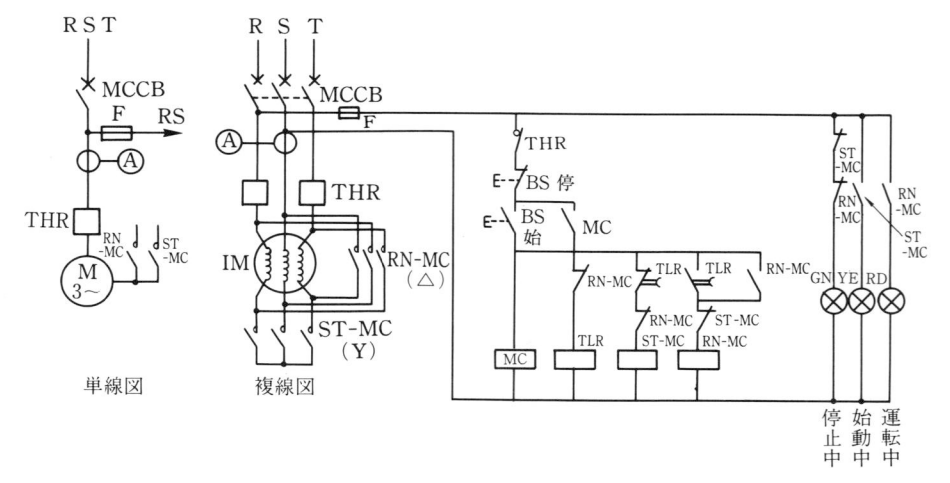

図7・7　三相かご形誘導電動機のY-△始動のシーケンス図

① まず，配線用遮断器MCCBを入れる。停止を表示する緑ランプGNが点灯する。
② 始動用スイッチBS始を押す。
③ 始動用継電器（STR）が励磁され，接点STRが閉じ，（STR）の自己保持回路ができる。
④ 同時に，限時継電器（TLR）と始動用電磁接触器（ST-MC）が励磁され，まず（ST-MC）の主接点と補助接点が閉じ，電動機はY接続で始動し，ランプGNが消え，始動中を表示する黄色のランプYEが点灯する。
⑤ （TLR）の接点TLRは，電動機の始動電流が一定値に下がる時間を考慮した暫定時間（限時時間）だけ遅れて動作する。すると，（ST-MC）は消勢し，始動用電磁接触器の主接点ST-MCを開放するとともに，運転用電磁接触器（RN-MC）が励磁され，その主接触器を閉じ，

7・4 三相かご形誘導電動機の Y-△始動回路　　**163**

電動機は Y 結線から△結線に切換えられ，全電圧運転に入る。このときは RN-MC の補助接点が閉じ，運転中の赤ランプ RD だけが点灯する。

⑥ ④，⑤の移り変わりで (ST-MC) と (RN-MC) が誤動作によって同時に動作し，主接点で短絡事故を生じないため，RN-MC と ST-MC の補助回路がインタロック（禁止）回路を形成している。

⑦ 電動機を停止するときは，停止スイッチ STP を押せば (STR) が消勢するので，電動機は停止する。

問題 5

配線図

図は，低圧三相誘導電動機の Y-△始動回路図である。この図に関する各問いには，4 通りの答え ((イ), (ロ), (ハ), (ニ)) が書いてある。それぞれの問いに対して，答えを 1 つ選びなさい。

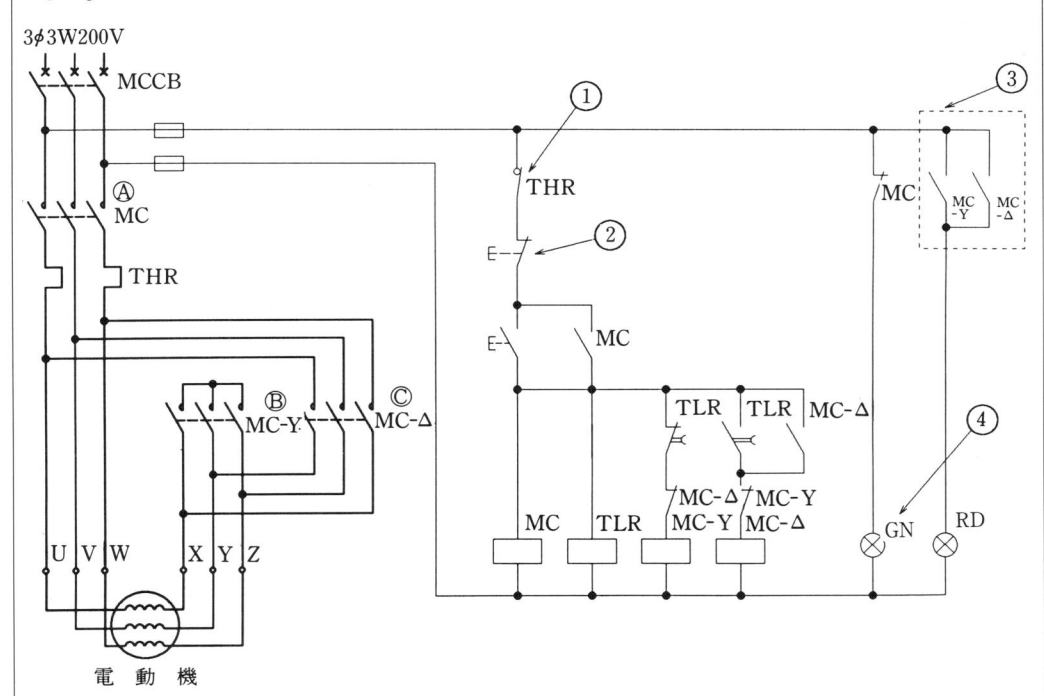

	問い	答え			
1	電動機の始動に当たって，電磁接触器Ⓐ，Ⓑ，Ⓒの動作順序として正しいものは。	(イ) Ⓐ, Ⓑ, Ⓒ	(ロ) Ⓑ, Ⓒ, Ⓐ	(ハ) Ⓒ, Ⓐ, Ⓑ	(ニ) Ⓐ, Ⓒ, Ⓑ

2	①の図記号の名称として正しいものは。	(イ) 手動操作自動復帰接点	(ロ) 手動操作残留接点	(ハ) 手動復帰接点	(ニ) 機械的接点
3	②で示す機器の接点の動作として正しいものは。	(イ) 押すと閉じ，引くと開く。		(ロ) 押すと開き，引くと閉じる。	
		(ハ) 押したときだけ閉じる。		(ニ) 押したときだけ開く。	
4	③の回路の名称として正しいものは。	(イ) NOR回路	(ロ) NAND回路	(ハ) AND回路	(ニ) OR回路
5	④で示すSL₁の点灯が示す状態は。	(イ) 停止中	(ロ) Yで始動中	(ハ) △で運転中	(ニ) Yで始動中と△で運転中

解答 1 (イ)　2 (ハ)　3 (ニ)　4 (ニ)　5 (イ)

1　①の始動用押しボタンスイッチを投入すると，MCリレーが動作しⒶMCが投入されるとともに、Ⅱ のMC（電源保持回路）が投入される。このことによりMC-Yリレーが動作しⒷMC-Yスイッチが投入となる。続いてTLR（限時リレー）によりMC-△リレーが動作しⒸMC-△スイッチが投入されるとともにⒷMC-Yが開放となり，Ⅳ MC-△は自己保持される。

したがって，開閉器はⒶⒷⒸの順に動作する。

2　JIS C 0301により手動復帰接点のb接点である。

3　JIS C 0301から，押しボタンスイッチの自動復帰b接点である。

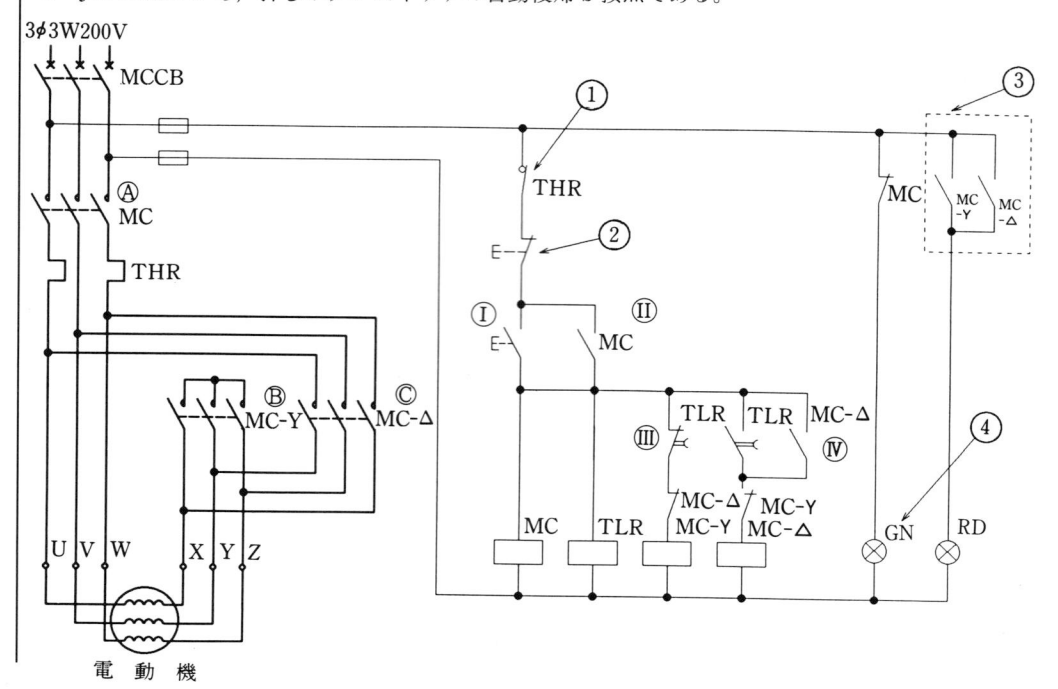

4 接点を並列に接続し，どちらかの接点が動作すれば回路として機能する回路を OR 回路という。

図中の③では MC-Y，MC-△接点のどちらかが閉じれば回路が構成され表示灯（シグナルランプ）RD が点灯する。

MC-Y，MC-△は始動後に動作することから RD は運転中の表示灯である。

5 電源に電圧が加わっていれば，表示灯 GN は点灯している。

電動機を始動すると MC リレーにより MC 接点が開となり，表示灯 GN は消灯する。

したがって，表示灯 GN は電動機が停止中であることを示すランプである。

7・5 三相誘導電動機の正・逆回転

三相誘導電動機の正回転から逆回転回路にするためには三相のうち二相を入れ替えることでできる。

すなわち，図 7・8 の主回路 MC-F の接点が閉じている時が正回転，MC-R の接点が閉じているときが逆回転である。

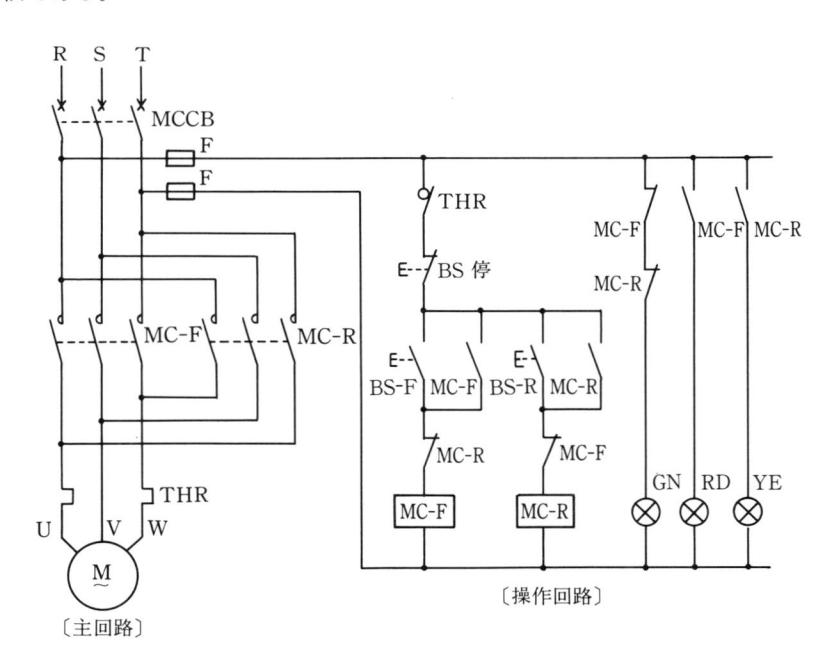

図 7・8 三相誘導電動機の正・逆回転のケーシンス図

(1) 正回転運転

① 配線用遮断 MCCB を投入し，緑ランプ GN 点灯（緑色）

② 正回転用押しボタン BS-F を押す（投入）。

③ これにより，電磁接触器 MC-F が励磁され，主回路の MC-F の接点が投入し，電動機 M は正回転する。

このとき，操作開始表示ランプのMC-F b接点は，開放し，緑ランプGNが消灯する。MC-F a接点は投入し，赤ランプRDが点灯（赤色）する。

④ 押しボタンBS-Fを離しても並列に接続されているMC-Fのa接点により自己保持する。

⑤ また，電磁接触器MC-Rの動作回路に入ったMC-F b接点が開放し，逆回転用押しボタンBS-Rを押しても動作しないようインタロックする。

(2) 正回転から逆回転運転

① 停止用押しボタンBS停を押す（開放）と，電磁接触器MC-Fの動作電流が遮断し，主回路MC-F a接点が開放，電動機Mは停止する。元の停止状態となる。

② 逆回転用押しボタンBS-Rを押す（投入）。

③ これにより，同時に電磁接触器MC-Rが励磁され主回路のMC-R a接点が投入電動機Mは逆回転する。

同様に，操作回路のMC-R a接点が投入し，黄色ランプYEが点灯する。

④ 押しボタンBS-Rを並列のMC-R a接点により自己保持する。

⑤ 電磁接触器MC-Fはインタロックにより動作できなくなる。

(3) THR動作

電動機Mの過負荷状態が続き熱動継電器THRが動作すると制御回路THR b接点が開放し，電動機Mは停止する。

問題6

図は，三相電動機の電源の相回転を逆にすることによって，電動機の回転を逆転させる可逆電磁開閉器の主回路図と操作回路図である。次の問いについて，答えを解答欄に記入せよ。

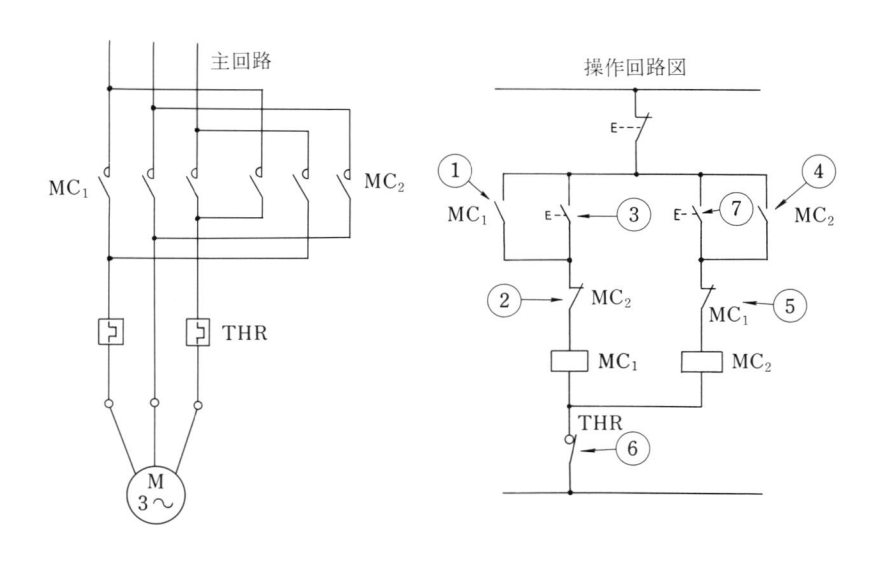

番号	問	解答欄
1	(MC₁)の励磁を自己保持させる接点の番号は。	
2	②と⑤の接点の役目は。	
3	③の接点の名称は。	
4	⑥の接点の役目は。	

解答 この問題は，三相電動機の電源の相回転を逆にすることによって，電動機の回転を逆転させる制御回路について理解度を試すものである。

1　①
2　インタロックする
3　手動操作自動復帰接点
4　過電流が持続して流れる場合，接点⑥が動作し，電動機を保護する。

  1　手動操作自動復帰接点③を押すとコイル(MC₁)が励磁し，同時に接点①MC₁が閉じ，接点⑤MC₁が開く。この場合，接点①は，コイル(MC₁)によって自己保持される。

  2　接点②と⑤は共にb接点で，コイル(MC₁)が励磁しているときは，接点⑤が開いており，コイル(MC₂)が励磁しているときは，接点②が開いている。すなわち，コイル(MC₁)と(MC₂)が同時に励磁できないようになっている。

  3　これは押しボタンスイッチで，閉じるときは手で押し，手を離すと自動的に復帰する。

  4　接点⑥は，熱動継電器THRの手動復帰接点である。

〔参考〕　この制御回路の動作順序を示すと次のようになる。

    a接点③を押すとコイル(MC₁)が励磁して電磁接触器の主接点MC₁が閉じ(電動機IM₁は始動する)，またa接点①が閉じて回路を自己保持する。同時にb接点⑤が開いてコイル(MC₂)の回路をロックする。

    次に，電動機IMを逆転させる場合は，a接点⑦を押すとコイル(MC₂)が励磁して電磁接触器の主接点MC₂が閉じ(電動機IMは逆転始動する)，また，a接点④が閉じて回路を自己保持する。同時にb接点②が開いてコイル(MC₁)の回路をロックする。

    以上のように，コイル(MC₁)と(MC₂)が，つまり主接点MC₁とMC₂が同時に動作しないように，b接点②と⑤でロックしているのである。このようにすれば，電動機の始動時に誤った操作をしても事故の心配はないわけである。

章末問題 ⑦

問題 1　**配線図**

図は，高圧受電設備の単線結線図である．この図の矢印で示す10ヵ所に関する各問いには，4つの答え（(イ), (ロ), (ハ), (ニ)）が書いてある．それぞれの問いに対して，答えを1つ選びなさい．

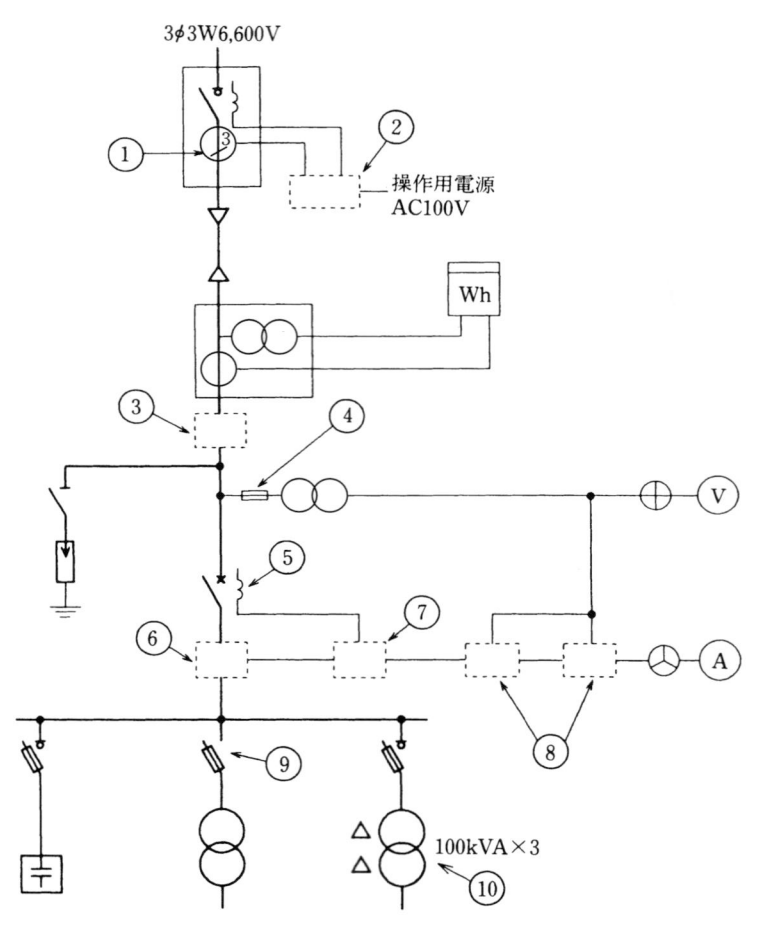

		(イ)	(ロ)	(ハ)	(ニ)
1	①の部分の機器の名称は．	零相変流器	計器用変圧器	変流器	過電流継電器
2	②の部分に設置する機器のJISに定める単線図用図記号は．	$I>$	$I\leftarrow$	$I\overset{\rightarrow}{=}$	$I<$

章末問題⑦

3	③の部分に設置する機器（断路器）のJISに定める単線図用図記号は。	(イ)	(図)	(ロ)	(図)	(ハ)	(図)	(ニ)	(図)

4	④の部分に設置する機器の主な目的は。	(イ) 計器用変圧器を雷害から保護す。	(ロ) 計器用変圧器の過負荷を防止する。
		(ハ) 計器用変圧器の地絡事故が主回路に波及するのを防止する。	(ニ) 計器用変圧器の短絡事故が主回路に波及するのを防止する。

5	⑤の部分の装置の目的は。	(イ) 遮断器の状態を表示するため。	(ロ) 遮断器をロックするため。
		(ハ) 遮断器を自動的に引き外すため。	(ニ) 異常電圧を検出するため。

6	⑥の部分の結線図をJISに定める図記号（複線図用）で表したものは。	(イ)	(ロ)	(ハ)	(ニ)

7	⑦の部分に設置する機器の名称は。	(イ) 地絡継電器	(ロ) 過電流継電器	(ハ) 過電圧継電器	(ニ) 計器用切換開閉器

8	⑧の部分に設置する機器の組合せで正しいものは。	(イ) 計器用切換開閉器 電流計	(ロ) 力率計 電力計	(ハ) 周波数計 力率計	(ニ) 試験用端子 電圧計

9	⑨の部分に設置する高圧カットアウト（PC）に関する説明で誤っているものは。	(イ) 塩害地域で屋外に使用する場合は，耐塩用のものを使用する。	(ロ) ヒューズの溶断は溶断表示筒の表示によって判断できる。
		(ハ) ふたを閉じた場合，充電部が露出してはならない。	(ニ) 変圧器容量が300〔kVA〕超過の場合に使用できる。

10	⑩の部分に設置する変圧器（単相変圧器100〔kVA〕3台）に関する説明で誤っているのは。	(イ) 1台が故障した場合，V結線にして，最大141〔kVA〕の負荷容量までしか使用できない。	(ロ) 1台が故障した場合，V結線にして三相3線式回路を構成することができる。
		(ハ) △結線の場合，各変圧器のタップ電圧を等しくする必要がある。	(ニ) 無負荷状態でも二次側巻線に1〔A〕程度の循環電流が流れることがある。

問題2　配線図

図は，三相誘導電動機用 Y-△始動制御回路である。この図の矢印で示す5ヵ所に関する各問いには，4つの答え ((イ), (ロ), (ハ), (ニ)) が書いてある。それぞれの問いに対して，答えを1つ選びなさい。

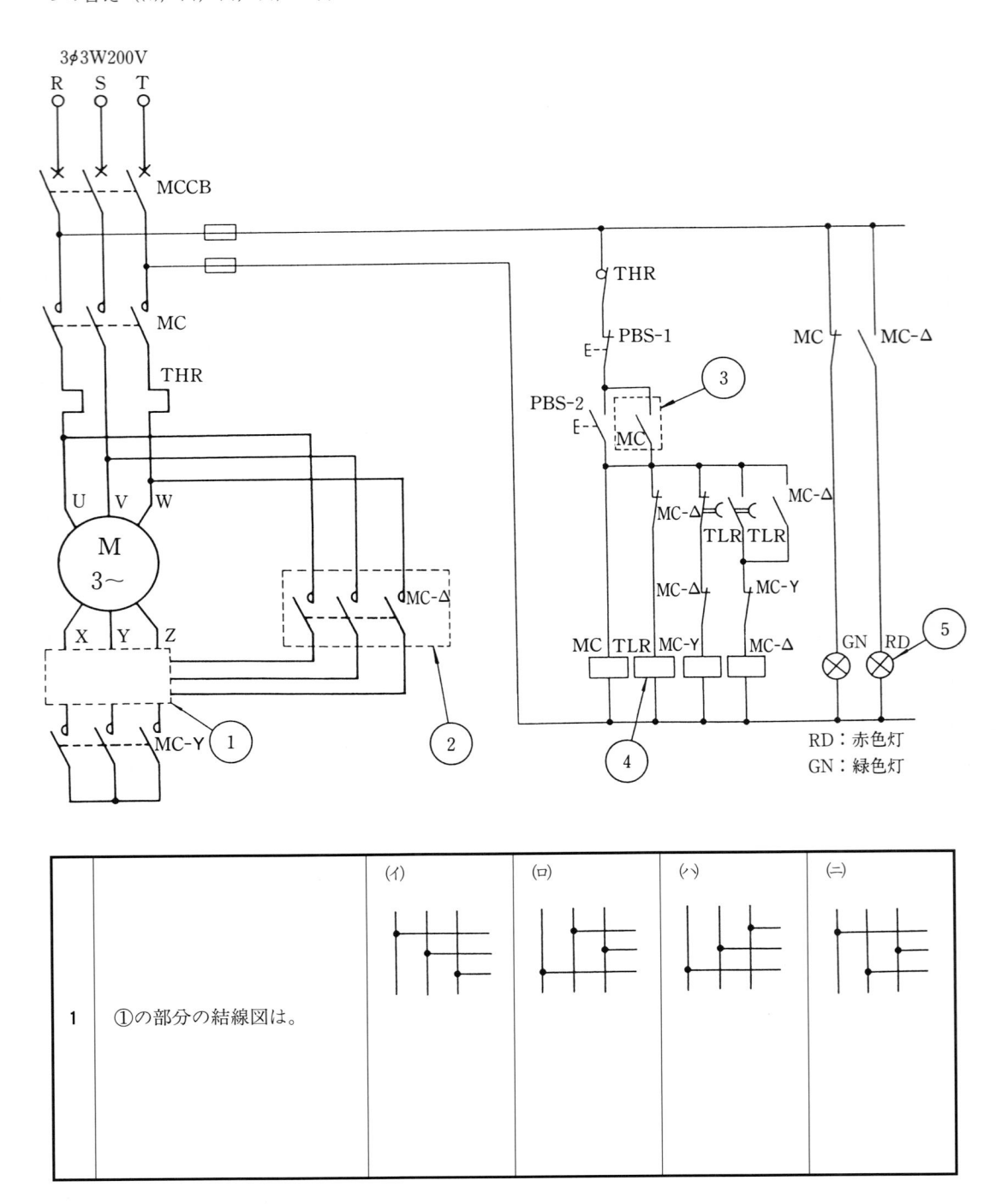

		(イ)	(ロ)	(ハ)	(ニ)
1	①の部分の結線図は。				

2	②の機器の役目は。	(イ)	電動機の巻線を△に結線する。	(ロ)	電動機の巻線をYに結線する。
		(ハ)	Y-△切換えの際，電動機の巻線を瞬間短絡する。	(ニ)	電動機の停止中に電動機巻線に電圧がかからないようにする。
3	③の接点の役目は。	(イ)	自己保持用a接点	(ロ)	並列接点の予備
		(ハ)	並列接点の保護	(ニ)	主回路のチャタリング防止
4	④で示すTLRの役目は。	(イ)	Y結線時及び△結線時の過負荷をそれぞれ保護する。	(ロ)	Y結線から△結線への切換え不調時に再始動させる。
		(ハ)	Y結線から△結線に切換えるまでの時間を整定する。	(ニ)	Y結線から△結線に切換えるときの電動機速度を整定する。

5	⑤のランプが点灯しているときの電動機の状態は。	(イ) 停止中	(ロ) 始動時	(ハ) 故障時	(ニ) 運転中

第8章 電気工作物の工事法

8·1 架空電線路

〔1〕 支持物

架空電線路の支持物には，木柱，鉄柱，鉄筋コンクリート柱または鉄塔が使用される。

(1) 支持物の強度

前記の支持物は，使用電圧や種類に応じ各種荷重に対する強度計算によって算出し，これに耐えるものであり，また，それぞれの安全率を加味して決定しなければならない（強度計算において重要な要素は風圧加重である）。

なお，支持物の基礎の強度（安全率）は，2以上と規定されているが，一般に，木柱および設計加重が 6.86 kN 以下の鉄筋コンクリート柱などでは 1 本ごとの強度計算をすることなく，次の方法により施設することが認められている（電技解釈第 58 条）。

① 全長が 15 m 以下の場合は根入れを全長の 1/6 以上とする。
② 全長が 15 m を超える場合は根入れを 2.5 m 以上とする。
③ 水田その他地盤が軟弱な箇所では，特に堅ろうな根かせを施すこと。
④ 鉄筋コンクリート柱であって，その全長が 16 m を超え 20 m 以下であり，かつ，設計加重が 6.86 kN 以下のものを水田その他の地盤が軟弱な箇所以外の箇所に施設する場合は，根入れを 2.8 m 以上とする。

問題 1 高圧架空電線路の支持物として，長さ 9 m の木柱を一般的な工法で施設する場合，木柱の根入れの最小値〔m〕は，電気設備の技術基準の解釈では。

解答 1.5 m

電技解釈第 58 条より，全長が 1.5 m 以下の場合は，根入れを 1/6 以上とするので，$9 \times 1/6 = 1.5$〔m〕である。

〔2〕 電線の種類

高・低圧配電線に使用されている電線は，一般に硬銅線やアルミ線で，絶縁体で被覆した絶縁電線が使われる。

高圧配電線路には，OE 電線（屋外用ポリエチレン絶縁電線），OC 線（屋外用架橋ポリエチレン電線），PDC 線（高圧引下用ポリエチレン絶縁電線）などがある。

また，低圧配電線路には，OW 線（屋外用ビニル絶縁電線）が用いられ，低圧引込線には DV 線（引込用ビニル絶縁電線），SV ケーブル（引込用ビニルケーブル）などがある。

問題 2　電気設備の技術基準の解釈に適合する高圧絶縁電線の絶縁材料は。
(イ)　ふっ素樹脂混合物　　(ロ)　ビニル混合物　　(ハ)　天然ゴム混合物
(ニ)　ポリエチレン混合物

解答　(ニ)

(3) 電線の強さ（太さ）

一般に，電線の強さ（太さ）を決定するには，原則として機械的強度，許容電流，電圧降下などを考える。架空電線において，特に断線による広範囲な供給支障，火災，感電事故などの発生を防止するため機械的強度を重要視しており，表 8・1 のように最小の強さ（太さ）が決められている（電技解釈第 66 条）。

表 8・1

地域別 電圧別	市街地	市街地外	備考
300 V 以下の低圧	※3.44 kN (3.2 mm)		絶縁電線の場合は 2.6 mm 地域別なし
300 V を超える電圧および高圧	※8.01 kN (5.0 mm)	※5.26 kN (4.0 mm)	

※　いずれも硬銅線と同等以上で，ケーブルは除く。
　　また，農事用架空電線路，屋外照明用架空電線路，架空引込線などについては特例があるので注意すること。

問題 3　市街地外に施設する高圧架空電線路の電線に使用する硬銅線の最小の太さ〔mm〕は，電気設備の技術基準の解釈では。
(イ)　2.6　　(ロ)　3.2　　(ハ)　4.0　　(ニ)　5.0

解答　(ハ)

電技解釈第 66 条によって，市街地で 5.0 mm 以上，市街地外にあっては 4.0 mm 以上と規定されている（表 8・1 のとおり）。

(4) 高圧用機械器具の施設

高圧の電気で充電される機器は，感電などの影響も大きいので特定の人しか出入りできない電気室に施設するとか，機器の周囲に金網を設けるなどして，一般の人が触れるおそれがないように施設しなければならない。具体的には次のように施設する（電技解釈第 30 条）。

(1) 柱上に施設する場合

地表上の高さを，市街地では 4.5 m 以上，市街地外では 4 m 以上として，支持物に堅ろうに取り付けなければならない（図 8・1-1 参照）。

(2) 地表面に施設する場合

① 需要家の構内のときは変圧器に人が触れるおそれがないように，その周囲に適当な"さく"を設けなければならない。

② 一般の場所のときは，①と同様"さく"を設けるが，この場合の"さく"の高さと"さく"から充電部分までの距離の和を 5 m 以上とするほかに，危険である旨の表示をする（図 8・1-2 参照）。

(3) 地上に施設する場合

コンクリート製の箱またはD種接地工事を施した金属製の箱に収め，充電部分が露出しないように施設する。

(4) その他

充電部が露出しない機械器具を温度上昇により，または故障の際にその近傍の大地との間に生ずる電位差により，人若しくは家畜または他の工作物に危険のおそれがないように施設する。

※ケーブルまたは引下げ用高圧絶縁電線
図 8・1-1　変圧器の柱上施設

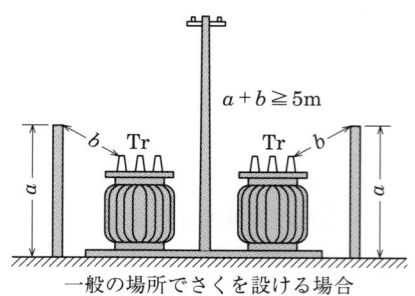

図 8・1-2　一般の場所でさくを設ける場合

問題 4　市街地に施設する，柱上変圧器の地表上の高さ〔m〕の最低は，電気設備の技術基準の解釈では。

　(イ) 4.0　　(ロ) 4.5　　(ハ) 5.0　　(ニ) 6.0

解答　(ロ)

電技解釈第 30 条によって，市街地では 4.5 m 以上，市街地外では 4.0 m 以上と規定されている。

問題 5　柱上に施設する変圧器の施設方法で誤っているものは。

　(イ) 変圧器の地表上の高さを 5 m とする。
　(ロ) 変圧器の一次側引き下げ電線に 600 V ビニル絶縁電線を使用する。
　(ハ) B種接地工事の接地線に太さ 2.6 mm の 600 V ビニル絶縁電線を使用する。
　(ニ) 変圧器高圧側に気中開閉器を施設する。

解答　(ロ)

問題 4 と同様，電技解釈第 30 条第 1 項によって，変圧器の一次側リード線にはケーブルまたは引き下げ用絶縁電線を使用しなければならないことになっているので，(ロ)が不適当であり，(イ)，(ハ)，(ニ)はいずれも適正である。

(5) 配電用変圧器の低圧側の接地

高圧配電線路と低圧配電線路を結合する変圧器の中性線に施す B 種接地工事は，単独接地工事または共同接地工事として，次のように施設しなければならない。

単独接地工事による場合は，変圧器の施設箇所ごとに行なっているが，土地の状況などで所定の接地抵抗値を得がたい場合は，変圧器の施設箇所から 200 m 以内に接地工事を施設し，5.26 kN 以上の引張強さまたは直径 4.0 mm 以上の硬銅線の架空接地線を使用して，電線路に準じた工事方法によって施設することができる。共同施設による場合は，5.26 kN 以上の引張強さまたは直径 4.0 mm の硬銅線を使用して架空共同地線を施設する。

架空共同地線は単独で施設すべきものであるが，低圧架空電線が同等以上の強さ及び太さを有するものであれば，これの接地側電線も兼用させることができる（電技解釈第 24 条参照）。

問題 6 高圧架空電線路の架空地線に用いる硬銅線の最小の太さは，電気設備の技術基準の解釈では。
(イ) 直径 3.2 mm　　(ロ) 直径 4.0 mm　　(ハ) 直径 5.0 mm　　(ニ) 断面積 22 mm²

解答 (ロ)

電技解釈第 24 条の規定によって，直径 4.0 mm 以上の硬銅線または 5.26 kN 以上の引張強さのものを用いなければならないことになっている。

問題 7 高圧架空配電線路の雷害対策に関係のないものは。
(イ) 進相用コンデンサ　　(ロ) 架空地線　　(ハ) 保護放電ギャップ　　(ニ) 避雷器

解答 (イ)

(ロ)，(ハ)，(ニ)は，いずれも雷対策として関係のあるもので，(イ)は進相用コンデンサ（または電力用コンデンサ）は，力率改善のためのもので，雷対策に無関係である。

(6) 架空電線の併架と共架

(1) 併架と共架の定義

架空電線路の支持物に他の電線路の電線を架線することを**併架**といい，同一の支持物に架空電線と架空弱電流電線とを架線することを**共架**という（図 8·2 参照）。

併架の場合には高低圧線の混触防止と,作業を安全,かつ容易に行なえることを重点に規定されている。ここで注意しなければならないことは,離隔距離50 cmというのは電線の支持点のみでなく,径間の中央においても確保しなければならない距離である。

次に,共架の場合には最近,道路に電柱を建てることにより,交通支障となることを排除し,また美観などからできる限り電柱を減らすことが要求され,架空電線路と架空弱電流電線を同一支持物に施設される機会が増加しているため,併架と共架についてはよく理解し覚えておかなければならない。

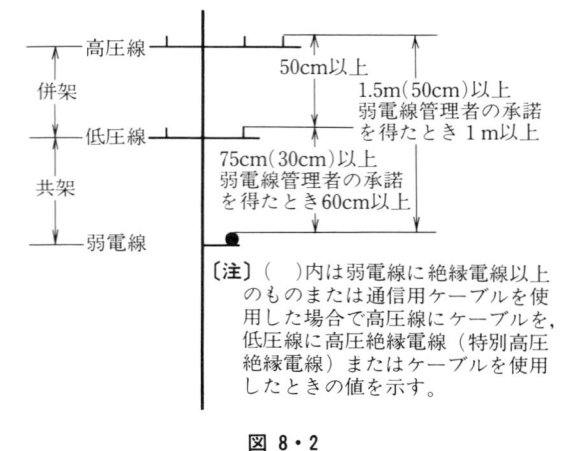

いずれの場合でも,電圧の高いほうの電線を上側に施設することになっている(電技解釈第72,第88条)。

図 8・2

問題 8

高低圧併架の架空電線路で高圧電線と低圧電線との離隔距離の最小値〔m〕は,電気設備の技術基準の解釈では。

(イ) 0.5　(ロ) 1.0　(ハ) 1.5　(ニ) 2.0

解答 (イ)

電技解釈第72条によって,50 cm以上としなければならない。

8・2　地中電線路

(1) ケーブルの種類

高圧用ケーブルは,CVケーブル(架橋ポリエチレン絶縁ビニル外装ケーブル),CVTケーブル(トリプレックス架橋ポリエチレン絶縁ビニル外装ケーブル),外装に機械的保護層をもつCDケーブルなどがある。

低圧用ケーブルはSVケーブル(引込用ビニル外装ケーブル),CVQケーブル(撚り合せ形架橋ポリエチレン絶縁ビニル外装ケーブル),CDケーブルなどがある(電技解釈第3条)。

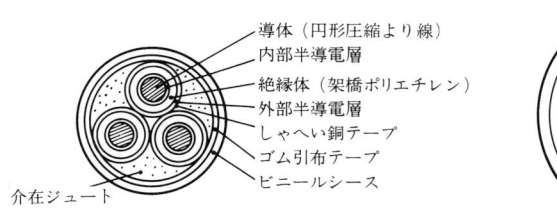

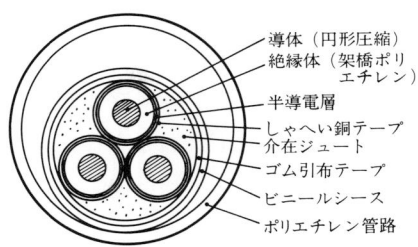

(a) 6.6kV CVケーブル

(b) 6.6kV CDケーブル

図 8・3 高圧用ケーブル

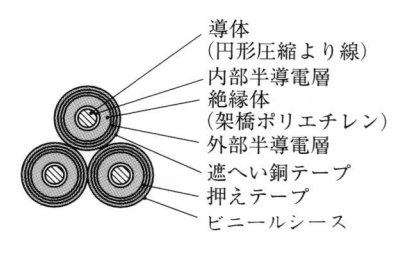

(c) 6.6kV CVTケーブル

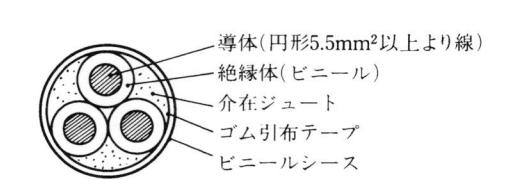

600V SV（丸型）

図 8・4 低圧用ケーブル

問題 9

6 600 V の架橋ポリエチレン絶縁ビニル外装 3 心ケーブルの各線心絶縁体の上に金属テープが巻いてある理由は。

解答 電位傾度を整えるために施す。

架橋ポリエチレン絶縁ビニル外装ケーブルは，絶縁体中の電位傾度を均一化し絶縁の劣化を防止するために銅テープを巻いてある。

問題 10

6 600 V CV ケーブルの架橋ポリエチレンの外側に巻かれる半導電性テープの目的として正しいのは。

(イ) 導体内部の電界の均一化
(ロ) 遮へい銅テープの腐食防止
(ハ) 絶縁体表面の電位傾度の均一化
(ニ) 絶縁体内への水の侵入防止

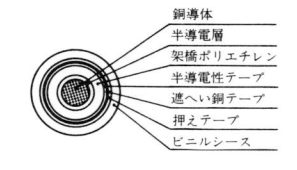

解答 (ハ)

半導電性テープを巻くことによって，遮へい銅テープの表面の凹凸をなくして電位傾度を均一にし，絶縁体（架橋ポリエチレン）表面の電位傾度の均一化をはかる。

(2) 地中電線路の施設方式

地中電線路は，電線にはケーブルを使用し，かつ，(1) 管路式 (2) 暗きょ式 (3) 直接埋設式のいずれかによらなければならない（電技解釈第 134 条）。

(1) 管路式

線路が輻輳する場合，3 列，4 列，5 列，2 段，3 段，4 段などの施設方法がとられ，このなかでは通信用あるいは予備管などを区別して使用する。

一般に，250 m 程度の間隔で点検及び接続用の人孔（マンホール）が設置されている。図 8・5 は管路式の一例である。

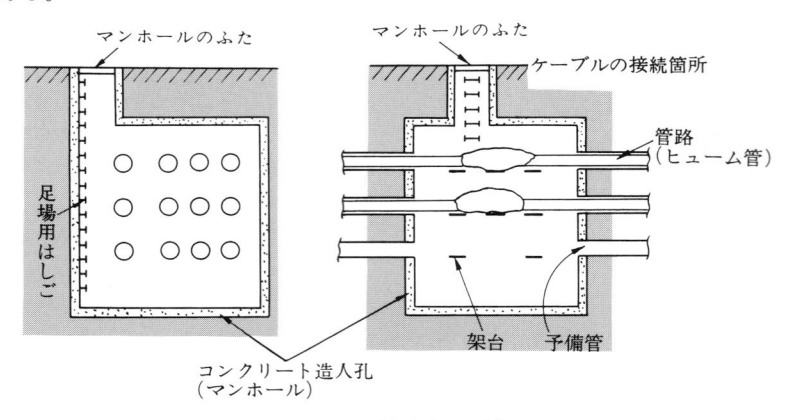

図 8・5 管路式の一例

(2) 暗きょ式（ふた掛け式U字構造のキャブも含む）

洞道あるいは共同溝として施設し，電力ケーブル及び電話，その他通信用ケーブル，ガス，水道，下水などの設備と共同使用される大規模のものもある。図 8・6 は暗きょ式の一例である。

管路式または暗きょ式による場合は，堅ろうで車両その他の重量物の圧力に耐えるものを使用しなければならないことになっている。

(3) 直接埋設式

直接埋設式は図 8・7 に示すように，車両その他の重量物の圧力を受けるおそれのある場所では 1.2 m 以上，その他の場所では 0.6 m 以上として，いずれもコンクリート製，その他の堅ろうな管またはトラフに収めて施設しなければならない。なお，高圧又は低圧の直接埋設式の例外を図 8・8 と 8・9 に示す。

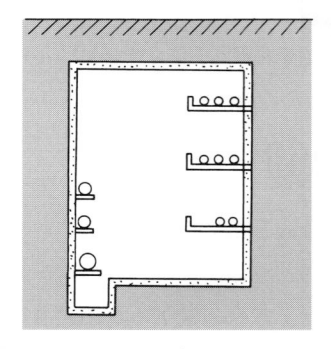

図 8・6 暗きょ式（洞道，共同溝の例）

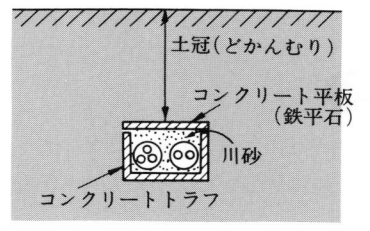

図 8・7 直接埋設式（直埋式）

図 8・8 高圧または低圧ケーブルで重量物の圧力を受けるおそれのない場合

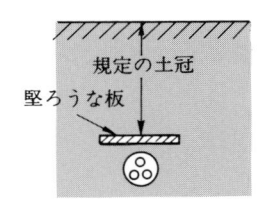

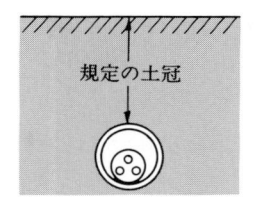

図 8・9 高圧又は低圧のCDケーブルの場合

> **問題 11** 車両その他の重量物の圧力を受けるおそれがある場所に，直接埋設式により，高圧地中電線路を施設する場合に，コンクリートトラフに収めないで施設できるケーブルは。
> (イ) CDケーブル　(ロ) M1ケーブル　(ハ) BNケーブル　(ニ) CFケーブル

解答 (イ)

電技解釈第134条第4項第二号によって，CDケーブルはコンクリートトラフに収めないで直接埋設ができる。この場合，土冠は1.2mである。

(3) ケーブル埋設標識シート

　高圧または特別高圧の地中電線路を管またはトラフに収めて施設する場合は，おおむね2mの間隔で，物件の名称，管理者名(需要場所に施設する場合は除く)，電圧を表示しなければならない。ただし，需要場所に施設する高圧地中電線路であって，15m以下のものは，この限りではない(電技解釈第134条6項)。

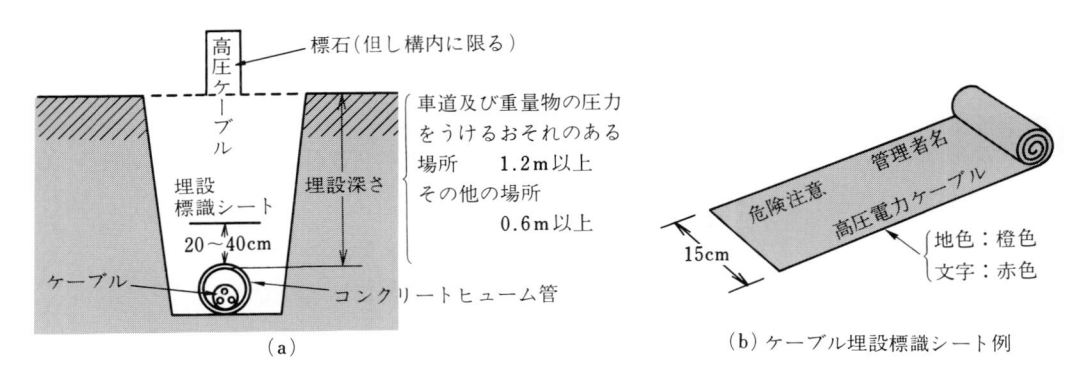

図 8・10 ケーブル埋設箇所の表示方法の例

問題 12

長さ30〔m〕の高圧地中電線路のケーブル埋設表示の施工にシートを使用する場合，その施工方法として正しいものは．

(イ) 埋設表示シートは定められた事項を5〔m〕間隔で表示する．
(ロ) 埋設表示シートは，地中電線路の下に施設する．
(ハ) 需要場所の場合は，埋設表示シートを省略できる．
(ニ) 埋設表示シートに表示する事項は，物件の名称，管理者名，電圧とする．

解答 (ニ)

(4) 地中電線の被覆金属体の接地

管，暗きょその他の地中電線を収める防護装置の金属製部分，金属製の電線接続箱及び地中電線の被覆に使用する金属体にはD種接地工事を施さなければならない（電技解釈第137条）．

一般には，接続箱内でケーブル被覆金属体と接続箱を接地線で接続しておき，接続箱から接地している．

8・3 責任分界点

電気事業者と需要家との財産分界点及び責任分界点を明確にするため，一般には引込口近くに開閉器を設置し，その開閉器の電源側端子までは電気事業者が，また負荷側は需要家の責任範囲となっている．責任分界点には区分開閉器及び地絡遮断装置（電路に地気を生じたとき自動的に電路を遮断する装置をいい，地絡継電装置付高圧交流負荷開閉器を含む．ただし，地絡による波及事故のおそれがない場合は，この限りではない）を取り付ける．

区分開閉器には，負荷電流を開閉することができる高圧交流負荷開閉器を使用しなければならない．高圧交流負荷開閉器は，気中開閉器，真空開閉器など不燃性絶縁物を使用したものでなければならない．

問題 13

架空引込みの自家用高圧受電設備に地絡継電装置付高圧交流負荷開閉器（G付PAS）を設置する場合の記述として誤っているものは．

(イ) 電気事業用の配電線への波及事故の防止に効果がある．
(ロ) この開閉器を設置する主な目的は，短絡事故電流の自動遮断である．
(ハ) 自家用の引込みケーブル等の電路に地気を生じたとき自動遮断する．
(ニ) 電気事業者との保安上の責任分界点またはこれに近い場所に施設する．

解答 (ロ)

地絡継電装置付高圧交流負荷開閉器には，負荷電流の開閉はできるが，短絡時の大電流を遮断する性能はなく，その主な目的は自家用電気設備の地絡事故が配電線側に波及するのを防止することにある。

8・4 引込線

電気事業者から電力の供給を受けるためには，引込線が必要となる。高圧引込線には，次の3種類がある。

① 架空引込線
② 地中引込線
③ 架空引込線と地中引込線併用

(1) 架空引込線

電線には，引張強度8.01 kN以上の高圧絶縁電線又は直径5 mm以上の硬銅線の高圧絶縁電線もしくは引下げ用高圧絶縁電線をがいし引により施設し，またはケーブルで施設しなければならない（電技解釈第99条）。

架空引込線とは，架空電線路の支持物から他の支持物を経ないで需要場所の取付点に至る架空部分の電線のことである。架空引込線には高圧絶縁電線を使用するが，架空ケーブルを使用する場合もある。

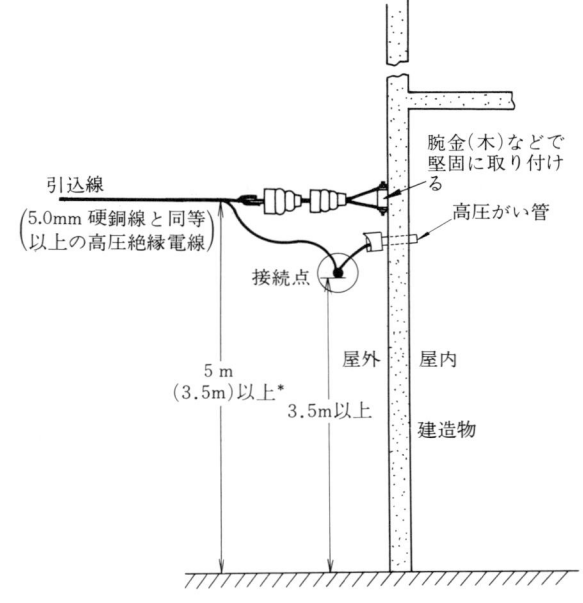

図 8・11 高圧架空引込（建物直接引込）線の一例

表 8・2 高圧架空引込線の高さ及び離隔距離

施設場所		高さ	
道路横断		地表上6 m以上	
道路以外の地上		地表上5 m以上	
横断歩道橋		路面上3.5 m以上	
鉄道・軌道		軌条面上5.5 m以上	
		絶縁電線の場合	ケーブルの場合
上部造営材	上方	2 m以上	1 m以上
	測方下方	1.2 m以上（電線に人が容易に触れるおそれがない場合は，0.8 m以上）	0.4 m以上
その他の造営材		1.2 m以上（電線に人が容易に触れるおそれがない場合は，0.8 m以上）	0.4 m以上

※電技解釈第68・76条を参照

① 高圧架空引込線の高さは，図8・11及び表8・2のとおりである。
② 高圧架空引込線が，屋側取付点から屋側部分を経ないで直接引込口に至る場合は，図8・12及び表8・3による。

図 8・12

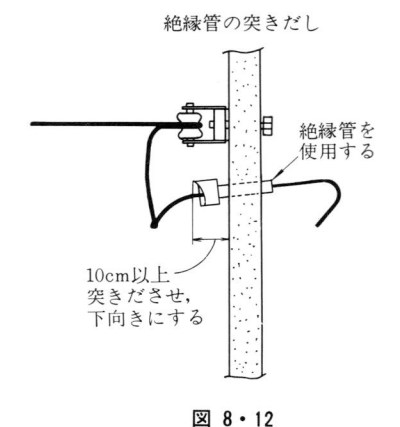

表 8・3

高圧架空引込線の屋側取付点から直接引込口に配線する場合（内線規程 703-3-6）	
使用電線	高圧絶縁電線，特別高圧絶縁電線または引下げ用高圧絶縁電線
電線相互間隔	8 cm
電線と造営材との離隔	5 cm
電線が造営材を貫通するとき	図 7・9
引込線高さ	3.5 m 以上

③ 高圧架空引込線の屋側取付口から屋側引込口に至る屋側部分は，ケーブル工事により施工する。
④ 高圧架空引込線を架空ケーブルにより施設するときは，図8・13及び表8・4による。
⑤ 工事上やむを得ない場所でさくなどを設けるなど，人の触れるおそれがないように施設したときは，引込線の高さを3.5mまで緩和できる。この場合，引込線がケーブル以外のものであるときは，その下方に危険である旨の表示をしなければならない。

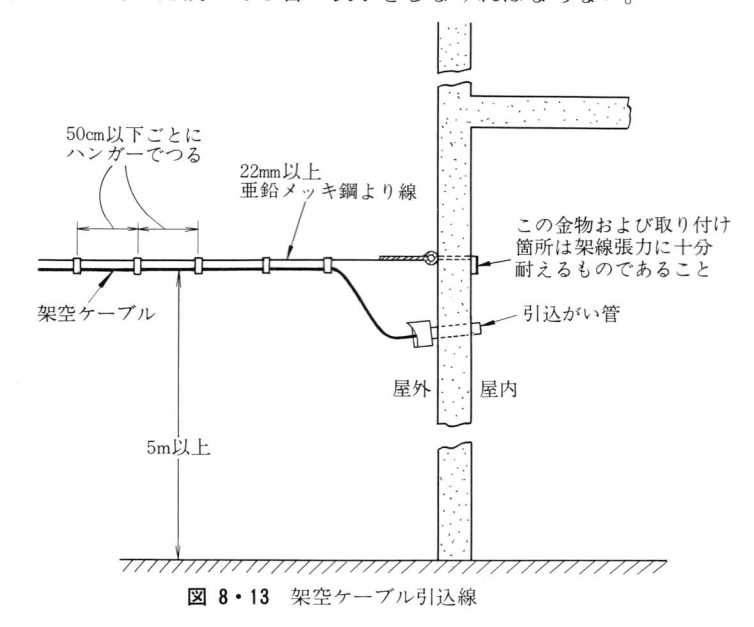

図 8・13 架空ケーブル引込線

表 8・4

高圧架空ケーブル引込線	
電線の種類	高圧ビニル外装ケーブル，高圧用ポリエチレン外装ケーブル，高圧用クロロプレン外装ケーブル，半導電性外装ちょう架用高圧ケーブル
電線の太さ	8 mm² 以上
種別 ハンガー形 ダルマ形 バインド形 (1) (2)	ハンガー形 ダルマ形 バインド形(1) バインド形(2)

問題 14

高圧引込用電線として，使用できないものは。

(イ) OW　(ロ) PDC　(ハ) OE　(ニ) OC

解答 (イ)

OW 線（屋外用ビニル絶縁電線）は低圧用電線である。

(2) 地中引込線

地中引込線の例は，図 8・14 のとおりである。

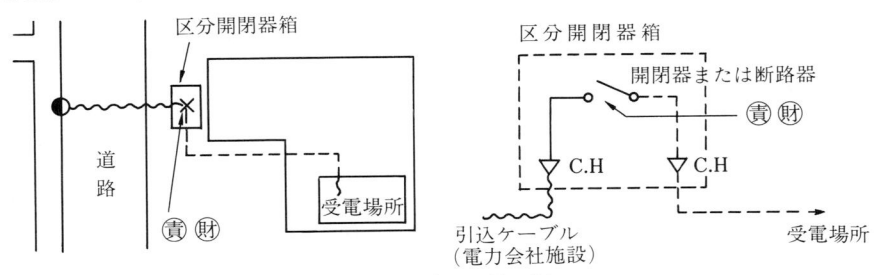

図 8・14 地中引込線の例

(3) 架空引込線と地中引込線の併用

一般的に,地中引込線は市街地に,架空引込線は市街地外に多く用いられるが,近年,市街地外においては,架空引込線と地中引込線の併用が多く用いられるようになった。

ケーブルの引下げ,立上がり部分は,損傷のおそれがない位置に設置し,堅ろうな管などで防護すること(防護の範囲は地表上2m以上,地表下20cm以上が望ましい)。

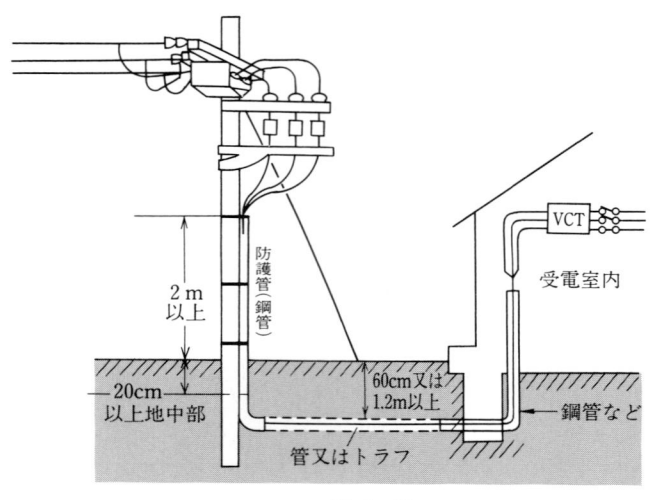

図 8・15

(4) ケーブルの終端処理

(1) ケーブルの終端部施工に当たっての留意事項

① 屋外の終端部及び三さ管部分より雨水がケーブル内部に侵入しないようにすること,特に端子はケーブル導体が貫通しない構造のものを用い,ケーブル導体と端子との間には,確実に防水処理をすること。

② 三さ管には無理な力が加わらないようにケーブルを支持すること。

③ 半導電性テープの除去は入念に施工すること。

④ ストレスコーンは正確な寸法で正しく取り付けること。

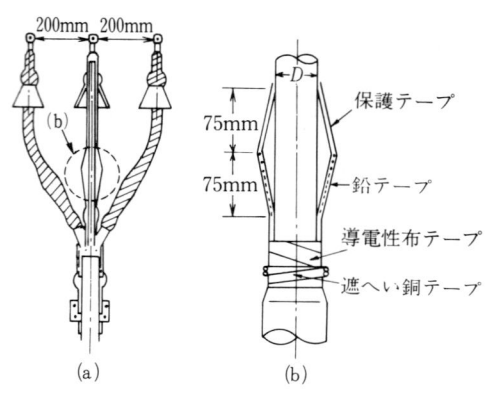

図 8・16 ストレスコーン

問題 15
ストレスコーンの主な目的は。
(イ) 絶縁強度の低下の防止。　(ロ) 体制を整える。　(ハ) 機械的強度の増加。
(ニ) 雨水の侵入の防止。

解答 (イ)

遮へい銅テープの末端に電気力線が集中し絶縁破壊を起こしやすくなることを防止する目的で施工する。

(2) ケーブルのシールド接地線処理方法

ケーブルの地絡事故があると，地絡電流は心線，遮へい銅テープ及びシールド接地線に流れるから，ZCTの設置場所とシールド接地線の処理方法によって地絡継電器の動作に影響することとなる。

問題 16
高圧ケーブルの遮へい層の接地工事で正しい方法は。
(イ)　(ロ)　(ハ)　(ニ)

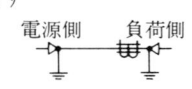

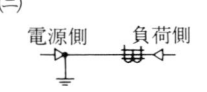

解答 (ロ)

(イ) 地絡電流 I_g は相殺され，ZCT で地絡電流を検出できない（図(a)）。
(ロ) 接地線が ZCT を貫通しているため，ZCT で地絡電流 I_g を検出することができる（図(b)）。
(ハ) 地絡電流 I_g が両端の接地への分流（I_g' および I_g''）するため ZCT で I_g' を検出したとしても，継電器入力が減少し，GR が不動作となることがある（図(c)）。
(ニ) 地絡電流 I_g は ZCT と鎖交しないため，GR は動作しない（図(d)）。
よって(ロ)が正しい。

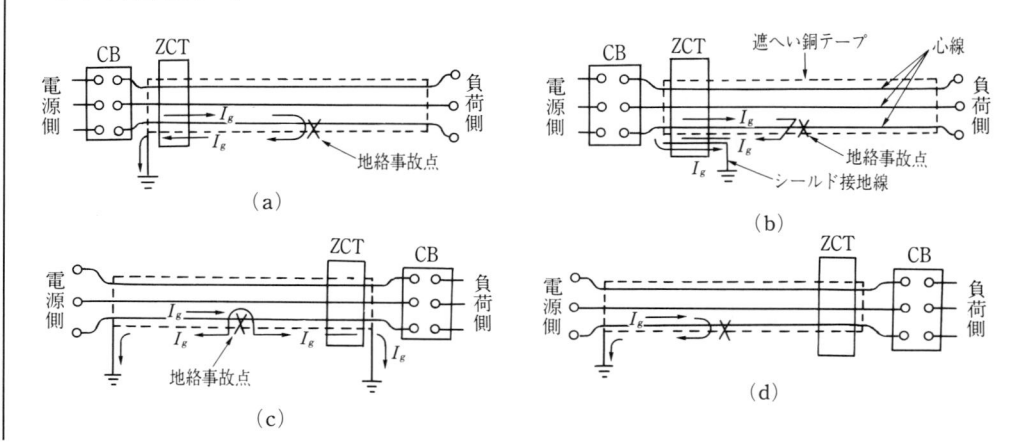

8・5 高圧屋側電線路

高圧の場合は，ケーブルを使用しなければならないが，ケーブルを屋側に施設するには，1構内だけに施設する部分の全部または一部として施設する場合，および構内専用の電路中，その構内に施設する部分の全部または一部として施設する場合である（電技解釈第92条）。

① 人の触れるおそれのある場合は，堅ろうな管またはトラフに収めて施設する。

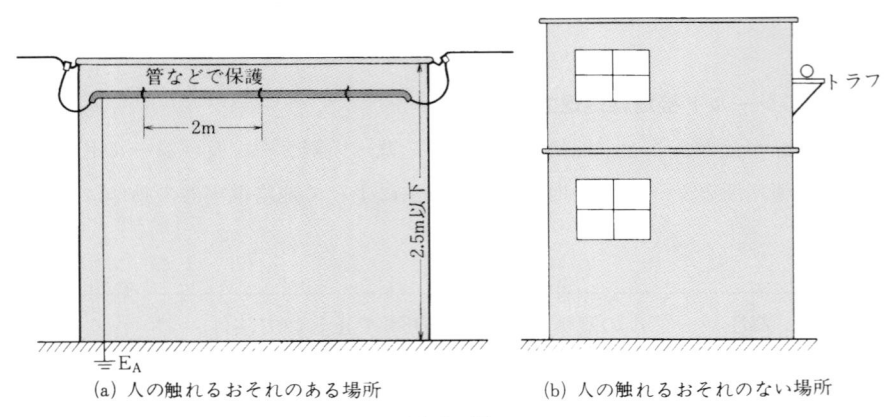

図 8・17

(a) 人の触れるおそれのある場所
(b) 人の触れるおそれのない場所

② 造営材の側面や下面に施設する場合は，ケーブルの支持点間隔は2m（垂直に取り付ける場合は6m）以下とする。
③ 管やケーブルを収める防護装置の金属部，金属製のケーブル接続箱，ケーブルの被覆などに使用する金属部分には，A種接地工事を施す。ただし，人の触れるおそれのない場所には，D種接地工事でよい。
④ メタルラス張りなどの木造造営物に施設するケーブル工事の管やケーブルを収める防護装置の金属部分などは，メタルラス等と電気的に接続しないこと。

問題 17 高圧屋側電線路を展開した場所において，人が触れるおそれがないように，施設する場合，誤っているものは。
(イ) 電線として，高圧架橋ポリエチレン外装ケーブルを使用した。
(ロ) ケーブルを堅ろうな金属管に収めて施設し，金属管にはD種接地工事を施した。
(ハ) ケーブルを造営材の側面に垂直に取り付けた場所では，支持点間の距離を4〔m〕とした。
(ニ) ケーブルを造営材の下面に沿って取り付けた場所は，支持点間の距離を2.5〔m〕とした。

解答 (ニ)

8・6　高圧屋内配線

〔1〕　高圧屋内配線の施設方法

次のいずれかによって施設しなければならない（電技解釈第202条）。
① がいし引き工事（乾燥した展開場所に限る）
② ケーブル工事

〔2〕　がいし引き工事（電技解釈第202条第1項第二号）

がいし引き工事は人の触れるおそれのない場所で，使用電線は直径2.6 mm以上の高圧絶縁電線，引下げ用高圧絶縁電線などで，電線と造営材との離隔距離は5 cm以上，電線相互の間隔は8 cm以上とし，電線の支持点間の距離は，造営材の上面または側面に沿って取り付ける場合は2 m以下，その他の場合は6 m以下としなければならない。ただし，電気室の高圧母線には，裸導体を使用することができる。この場合，電線相互間隔及び他物との離隔は15 cm以上とすること。

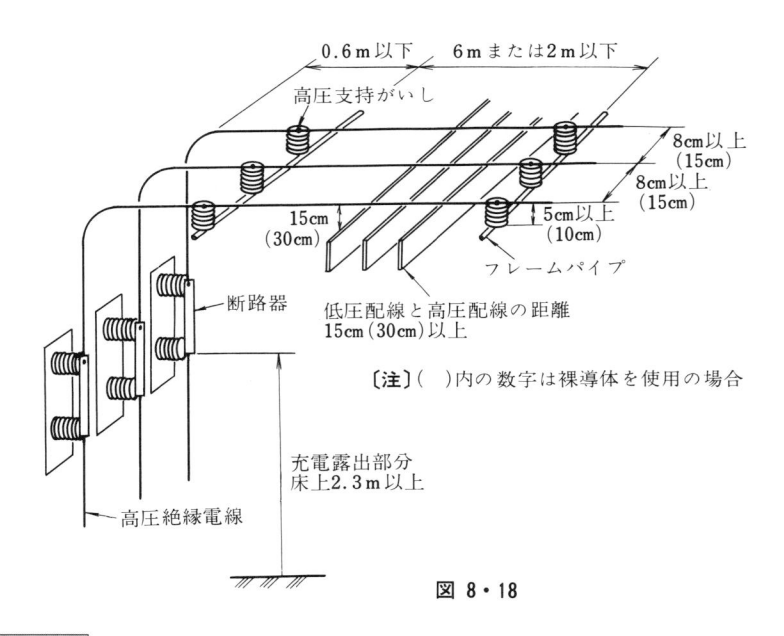

図8・18

問題18　高圧屋内配線をがいし引き工事によって施設するとき使用電線は，直径　(1)　mmの軟銅線と同等以上の強さ及び太さの高圧絶縁電線を使用し，支持点間の距離は　(2)　m以下（電線を造営材の面に沿って取り付けるときは　(3)　m以下）電線相互の距離は　(4)　cm以上，電線と造営材との離隔距離は　(5)　cm以上とする。

解答 (1) 2.6 (2) 6 (3) 2 (4) 8 (5) 5

問題19 電気設備の技術基準の解釈では高圧屋内配線は，がいし引き工事，または ⎣ (1) ⎦ 工事のいずれかによって施設することになっているが，がいし引き工事の場合，使用する電線は ⎣ (2) ⎦ 電線，⎣ (3) ⎦ 電線または特別高圧絶縁電線でなければならない。

解答 (1) ケーブル (2) 高圧絶縁 (3) 引下げ用高圧絶縁

(3) ケーブル工事（電技解釈第202条第1項第三号参照）

(1) ケーブル工事に使用するケーブルの種類は，鉛被ケーブル，アルミ被ケーブル，クロロプレン外装ケーブル，ビニル外装ケーブル，ポリエチレン外装ケーブル，CDケーブルなどがあり，いずれも高圧用のものを使用しなければならない。

配線方法としては次の通りである。
① 金属管に収めて配線する。
② ケーブルラックを取り付けて，その上に直接ケーブルを敷設する（図8・19参照）。
③ ピットやダクト内に収めて配線する（図8・20, 図8・21参照）。

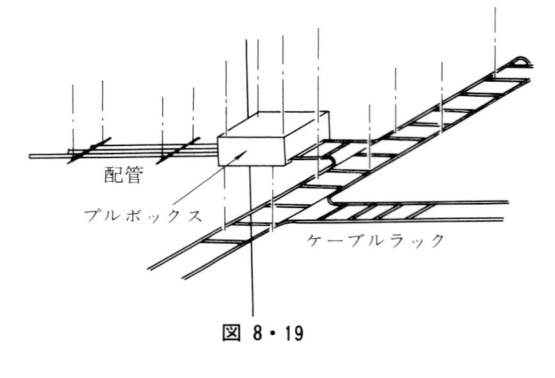

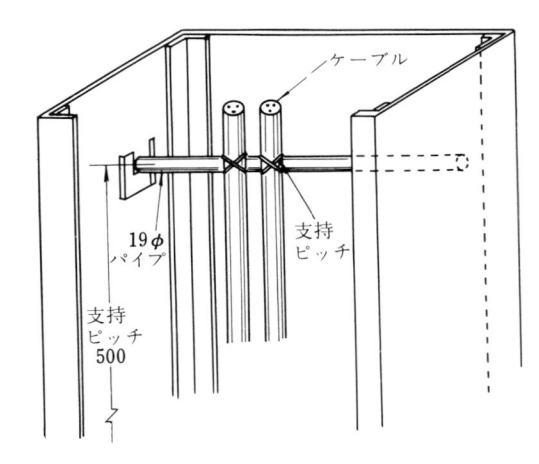

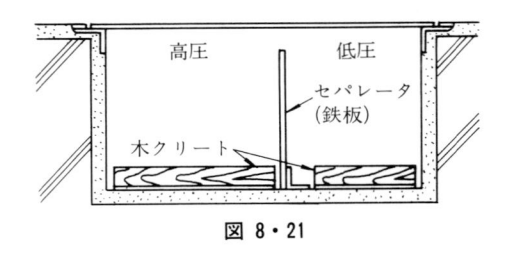

図 8・19

図 8・20

図 8・21

(2) ケーブルの接地，ケーブルを防護するための金属管，金属製の接続箱及びケーブルの金属被覆には，A種接地工事を施さなければならないが，人が触れるおそれがない場所はD種接地工事によることができる（図8・22及び図8・23参照）。

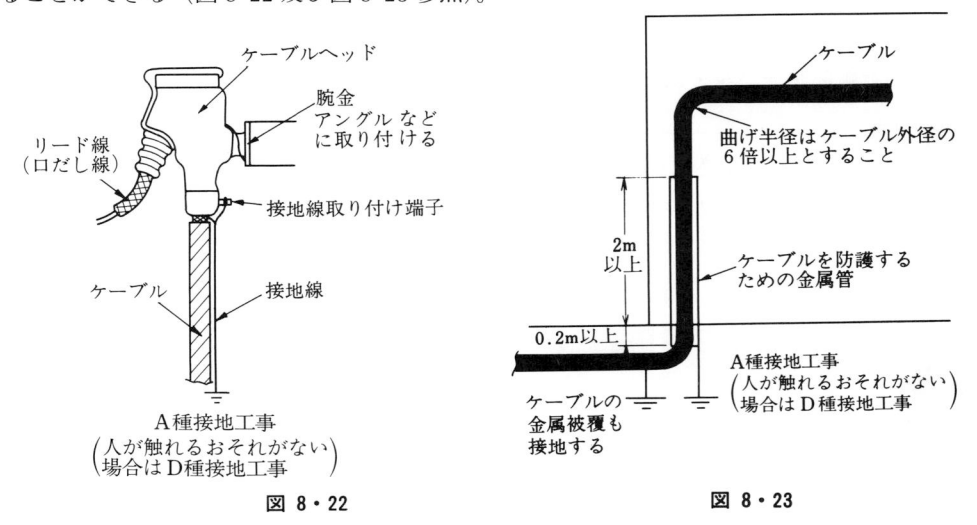

図 8・22

図 8・23

問題 20 ケーブル工事による低圧屋内配線を造営材の下面または側面に沿って取り付ける場合，ケーブルの支持点間の距離の最大値〔m〕は電気設備の技術基準の解釈では。
(イ) 1.0　(ロ) 2.0　(ハ) 3.0　(ニ) 5.0

解答 (ロ)

電技解釈第187条により2m以下，なお，高圧配線にもこれが適用される。

問題 21 高圧屋内配線で乾燥した場所で展開した場所において施工できる工事の種類は。
(イ) バスダクト工事　(ロ) 金属管工事　(ハ) 合成樹脂管工事
(ニ) がいし引き工事

解答 (ニ)

電技解釈第202条第1項により，正解は(ニ)。

〔4〕 配線と他の配線または金属体との離隔（電技解釈第202条第2項）

高圧配線が他の高圧配線，低圧配線，管灯回路の配線，弱電流電線，金属製水管，ガス管などの離隔距離は次のように定められている。

① がいし引き配線では 15 cm 以上（低圧配線が，がいし引き工事で裸電線使用のときは 30 cm）
② ケーブル配線では 15 cm 以上であるが，ケーブルとこれらのものとの間に耐火性のある堅ろうな隔壁を設けて（またはケーブルを耐火性の堅ろうな管に収めて）施設するとき及び高圧屋内配線にケーブルを使用しているときは距離の制限がない。

問題 22　がいし引き工事により施設する高圧屋内配線と，他のがいし引き工事により施設する高圧屋内配線とが並行する場合，相互の離隔距離の最小値〔cm〕は電気施設の技術基準の解釈では。

　　(イ) 10　　(ロ) 15　　(ハ) 30　　(ニ) 50

解答　(ロ)

　　電技解釈第 202 条第 2 項によって，相互の離隔距離は 15 cm 以上とすることになっている。

問題 23　がいし引き工事により施設する高圧屋内配線と弱電流電線とが交差する場合，電線相互の離隔距離の最小値〔cm〕は電気設備の技術基準の解釈では。

　　(イ) 7.5　　(ロ) 10　　(ハ) 15　　(ニ) 20

解答　(ハ)

　　電技解釈第 202 条による。

問題 24　一般に，屋内に施設することのできる高圧の移動電線の種類は電気設備の技術基準の解釈では。

解答　高圧の 3 種クロロプレンキャブタイヤケーブルまたは 3 種クロロスルホン化ポリエチレンキャブタイヤケーブル

　　電技解釈第 203 条により上記のキャブタイヤケーブルを使用しなければならないと定められている。高圧の移動電線であることを忘れないようにする。

問題 25　図は，市街地にある 6 600 V の高圧架空電線路から地中ケーブルにより自家用需要家の受電室に引き込む場合の見取図である。この図のうち①から⑩に示す部分について，下欄の問に対する答えを電気設備の技術基準の解釈及び内線規程に基づいて解答欄に記入せよ。ただし，①から⑤は数値を記入，⑥から⑩はいずれかに○印をつけること。

8・6 高圧屋内配線

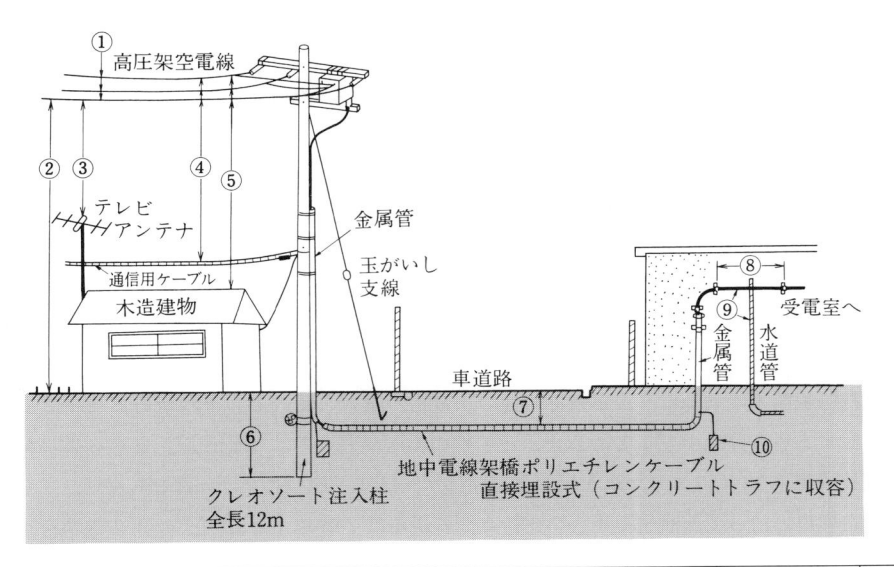

	問	答
1	高圧架空電線に硬銅線を使用する場合,電線の最小の太さは。	mm
2	高圧架空電線の地表上の高さの最低は。	m
3	高圧架空電線とテレビアンテナとの離隔距離の最低は。	m
4	高圧架空電線と通信ケーブルとの離隔距離の最低は。	m
5	高圧架空電線と屋根の離隔距離の最低は。	m
6	木柱の根入れは1.5mでよいか。	良 否
7	高圧ケーブルの埋設の深さは1.0mでよいか。	良 否
8	高圧ケーブルの支持点間の距離は2.0mでよいか。	良 否
9	高圧ケーブルと水道管交差の場合,両設備の離隔距離は15cmでよいか。	良 否
10	この接地工事はD種接地工事でよいか。	良 否

解答 1 5mm 2 5m 3 0.8m 4 1.5m 5 2m 6 否 7 否 8 良 9 良 10 否

1 電技解釈第66条第3項により,市街地に施設する高圧架空電線を,硬銅線で行なう場合は,5mm以上の太さのものを使用することになっている。

2 電技解釈第68条により,道路横断の場合は,地表上6m以上,または,軌道横断の場合は軌条面上5.5m以上,横断歩道橋上では路面上3.5m以上。

3 電技解釈第79条により,高圧架空電線とアンテナの離隔距離は原則として0.8m以上,ケーブルの場合は0.4m以上。

4 同一支持物に高圧架空電線と架空弱電流電線が施設されているから,電技解釈第88条により原

則として1.5m以上，架空弱電流電線が絶縁電線と同等以上の絶縁効果があるものは通信用ケーブルであって，高圧架空電線がケーブルのときは，0.5mまで減じてもよいことになっている。

5 電技解釈第76条により，高圧架空電線と屋根，すなわち，上部造営材の上方においては離隔距離は最低2m，電線がケーブルである場合は1mとなっている。

6 電技解釈第58条により，木柱の根入れは一般に，次のように定められている。
① 全長が15m以下の場合は全長1/6以上。
② 全長が15mを超える場合は，2.5m以上。
　したがって，この場合は全長12mの木柱であるから根入れは12×1/6＝2で2m以上とする必要がある。

7 電技解釈第134条により，車両その他の重量物の圧力を受けるおそれがある場所に直接埋設式で施設する場合は，土冠1.2m以上，その他の場所においては0.6m以上とする必要がある。

8 電技解釈第92条により，高圧屋側電線路はケーブルで施設しなければならない。さらにケーブルを造営材に沿って施設する場合の支持点間の距離は2m以下とし，かつ，その被覆を損傷しないように取り付けること。

9 電技解釈第92条第3項により，高圧屋側電線路の電線と，その高圧屋側電線路を施設する造営物に施設する水管とが接近し，または交差する場合は15cm以上離隔しなければならない。

10 電技解釈第92条第2項第五号によって，管，その他のケーブルを収める防護装置の金属部分，金属製の電線接続箱，ケーブルの被覆に使用する金属体には，A種接地工事を施すことになっている。ただし，人が触れるおそれがないように施設する場合は，D種接地工事でよいとされている。なお，人が触れるおそれがないときは，屋外では高さを例にとれば，地表上2.5m以上の高さをいうことになっているので，この問題の場合は，人が触れるおそれがあると解釈する。

8・7　低圧屋内配線

（1）低圧屋内配線の施設場所と工事の種類（電技解釈第174条）

表8・5　施設場所と配線方法（300V以下）

配線方法	施設の可否							屋側屋外	
	屋内								
	露出場所		いんぺい場所						
			点検できる		点検できない			
	乾燥した場所	湿気の多い場所又は水気のある場所	乾燥した場所	湿気の多い場所又は水気のある場所	乾燥した場所	湿気の多い場所又は水気のある場所	雨線内	雨線外
がいし引き配線	○	○	○	○	×	×	ⓐ	ⓐ
金属管配線	○	○	○	○	○	○	○	○

8・7 低圧屋内配線

配線方式										
合成樹脂管配線	合成樹脂管（CD管を除く）		○	○	○	○	○	○	○	○
	CD管		ⓑ	ⓑ	ⓑ	ⓑ	ⓑ	ⓑ	ⓑ	ⓑ
金属製可とう電線管配線	一種金属製可とう電線管		○	×	○	×	×	×	×	×
	二種金属製可とう電線管		○	○	○	○	○	○	○	○
金属線ぴ配線			○	×	○	×	×	×	×	×
合成樹脂線ぴ配線			○	×	○	×	×	×	×	×
フロアダクト配線			×	×	×	×	ⓒ	×	×	×
セルラダクト配線			×	×	○	×	ⓒ	×	×	×
金属ダクト配線			○	×	○	×	×	×	×	×
ライティングダクト配線			○	×	○	×	×	×	×	×
バスダクト配線			○	×	○	×	×	×	ⓓ	ⓓ
平形保護層配線			×	×	○	×	×	×	×	×
キャプタイヤケーブル配線	二種	ビニルキャプタイヤケーブル	○	○	○	○	×	×	ⓐ	ⓐ
		クロロプレンキャプタイヤケーブル	○	○	○	○	×	×	ⓐ	ⓐ
		クロロスルホン化ポリエチレンキャプタイヤケーブル	○	○	○	○	×	×	ⓐ	ⓐ
		ゴムキャプタイヤケーブル	○	○	○	○	×	×	×	×
	三種四種	クロロプレンキャプタイヤケーブル	○	○	○	○	○	○	○	○
		クロロスルホン化ポリエチレンキャプタイヤケーブル	○	○	○	○	○	○	○	○
		ゴムキャプタイヤケーブル	○	○	○	○	○	○	×	×
キャプタイヤケーブル以外のケーブル配線			○	○	○	○	○	○	○	○

〔備考〕記号の意味は，次のとおりである．
(1) ○は，施設できる．
(2) ×は，施設できない．
(3) ⓐは，露出場所及び点検できるいんぺい場所に限り，施設することができる．
(4) ⓑは，直接コンクリートに埋め込んで施設する場合を除き，専用の不燃性又は自消性のある難燃性の管又はダクトに収めた場合に限り，施設することができる．
(5) ⓒは，コンクリートなどの床内に限る．
(6) ⓓは，屋外ようのダクトを使用する場合に限り，(点検できないいんぺい場所を除く)施設することができる．

問題 26

使用電圧 100〔V〕の低圧屋内配線の施設場所における工事の方法で誤っているものは。

(イ) 乾燥した点検できない隠ぺい場所に金属線ぴ工事を行なった。
(ロ) 水気のある展開した場所にビニルキャプタイヤケーブル工事を行なった。
(ハ) 湿気の多い点検できない隠ぺい場所に合成樹脂管（CD 管を除く）工事を行なった。
(ニ) 水気のある点検できない隠ぺい場所に金属管工事を行なった。

解答 (イ)

電技解釈第 174 条による。

問題 27

電気設備の技術基準の解釈において，使用電圧 300〔V〕以下の屋内配線で平形保護層工事が施設できる場所は。

(イ) 乾燥した点検できる隠ぺい場所。
(ロ) 湿気の多い点検できない隠ぺい場所。
(ハ) 乾燥した露出場所。
(ニ) 湿気の多い点検できる隠ぺい場所。

解答 (イ)

電技解釈第 174 条による。

(2) 金属管工事（電技解釈第 178 条）

(1) 電線

① 絶縁電線（OW 線を除く）であること。
② より線であること。ただし，短小な金属管に収めるものまたは直径 3.2 mm 以下（アルミ線にあっては，4 mm）のものは除く。
③ 金属管内では，電線に接続点を設けないこと。

(2) 接地工事

① 使用電圧が 300 V 以下の場合は，管には，D 種接地工事を施すこと。ただし，次のいずれかに該当する場合は除く。

　イ　管の長さが 4 m 以下のものを乾燥した場所に施設する場合。
　ロ　使用電圧が 300 V または交流対地電圧 150 V 以下の場合において，その電線を収める管

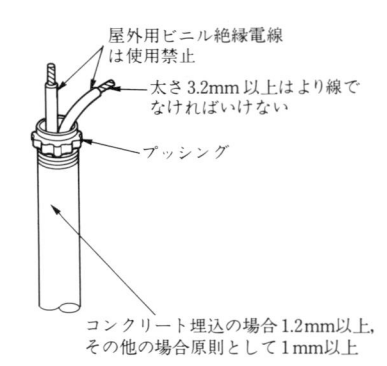

図 8・24

屋外用ビニル絶縁電線は使用禁止
太さ 3.2mm 以上はより線でなければいけない
ブッシング
コンクリート埋込の場合 1.2mm 以上，その他の場合原則として 1mm 以上

の長さが8m以下のものを人が容易に触れるおそれがないように施設するとき又は乾燥した場所に施設するとき。

② 使用電圧が300Vをこえる場合は，管には，C種接地工事を施すこと。ただし，人が触れるおそれがないように施設する場合は，D種接地工事によることができる（電技解釈第178条）。

問題 28 金属管工事に使用できない絶縁電線の種類は。

ただし，電線の導体はより線とする。

(イ) 屋外用ビニル絶縁電線（OW）
(ロ) 600Vビニル絶縁電線（IV）
(ハ) 引込用ビニル絶縁電線（DV）
(ニ) 600V 2種ビニル絶縁電線（HIV）

解答 (イ)

電技解釈第178条による。

問題 29 電気工事に使用する工具などに関する記述として誤っているものは。

(イ) パイプベンダで金属管の曲げ加工を行なった。
(ロ) ホルソで金属管の切断加工を行なった。
(ハ) ノックアウトパンチャで金属性ボックスの穴あけ加工を行なった。
(ニ) 光束カッタで鋼材の切断加工を行なった。

解答 (ロ)

ホルソ（ホールソー）はドリル等の先端に取り付け，壁，木部などの穴あけ用の工具として使用されている。(ロ)は誤りである。

金属管の切断加工には，一般的に金切鋸，パイプカッターなどが使用される。

〔3〕 可とう電線管工事（電技解釈第180条）

(1) 電線

① 絶縁電線（OWを除く）であること。
② より線であること。ただし，直径3.2mm（アルミ線にあっては，4mm）以下のものは除く。
③ 可とう電線管内では，電線に接続点を設けない。

(2) 可とう電線管

二種金属線可とう電線管であること。ただし，展開した場所または点検できる隠ぺい場所であって，乾燥した場所において使用するもの（屋内配線の使用電圧が300Vをこえる場合は，電動機

に接続する部分で可とう性を必要とする部分に使用するものに限る。）は除く。
(3) 接地工事
① 使用電圧が300 V以下の場合は，可とう電線管には，D種接地工事を施すこと。ただし，管の長さが4 m以下のものを施設する場合は省略できる。
② 使用電圧が300 Vをこえる場合は，可とう電線管には，C種接地工事を施すこと。ただし，人が触れるおそれがないように施設する場合は，D種接地工事によることができる（電技解釈第180条）。

問題 30　可とう電線管に関する記述として誤っているものは。
(イ) 一種金属製可とう電線管は，二種金属製可とう電線管より防湿性に優れている。
(ロ) 金属性可とう電線管は，電気用品取締法の適用を受ける。
(ハ) 二種金属性可とう電線管は，点検できるいんぺい場所の工事に使用することができる。
(ニ) 二種金属性可とう電線管は，使用電圧が300〔V〕を超える低圧の工事に使用できる。

解答　(イ)
・一種金属性可とう電線管：帯状の鉄板をらせん状に巻いて制作したもの。
・二種金属性可とう電線管：テープ状の金属片とファイバーを組み合わせ，これを緊密に製作して耐水性をもたせてある。

〔4〕 金属ダクト工事（電技解釈第181条）

(1) 電線
① 絶縁電線（OW線を除く）であること。
② 金属ダクトに収める電線の断面積（絶縁被覆の断面積を含む）の総和は，ダクトの内部断面積の20％（制御回路等の配線のみを収める場合は50％）以下であること。
③ 金属ダクト内では，電線に接続点を設けないこと。ただし，電線を分岐する場合においては，その接続点が容易に点検できるときは除く。

(2) 金属ダクトの構造
幅が5 cmを超え，かつ，厚さが1.2 mm以上の鉄板またはこれと同等以上の強さを有する金属製のもの。

(3) 金属ダクトの施設
① ダクトの支持点間の距離を3 m（取扱者以外の者が出入りできないように設備した場所において，垂直に取り付ける場合は，6 m）以下とし，かつ，堅ろうに取り付けること。

② ダクトの終端部は閉そくすること。
③ ダクトの内部にじんあいが侵入し難いようにすること。

(4) 接地工事
① 使用電圧が 300 V 以下の場合は，ダクトには，D 種接地工事を施すこと。
② 使用電圧が 300 V を超える場合は，ダクトには，C 種接地工事を施すこと。ただし，人が触れるおそれがないように施設する場合は，D 種接地工事によることができる（電技解釈第 181 条）。

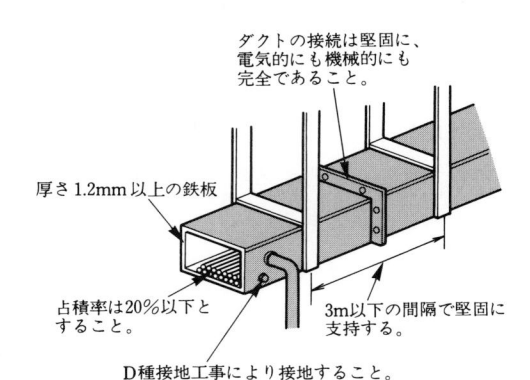

図 8・25 金属ダクトの施設法

問題 31
低圧屋内配線の金属ダクト工事に関する記述として誤っているものは。
(イ) 金属ダクト内の容易に点検できる箇所に電線を分岐する接続点を取り付けた。
(ロ) 厚さが 2 [mm] の鉄板で製作した幅が 10 [m] の金属ダクトを使用した。
(ハ) 乾燥した点検できるいんぺい場所に施設した。
(ニ) 電線に屋外用ビニル絶縁電線を使用した。

解答 (ニ)

問題 32
金属ダクト工事で，低圧屋内配線と弱電流電線との間に堅ろうな壁を設けて施設するときのダクトの接地工事は。
(イ) A 種接地工事　(ロ) B 種接地工事　(ハ) C 種接地工事　(ニ) D 種接地工事

解答 (ハ)

電技解釈第 189 条第 3 項第二号によると，「低圧屋内配線を金属ダクト工事，フロアダクト工事又はセラダクト工事により施設する場合において，ダクト又はボックスの中に電線と弱電流電線を収めて施設するときには，電線と弱電流電線との間に堅ろうな隔壁を設け，かつ C 種接地工事を施す」となっている。

(5) ライティングダクト工事（電技解釈第 185 条）

照明器具や電気機器をどこからでも分岐できるようにするため，絶縁物によって支持された導体を金属製又は，合成樹脂製のダクトに収め，プラグ又はアダプタの受け口を全長にわたり設けたものである。

(1) ライティングダクトの施設

① 支持点間の距離は，2 m 以下とする。
② 終端部は，閉そくすること。
③ 開口部は，下に向けて施設すること。ただし，次のいずれかに該当する場合に限り，横に向けて施設することができる。
　○ 人が容易に触れるおそれがない場所において，ダクトの内部にじんあいが侵入し難いように施設する場合。
　○ JIS 規格に適合するライティングダクトを使用する場合。
④ ダクトは，造営材を貫通して施設しないこと。

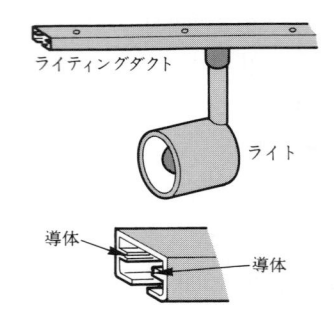

図 8・26 ライティングダクトの施工例

(2) 接地工事

ダクトには，合成樹脂その他の絶縁物で金属製部分を被覆したダクトを使用する場合を除き，D 種接地工事を施すこと。ただし，対地電圧が 150 V 以下で，かつ，ダクトの長さ（2 本以上のダクトを接続して使用する場合は，その全長をいう）が 4 m 以下の場合は，この限りではない。

(3) 漏電遮断器の施設

ダクトを人が容易に触れるおそれのある場所に施設するときは，電路に地気を生じたときに自動的に電路を遮断する装置を施設すること。

問題 33

人が容易に触れるおそれがある場所に，施設するライティングダクト工事に関する記述として誤っているものは。

(イ) ダクトは 2 [m] 以下の間隔で堅固に固定した。
(ロ) 乾燥した場所なので漏電遮断器の施設を省略した。
(ハ) ダクトの開口部は下向きに施設した。
(ニ) ダクトの長さが 4 [m] 以下であり，電路の対地電圧が 150 [V] 以下なので，D 種接地工事を省略した。

解答 (ロ)

電技解釈第 185 条第 1 項第八号により，人が容易に触れるおそれがある場所は，自動的に電路を遮断する装置が必要である。

(6) バスダクト工事（電技解釈第 182 条）

(1) バスダクトの施設

① ダクトを造営材に取り付ける場合は，ダクトの支持点間の距離を 3 m（取扱者以外の者が出

入りできないように設備した場所において，垂直に取り付ける場合は6m)以下とすること。
② ダクト（換気型のものを除く）の終端部は，閉そくすること。
③ ダクト（換気型のものを除く）の内部にじんあいが侵入し難いようにすること。

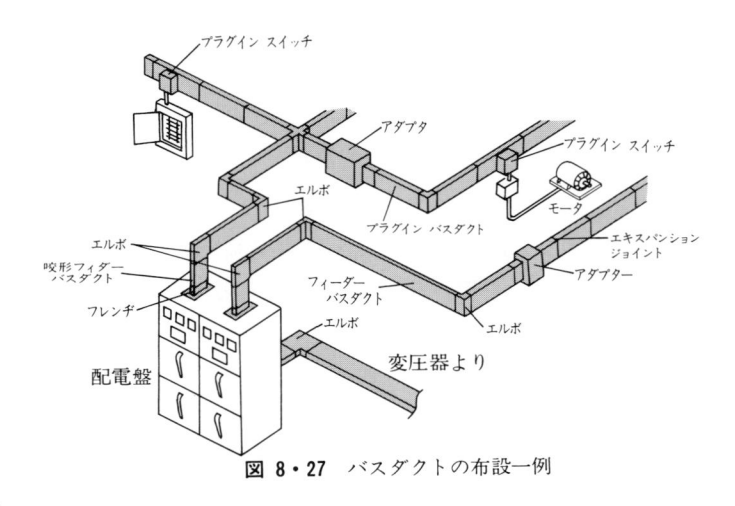

図 8・27 バスダクトの布設一例

(2) 接地工事
① 使用電圧が300V以下の場合は，ダクトには，D種接地工事を施すこと。
② 使用電圧が300Vを超える場合は，ダクトには，C種接地工事を施すこと。ただし，人が容易に触れるおそれがないように施設する場合は，D種接地工事によることができる。

(7) セルラダクト工事（電技解釈第184条）

(1) セルラダクトの施設
① 絶縁電線（OW線を除く）であること。
② より線であること。ただし，直径3.2mm（アルミ線にあっては，4mm）以下のものは除く。
③ セルラダクト内では，電線に接続点を設けないこと。ただし，電線を分岐する場合において，

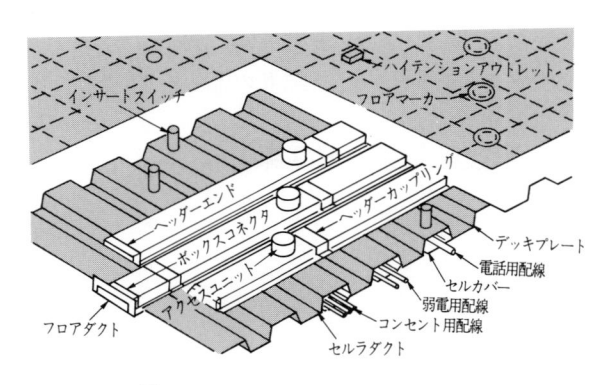

図 8・28 セルラダクトの施設例

その接続点が容易に点検できるときは除く。
④ セルラダクト内の電線を外部に引き出す場合には，当該セルラダクトの貫通部分で電線が損傷するおそれがないように施設する。
⑤ 引出口は，床面から突出しないように施設し，かつ，水が侵入しないように密封すること。
⑥ ダクトの終端部は，閉そくすること。

(2) 接地工事

ダクトにはD種接地工事を施すこと。

問題 34　工場及びビルなどにおいて，主として大電流を通す屋内幹線に，導体として銅又はアルミニウムの板（帯）を用いる場合に採用される工事方法は。
(イ) バスダクト工事　(ロ) フロアダクト工事　(ハ) セルラダクト工事
(ニ) 金属ダクト工事

解答　(イ)

バスダクト工事は主として大電流が流れる屋内幹線を施設する場合に採用される。(ロ), (ハ), (ニ)はいずれも絶縁電線を使用する工事方法である。

問題 35　床配線収納方式として波形デッキプレートの溝を閉鎖して，これを配線ダクトとして利用する工事方法は。
(イ) セルラダクト工事　(ロ) バスダクト工事　(ハ) ライティングダクト工事
(ニ) 金属ダクト工事

解答　(イ)

波形デッキプレートの溝を閉鎖して，配線ダクトとして利用する工事は，セルラダクト工事である。

バスダクト工事，ライティングダクト工事，金属ダクト工事は，それぞれ専用のダクトを施設する工事方法であるが，セルラダクト工事のみが，建造物の床をダクトとして利用したものである。

(8) 平形保護層工事（電技解釈第186条）

(1) 平形保護層の施設

① 造営物の床面又は壁面に施設すること。
② 次に掲げる場所以外の場所に施設すること。
   イ　住宅
   ロ　旅館，ホテル，宿泊所などの宿泊室

ハ　小学校，中学校，盲学校，ろう学校，養護学校，幼稚園，保育園等の教室その他これに類する場所

　ニ　病院，診療所などの病室

　ホ　フロアヒーティング等発熱線を施設した床面

③ 電線は，平形導体合成樹脂絶縁電線であること。

④ 平形保護層内の電線を外部に引出す部分は，ジョイントボックスを使用すること。

⑤ 電線に電気を供給する電路には，電路に地気を生じたときに自動的に電路を遮断する装置を施設すること。

⑥ 電線は，定格電流が30A以下の過電流遮断器で保護されている分岐回路で使用すること。

⑦ 電路の対地電圧は，150V以下であること。

⑧ 平形保護層は，造営材を貫通して施設しないこと。

(2)　接地工事

　上部保護層及び上部接地用保護層並びにジョイントボックス及び差込み接続器の金属製外箱には，D種接地工事を施すこと。

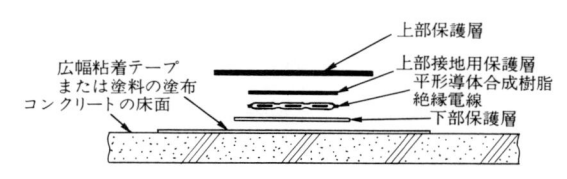

(a) 平形保護層工事における保護層と電線の位置関係

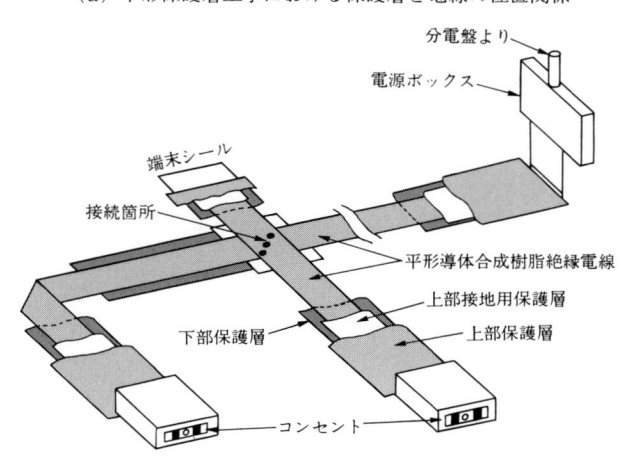

(b) コンセントへの配線と壁面立上りの説明

図 8・29　平形保護層配線の施設例

問題 36

次の接続方法のうち誤っているものは。

(イ) 対地電圧 200〔V〕の低圧屋内配線を平形保護層工事で施設した。

(ロ) 合成樹脂製可とう管（PF 管）と金属管をカップリング等の接続器具を用いて接続した。

(ハ) フリーアクセス床（二重床）内をケーブル工事によって施設し，弱電流電線等と交差する部分は，絶縁性の堅ろうな隔壁を設け，両者が接触しないように施設した。

(ニ) 構内の地中電線路を管路式により，重量物の圧力に耐える管を使用し，地表面（舗装がある場合は舗装下面）から 30〔cm〕埋設して施設した。

解答 (イ)

電路の対地電圧は 150 V 以下。

〔9〕 低圧屋内配線と弱電流電線との施設

① 低圧屋内配線を合成樹脂管工事，金属管工事，金属線ぴ工事又は可とう電線管工事により施設する電線と弱電流電線とをそれぞれ別個の管又は線ぴに収めて施設する場合，電線と弱電流電線との間に堅ろうな隔壁を設け，かつ金属製部分に，C 種接地工事を施したボックス又はプルボックスの中に電線と弱電流電線とを収めて施設することができる。

② 低圧屋内配線を金属ダクト工事，フロアダクト工事又はセルラダクト工事により施設する場合，電線と弱電流電線との間に堅ろうな隔壁を設け，C 種接地工事を施したダクト又はボックスの中に電線と弱電流電線とを収めて施設することができる（電技解釈第 189 条）。

問題 37

電気設備の技術基準の解釈において，フロアダクト工事によって同一ダクト内に堅ろうな隔壁を設けて低圧屋内配線と弱電流電線とを施設する場合，工事方法として誤っているものは。

(イ) 使用電圧は 300〔V〕以下であること。

(ロ) 乾燥した点検できない隠ぺい場所であること。

(ハ) 電線は直径 3.2〔mm〕（銅導体）以下には単線を用いてもよい。

(ニ) ダクトには D 種接地工事を施すこと。

解答 (ニ)

(イ)および(ロ)については電技解釈第 174 条（低圧屋内配線の施設場所による工事の種類）で，また，(ハ)については電技解釈第 183 条（フロアダクト工事）のただし書きにより正しい。

〔10〕 漏電遮断器の施設

① 金属製外箱を有する使用電圧60Vを超える低圧の機械器具であって，**人が容易に触れるおそれがある場所**に施設するものに電気を供給するには，**電路に地気を生じたときに自動的に電路を遮断する装置を設けなければならない**。ただし，次のいずれかに該当する場合は，除く。
　○機械器具を発電所又は変電所，開閉所もしくはこれらに準ずる場所に施設する場合。
　○機械器具を**乾燥した場所**に施設する場合。
　○対地電圧が**150V以下**の機械器具を**水気のある場所以外の場所**に施設する場合。
　○機械器具に施されたC種接地工事又はD種接地工事の接地抵抗値が**3Ω以下**の場合。
　○電気用品取締法の適用を受ける**二重絶縁の構造**の機械器具を施設する場合。
　○当該電路の電源側に**絶縁変圧器**（二次電圧が**300V以下**のものに限る）を施設し，かつ，当該絶縁変圧器の負荷側の電路を接地しない場合。
　○機械器具がゴム，合成樹脂その他の絶縁物で被覆したものである場合。
　○機械器具が誘導電動機の二次側電路に接続されている場合。
　○電路の一部を大地から絶縁しないで電気を使用することがやむを得ないもの（電技解釈第13条第七号に掲げるものである場合）。
　○機械器具内に電気用品取締法の適用を受ける漏電遮断器を取り付け，かつ，電源引出部が損傷を受けるおそれがないように施設する場合。
② 特別高圧電路又は高圧電路に変圧器によって結合される300Vを超える低圧電路には，電路に地気を生じたときに自動的に電路を遮断する装置を施設しなければならない（電技解釈第40条）。

問題38

漏電遮断器に関する記述として誤っているものは。
　(イ) 水気のある場所に低圧機器を施設する場合は，原則的に施設しなければならない。
　(ロ) 低圧の幹線には主として高感度形，末端分岐には主として中感度形が使用されている。
　(ハ) 高感度高速形は感電保護を目的として使用される。
　(ニ) テストボタンは漏電引外し機構の動作を確認するために使用される。

解答　(ロ)

　内線規程151節－2の2によると，感電事故防止を目的として施設する漏電遮断器は，高感度高速型のものであること。
　ただし，感電事故防止対策機械器具の外箱等に施す接地工事の接地抵抗値が，1－28表に掲げる値以下であって，かつ漏電遮断器の動作時間が0.1秒以内（高速形）の場合は，中感度形のものとすることができる。となっている。
　したがって，(ロ)の記述は条件を満たしていない。また保護協調の点から考慮しても誤り。

設問の(イ)は電技解釈第40条第1項第三号により正しい。(ハ)は前記のとおりで正しい，(ニ)は内線規程151節-2の1の③に漏電遮断器の操作用取手又はボタンは，引外し自由機構であることとあるので正しい。

(11) 危険物等の存在する場所における施設

配線工事の方法は合成樹脂管工事（厚さ2mm未満の合成樹脂製電線管及びCD管を使用する場合は除く）金属管工事又はケーブル工事によること。

ケーブル工事は，ケーブルが鋼帯外装ケーブルやMIケーブルはよいが，その他のケーブルは管又はその他の防護で外傷を受けることがないようにすること（電技解釈第194条）。

問題 39 マッチ，セルロイド等の燃えやすい危険な物質を製造又は貯蔵する場所で，施設することができない低圧屋内配線の工事は。
- (イ) 換気型バスダクト工事
- (ロ) 厚さ2〔mm〕の合成樹脂管工事
- (ハ) MIケーブル工事
- (ニ) 薄鋼電線管工事

解答 (イ)

(12) 電気温床等の施設

① 電気温床等に電気を供給する電路の**対地電圧**は，**300V以下**であること。
② 発熱量は，その温度が**80℃**を超えないように施設すること。
③ 発熱線もしくは直接接続する電線の被覆に使用する金属体又は第3号に規定する防護装置の金属製部分には，D種接地工事を施すこと。
④ 電気温床等に電気を供給する電路には，専用の開閉器及び過電流遮断器を各極に施設すること（電技解釈第230条）。

問題 40 発熱線を造営物の造営材に固定して施設する場合で誤っているものは。
ただし，使用電圧は300〔V〕以下とする。
- (イ) 発熱線の温度は，150〔℃〕を超えないように施設すること。
- (ロ) 電路の対地電圧は，300〔V〕以下であること。
- (ハ) 発熱線の被覆に使用する金属体は，D種接地工事を施すこと。
- (ニ) 電路に地気を生じたときに，自動的に電路を遮断する装置を施設すること。

解答 (イ)

〔13〕 分岐回路の施設

低圧屋内幹線から分岐して電気使用機械器具に至る低圧屋内電路は,次により施設しなければならない。

低圧屋内幹線との分岐から電線の長さが **3m 以下の箇所に開閉器及び過電流遮断器を施設する**こと。ただし,分岐点から開閉器及び過電流遮断器までの電線の許容電流がその電線に接続する低圧屋内幹線を保護する過電流遮断器の定格電流の 55%(分岐点から開閉器及び過電流遮断器までの電線の長さが 8 m 以下の場合は,35%)以上である場合は,分岐点から 3 m を超える箇所に施設することができる(電技解釈第 171 条)。

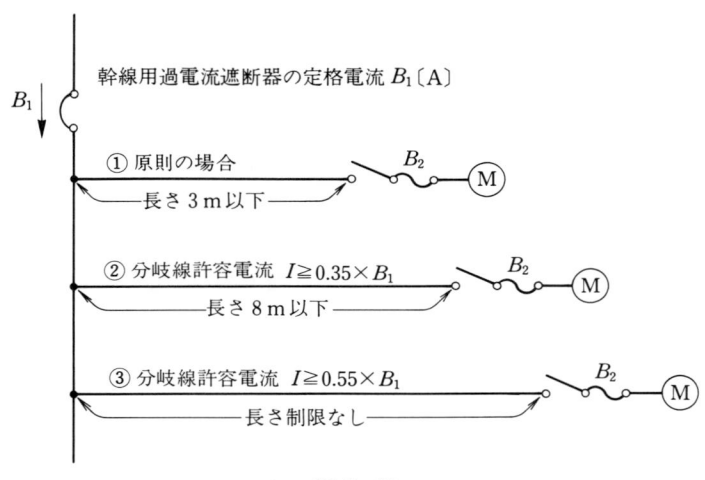

図 8・30

問題 41

図のような低圧屋内幹線の分岐 A～D のうち,配線用遮断器 B の取り付け位置が誤っているものは。

ただし,配線用遮断器 B_1 の定格電流は 100〔A〕であるとし,図中に示した電流値は,電線の許容電流値を示す。

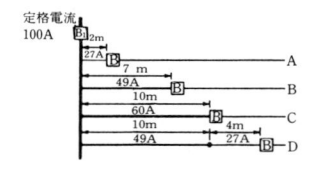

(イ) A　(ロ) B　(ハ) C　(ニ) D

解答 (ニ)

いま設問 A は,分岐点からの距離が 3 m 以下で設問 B は,電線の許容電流が 49〔A〕で 8 m 以下の所に B があるから,

$$\frac{49\,[\mathrm{A}]}{100\,[\mathrm{A}]} \times 100 = 49\,[\%]$$

$$35\,[\%] < 49\,[\%] < 55\,[\%]$$

よって正しい。

設問 C は，電線の許容電流が 60 [A] であるから，

$$\frac{60\,[\mathrm{A}]}{100\,[\mathrm{A}]} \times 100 = 60\,[\%]$$

故に 60 [%] > 55 [%] であり，前図より B までの距離は無制限であるから，正しい。

設問 D は，許容電流 49 [A] の部分は同様に 49 [%] で設問 B と同じ条件であるから 8 m 以下の長さであることが必要であり，また許容電流 27 [%] の部分は 27 [%] であるから設問 A と同様，3 m 以下の長さでなければならない。

よってこれらを満足していないから誤り。

8・8 接地工事

(1) 接地工事の種類

電路及び機械器具は，保安上から必要とする箇所に接地工事を施すことが義務付けられている。表 8・6 は接地工事の種類及び接地抵抗値の限度を示したものである（電技解釈第 19 条）。

表 8・6

接地工事の種類	接地抵抗値
A 種接地工事	10 Ω 以下
B 種接地工事	変圧器の高圧側又は特別高圧側の電路の一線地絡電流のアンペア数で 150（変圧器の高圧側の電路又は使用電圧が 35 000 V 以下の特別高圧側の電路と低圧側の電路との混触により低圧電路の対地電圧が 150 V を超えた場合に，1 秒を越え 2 秒以内に自動的に高圧電路又は使用電圧が 35 000 V 以下の特別高圧電路を遮断する装置を設けるときは 300，1 秒以内に自動的に高圧電路又は使用電圧が 35 000 V 以下の特別高圧電路を遮断する装置を設けるときは 600）を除した値に等しいオーム数以下。
C 種接地工事	10 Ω（低圧電路において，当該電路に地気を生じた場合に 0.5 秒以内に自動的に電路を遮断する装置を施設するときは 500 Ω）以下。
D 種接地工事	100 Ω（低圧電路において，当該電路に地気を生じた場合に 0.5 秒以内に自動的に電路を遮断する装置を施設するときは 500 Ω）以下。

(2) 接地線の種類

接地工事の接地線は，表 8・7 の右欄に掲げる容易に腐食し難い金属線であって，故障の際に流れる電流を安全に流すことのできるものを使用しなければならない（電技解釈第 20 条）。

表 8・7

接地工事の種類	接地線の種類
A 種接地工事	引張強さ 1.04 kN 以上の金属線又は直径 2.6 mm 以上の軟銅線
B 種接地工事	引張強さ 2.46 kN 以上の金属線又は直径 4 mm（高圧電路又は 15 kV 以下の特別高圧架空電線路の電路（中性点接地式のもので電路に地気を生じた場合には 2 秒以内に自動的に電路を遮断する装置を有するもの。以下同じ）と低圧電路とを変圧器によって結合さ得る場合は引張強さ 1.04 kN 以上の金属線又は直径 2.6 mm）以上の軟銅線
C 種接地工事及び D 種接地工事	引張強さ 0.39 kN 以上の金属線又は直径 1.6 mm 以上の軟銅線

〔3〕 混触による低圧電路の危険防止のための接地工事

低圧電路に高圧又は特別高圧の電路が電気的に接触（混触）すると，低圧電路は高い電圧で充電されて非常に危険な状態となる。これを防止するために，次の様な接地工事を施すことになっている。

(a) 変圧器の低圧側の中性点に B 種接地工事を施す（低圧側は 300 V 以下の場合で中性点がないものは，1 端子でよい）（電技解釈第 24 条）。

(b) 高圧又は特別高圧から低圧に変成する混触防止板付き変圧器の混触防止板に，B 種接地工事を施す（電技解釈第 25 条）。

(c) 計器用変成器は，その二次側電路の D 種接地工事を施す（電技解釈第 27 条）。

〔4〕 金属体などの充電による危険防止のための接地工事

(a) 電気機械器具の鉄台，金属製外箱（外箱のない変圧器では鉄心）など。

表 8・8

機械器具の区分	接地工事
300 V 以下の低圧用のもの	D 種接地工事
300 V を越える低圧用のもの	C 種接地工事
高圧用又は特別高圧用	A 種接地工事

(b) ケーブル金属被覆，金属製暗きょ，管，接続箱など。
  ① 地中電線路のケーブルの場合 ┐
  ② 高低圧架空ケーブルのちょう架用金属線 ┘ …D 種接地工事
  ③ 高圧屋内配線のケーブル工事………A 種接地工事
               （ただし，人が触れない場所では，D 種接地工事でよい）

〔5〕 接地線に人が触れるおそれがある場所における工事方法

電柱，屋側，その他，人が触れるおそれのある場所に施設する場合は，接地線の損傷防止と漏

れ電線からの感電防止のために，図8・31のようにしなければならない（電技解釈第20条）。

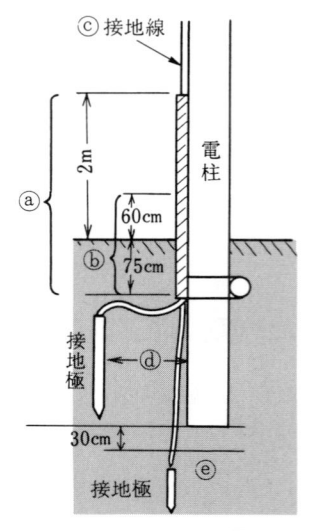

図中説明：
ⓐの部分の接地線を合成樹脂管などでおおう．
ⓑの部分の接地線には絶縁電線（OW線を除く），キャブタイヤケーブルまたはケーブルを使用する．
ⓒ接地線を鉄柱などに沿って施設する場合はⓑと同じ電線を使用する．
ⓓ接地線を鉄柱などに沿って施設する場合は，1m以上離す．
ⓔ鉄柱の底面から30cm以上埋没する場合はⓓによらないことができる．

図 8・31

問題 42
変圧器の中で高低圧の巻線が混触したときに，低圧配電線の電圧上昇による危険を防止する目的で，低圧側の中性点に施設される接地工事の種類は．
(イ) A種　(ロ) B種　(ハ) C種　(ニ) D種

解答 (ロ)

電技解釈第24条によって危険防止のためにB種接地工事を施すことになっている。

問題 43
B種接地工事に使用する接地線が人に触れるおそれがある場所で，鉄柱にそって施設する場合，地中で鉄柱と接地極との最小離隔距離〔m〕は，電気設備の技術基準の解釈では．
(イ) 0.5　(ロ) 1.0　(ハ) 1.5　(ニ) 2.0

解答 (ロ)

電技解釈第20条によって，1mと定められている。

問題 44
B種接地工事に使用する接地線を人が触れるおそれのある場所に施設する場合，接地極の埋設の深さ〔cm〕の最小値は電気設備の技術基準の解釈では，

解答 75 cm

電技解釈第20条によって，75 cmと定められている。

問題 45
公称電圧 6 600 V の電路に使用する計器用変圧器の二次側電路の接地工事の種類は，電気設備の技術基準の解釈では。

(イ) A 種 (ロ) B 種 (ハ) C 種 (ニ) D 種

解答 (ニ)

電技解釈第 27 条によって，D 種接地工事と定められている。

問題 46
使用電圧 6 600 V の電動機の鉄台に施す接地工事の種類と，使用される接地線の太さ〔mm〕は。

解答 A 種接地工事，2.6 mm 以上

問題 47
高低圧架空ケーブルのちょう架用金属線の接地工事の種類は。

解答 D 種接地工事

問題 48
高圧配電線路の 1 線地絡電流が 2〔A〕のとき，6 kV 変圧器の二次側に施す B 種接地工事の接地抵抗の最大値〔Ω〕は。

ただし，高圧配電線路には，高低圧電路の混触時に 1 秒以内に自動的に電路を遮断する装置が取り付けられているものとする。

(イ) 75 (ロ) 100 (ハ) 150 (ニ) 300

解答 (ニ)

電技解釈第 19 条により，高圧側電路と低圧側電路の混触により，低圧側電路の対地電圧が 150 V を越える場合に，1 秒以内に自動的に高圧電路を遮断する装置を設けてある場合，B 種接地工事の接地抵抗値 R は，次のように定められている。

$$R \leq \frac{600}{\text{高圧電路の 1 線地絡電流〔A〕}} \text{〔Ω〕}$$

したがって，この場合接地抵抗値の最大は，$R = \frac{600}{2} = 300$〔Ω〕となる。

問題 49

図のような配電線路に定格電圧 100〔V〕の単相誘導電動機 IM が接続されており，変圧器 T の低圧側の 1 端子には B 種接地工事 E_B（接地抵抗値 30〔Ω〕），電動機外箱には D 種接地工事 E_D が施されている．電動機内の配線が外箱に地絡した場合に外箱の対地電圧を 50〔V〕以下に抑えるために必要な，外箱の D 種接地工事 E_C の接地抵抗の最大値〔Ω〕は．

(イ) 10 (ロ) 20 (ハ) 30 (ニ) 100

解答 (ハ)

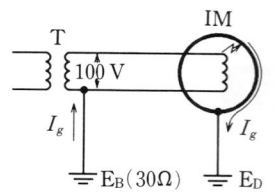

等価回路は図のようになる．設問より，

$$I_g \times R_D = 50 \text{〔V〕}$$

であるから，

$$I_g \times R_B = 100 - 50 \quad \therefore \quad I_g = \frac{50}{30} \text{〔A〕}$$

故に R_D は，

$$R_D = \frac{50}{I_g} = 30 \text{〔Ω〕}$$

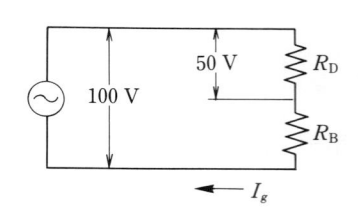

章末問題⑧

1	高圧用機械器具を工場構内に設置する場合，適当でないものは．	(イ)	高圧用機械器具を周囲にさくを設けずに地表上 3.5〔m〕の高さに施設する．	(ロ)	高圧用機械器具を屋内の取扱者以外の者が出入りできないように施設した場所に施設する．		
		(ハ)	高圧用機械器具の周囲に人の触れるおそれのないように適当なさくを設ける．	(ニ)	充電部分が露出しない高圧用機械器具を人が容易に触れるのそれがないように施設する．		
2	受電設備の G 付 PAS（地絡継電装置付高圧交流負荷開閉器）の時限整定として正しいものは．ただし，整定時間は配電用変電所が t_0，G 付 PAS が t_1 とする．	(イ) $t_1 > t_0$		(ロ) $t_1 < t_0$		(ハ) $t_1 = t_0$	(ニ) $t_1 \geqq t_0$

3	高圧CVTケーブルの半導電層の機能は。	(イ)	絶縁体表面の電位傾度を均一にする。	(ロ)	紫外線から絶縁体を保護する。	
		(ハ)	許容電流を増加させる。	(ニ)	高調波を防止する。	
4	高圧受電設備の停電作業を行なう場合，引込み口の主開閉器（主遮断装置及び断路器）を開放した後に行なう措置として不適当なものは。	(イ)	充電部周辺をロープで区画し，立ち入り禁止の表示をした。	(ロ)	電路に進相用コンデンサが接続されていたので，その残留電荷を，放電させた。	
		(ハ)	主開閉器の近くの見やすい場所に通電禁止の表示をした。	(ニ)	検電器により停電を確認したので，短絡設置器具による電路の接地を省略した。	
5	低圧架空引込線の引き留め支持に一般に使用しないがいしは。	(イ) 低圧ピンがいし	(ロ) 低圧引留がいし	(ハ) 多溝がいし	(ニ) 平形がいし	
6	高圧CVケーブルを屋内に施設する場合の施設方法で，誤っているのは。	(イ)	ケーブルを収める金属製接続箱を人が触れるおそれがないように施設し，D種接地工事を行なった。	(ロ)	ケーブルを造営材の側面に沿って取り付ける場合，ケーブルの支持点間の距離を2〔m〕とした。	
		(ハ)	ケーブルを造営材の下面に沿って取り付ける場合，ケーブルと支持点間の距離を3〔m〕とした。	(ニ)	ケーブルを人の触れるおそれがない場所で造営材に垂直に取り付ける場合，ケーブルの支持点間の距離を6〔m〕とした。	
7	屋内の乾燥した展開した場所において，施設することのできない使用電圧400〔V〕の配線工事は。	(イ) 金属管工事	(ロ) 金属ダクト工事	(ハ) バスダクト工事	(ニ) 金属線ぴ工事	
8	一般照明及び動力用低圧屋内配線の金属ダクト工事において，同一ダクト内に収める電線の断面積（絶縁被覆の断面積を含む）の総和は。ダクトの内部断面積の最大何〔%〕か。	(イ) 10	(ロ) 20	(ハ) 30	(ニ) 40	

		(イ)	(ロ)	(ハ)	(ニ)
9	平形保護層工事により低圧屋内配線を施設してもよい場所は。ただし、フロアヒーティング等発熱線を施設していないものとする。	住宅の居間	マーケットの事務所	中学校の教室	ホテルの客室
10	屋内配線の圧着接続に使用する電線接続工具に関する記述として誤っているものは。ただし、電線接続工具はJIS C 9711-1990に適合するものとする。	(イ) 圧着接続及び圧着スリーブには使用したダイスが確認できるよう圧着マークが表示される。 (ハ) 圧着端子及び圧着スリーブ（リングスリーブ（E形）を除く）は、同一の工具で圧着接続してはならない。		(ロ) リングスリーブ（E形）は、リングスリーブ専用の工具でなければ圧着接続してはならない。 (ニ) 手動片手式工具は圧着接続が完了する前でも、ダイス部を容易に開くことができる。	
11	金属製外箱を有する使用電圧が300〔V〕以下の機械器具であって、人が容易に触れるおそれがある場所に施設するものに、電気を供給する低圧電路がある。この電路に漏電遮断器の施設を省略できない場合は。	(イ) 対地電圧が150〔V〕以下の機械器具を水気のある場所以外の場所に施設する場合。 (ハ) 機械器具を乾燥した場所に施設する場合。		(ロ) 機械器具に施されたD種接地工事の接地抵抗値が10〔Ω〕の場合。 (ニ) 機械器具を変電所に準ずる場所に施設する場合。	
12	可燃性ガスなどの存在する場所と、その他の場所との隔壁を貫通する金属管部分に使用され、一方で爆発が起こっても、管を通じて他方に火災がおよばないようにするために用いられる材料は。	シーリングフィッチング	耐圧防爆構造の端子	防爆型フレクシブルフィッチング	耐圧防爆構造のジャンクションボックス
13	電気設備の技術基準の解釈において、高圧架空ケーブル工事のちょう架用線に亜鉛めっき鋼より線を使用する場合、ちょう架用線に施す接地工事の種類は。	A種接地工事	B種接地工事	C種接地工事	D種接地工事

14	フロアダクト工事において，使用されない材料は。	(イ) インサートスタット		(ロ) ダクトカップリング	
		(ハ) ジャンクションボックス		(ニ) コンクリートボックス	
15	電気設備の技術基準の解釈において，高圧計器用変圧器の二次側電路の接地工事の種類は。	(イ) A種接地工事	(ロ) B種接地工事	(ハ) C種接地工事	(ニ) D種接地工事
16	地中電線を収める防護装置の金属製部分，金属製の電線接続箱及び地中電線の被覆に使用する金属体に施す接地工事の種類は。ただし，これらのものには防しょく措置を施していないものとする。	(イ) A種接地工事	(ロ) B種接地工事	(ハ) C種接地工事	(ニ) D種接地工事
17	300〔V〕を越える低圧屋内配線を600Vビニル外装ケーブルによって施設する場合，人が触れるおそれがあるため，そのケーブルを金属管に収めた。そのとき，金属管に施す接地工事の種類は。	(イ) A種接地工事	(ロ) B種接地工事	(ハ) C種接地工事	(ニ) D種接地工事
18	電気設備の技術基準の解釈において，C種接地工事を施さなければならない電路又は接地箇所は。	(イ) 定格電圧400〔V〕の電動機の鉄台		(ロ) 高圧計器用変圧器の二次側電路	
		(ハ) 高圧変圧器の低圧側の中性点		(ニ) 高圧避雷器	
19	高圧配電線路の1線地絡電流が5〔A〕のとき，柱上変圧器の二次側に施すB種接地工事の接地抵抗値〔Ω〕の最大は。ただし，高圧配電線路には，高低圧電路の混触時に1秒以内に自動的に電路を遮断する装置が取り付けられているものとする。	(イ) 30	(ロ) 60	(ハ) 100	(ニ) 120

第9章 電気工作物の検査法

9・1 導通試験

竣工検査に際し、回路の結線の誤り、電線の折損、電線の器具端子への接続不完全などのチェックのために導通試験を行なう。

試験方法は、一般的に電源側の引込開閉器または分岐開閉器で、電線類で電線間を短絡しておき、負荷側のコンセントなどの端子で回路計、又は絶縁抵抗計により導通の有無を確認する。この反対に、電源側の開閉器に回路計又は絶縁抵抗計を接続し負荷側ので短絡して見る方法もある。

問題 1 電気工事の施工が完了したときに行う試験などで一般に行われないものは。
(イ) 電路の絶縁抵抗測定　(ロ) 電路の導通試験　(ハ) 配線用遮断器の短絡遮断試験
(ニ) 接地抵抗の測定

解答 (ハ)
竣工時の測定試験等で一般的に実施される項目は、絶縁抵抗測定、接地抵抗測定、電圧測定、導通試験などである。

9・2 電路の絶縁抵抗測定

電気設備の絶縁抵抗を良好に保持することは、設備の保全と感電や火災などの危険を防止するために大切なことである。このため、電気使用場所における低圧の電路は、幹線用開閉器、または分岐回路用の開閉器で区切ることのできる範囲で、表9・1のように定められている(電技第58条)。

また、低圧の電路中絶縁部分と大地間の絶縁抵抗値は、使用電圧に対する漏れ電流で規定されていて、それぞれ漏れ電流を1mA以下に保たなければならない。

表9・1

電路の使用電圧		絶縁抵抗値
300 V 以下	対地電圧 150 V 以下	0.1 MΩ
	対地電圧 150 V を超える場合	0.2 MΩ
300 V を超えるもの		0.4 MΩ

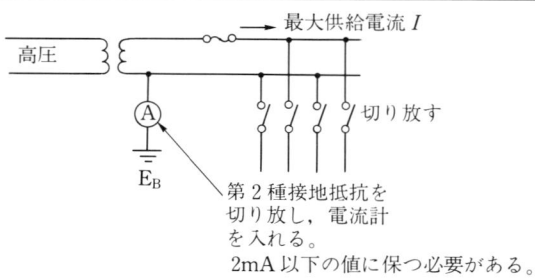

図 9・1

この 1 mA という値は，電線 1 本についての意味で，2 線式の場合は，総合した漏れ電流が 2 mA でなければならない（図 9・1 参照）。

問題 2 単相 2 線式の低圧電路において，2 線を一括して大地との間に使用電圧を加えた場合の漏れ電流の最大値は何 mA か。
(イ) 1 (ロ) 2 (ハ) 3 (ニ) 4

解答 (ロ)
漏れ電流は，電線路の使用電圧の漏れ電流を 1 mA を限度としたものである。この値は電線 1 条当たりについてであるから，単相 2 線式全線を一括して大地との間に使用電圧を加えた場合の漏れ電流は 2 mA となる。

問題 3 ケーブルの絶縁抵抗の測定を有効最大目盛り 1 000〔MΩ〕以上の絶縁抵抗計で行なうとき，保護端子（ガード端子）を使用する目的として正しいものは。
(イ) 表面漏れ電流による測定誤差を防止するために用いられる。
(ロ) 絶縁抵抗計の目盛り校正用に用いる。
(ハ) 表面漏れ電流を含めて測定するために用いる。
(ニ) 絶縁抵抗計による誘導障害を防止するために用いる。

解答 (イ)
ケーブル等の絶縁測定をするとき，絶縁抵抗計の電圧によるケーブル端末部の表面漏れ電流があり，これが絶縁物を通る電流と合成されて，絶縁抵抗値に誤差を生ずる。このため，図のように漏洩のある部分に電線を巻いて保護端子 G に接続すると，漏れ電流が指示計に流れず，測定誤差を防止できる。

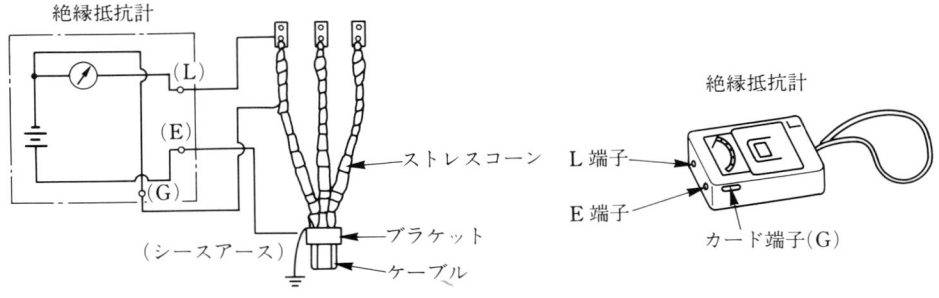

9・3 絶縁耐力試験

高圧電路では，絶縁抵抗値が大きいだけでは十分でないので，使用電圧よりも高い電圧を一定時間連続して加え，これに耐えるものでなければならない。電路の絶縁の強さがどの程度である

かを**絶縁耐力**といい，これを確認するために行なう試験を**絶縁耐力試験**という。表9・2に試験電圧及び試験方法を示す（電技解釈第 14・15・17・18 条）。

表9・2 電路及び一般機器の絶縁耐力試験電圧

被試験物	最大使用電圧	試験電圧	試験方法
電路（注1）	7 kV 以下	最大使用電圧の1.5倍（注2）	電路と大地の間，多心ケーブルでは心線相互，及び心線と大地との間に，10分間加える。
発電機，電動機	7 kV 以下	最大使用電圧の1.5倍（最低 500 V）	巻線と大地との間に連続して10分間加える。
変圧器（特殊なものを除く）	7 kV 以下	最大使用電圧の1.5倍（最低 500 V）	巻線と他の巻線，鉄心及び外箱との間に連続して10分間加える。
器具類（開閉器，過電流遮断器，計器用変圧器等）	7 kV 以下	最大使用電圧の1.5倍（最低 500 V）	充電部分と大地との間に連続して10分間加える。

〔注1〕 交流用のケーブルにおいては，交流による試験，電圧の2倍の直流電圧によって試験をすることができる。
〔注2〕 最大使用電圧＝（公称電圧）×（1.15/1.1）

問題 4 定格電圧 6 600 V の地中電線路に使用する高圧ケーブルの絶縁耐力試験を直流電流で行なう場合，心線と大地間及び心線相互間に印加する電圧は，電気設備の技術基準の解釈では。

(イ) 最大使用電圧の 1.25 倍　　(ロ) 最大使用電圧の 1.5 倍
(ハ) 最大使用電圧の 2 倍　　(ニ) 最大使用電圧の 3 倍

解答 (ニ)

高圧多心ケーブルの絶縁耐力試験を直流電流で行なう場合，最大使用電圧の1.5倍の交流試験電圧の2倍の直流電圧でよいことが規定されている。従って，1.5×2＝3倍となる。

問題 5 最大使用電圧 6 600 V の誘導電動機の絶縁耐力試験をするときに印加する電圧値〔V〕は電気設備の技術基準の解釈では。

(イ) 7 260　　(ロ) 8 250　　(ハ) 9 900　　(ニ) 13 200

解答 (ハ)

最大使用電圧が 7 000 V 以下の回転機（回転変流器を除く）は，最大使用電圧の1.5倍の交流電圧を巻線と大地との間に連続して10分間加え，これに耐え得るものでなければならないと規定されている。したがって，6 600×1.5＝9 900〔V〕

問題6

ケーブルの絶縁耐力試験に用いる試験用変圧器の容量〔kVA〕の最小値を示す式は。

ただし、試験電圧は心線と大地間に加えるものとし、その試験電圧を E〔V〕、試験電圧の角周波数を ω〔rad/s〕、ケーブルの対地静電容量を C〔μF〕、試験用変圧器の定格電圧（高圧側）を V〔V〕とする。なお、試験用変圧器は1台であるとする。

(イ) $\omega CEV \times 10^{-9}$ (ロ) $\dfrac{\omega CV}{E} \times 10^{-9}$ (ハ) $\dfrac{V^3}{\omega C} \times 10^{-9}$ (ニ) $\dfrac{EV}{\omega C} \times 10^9$

解答 (イ)

図のとおり、試験用変圧器に接続されるケーブルの対地静電容量によって形成される回路のインピーダンスは、

$$Z_g = \dfrac{1}{2\pi fc} = \dfrac{1}{\omega c} \times 10^6 \ [\Omega]$$

となる。回路に流れる充電電流は、

$$I_g = \dfrac{E}{\dfrac{1}{\omega c} \times 10^6} = \omega c E \times 10^{-6} \ [A]$$

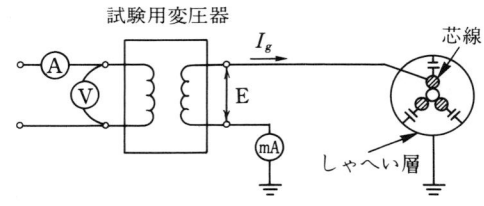

となる。よって試験用変圧器として必要な容量は

$$P = VI_g = \omega c EV \times 10^{-6} \times 10^{-3} = \omega c EV \times 10^{-9} \ [kVA]$$

となる。

問題7

施工方法等

図は、最大使用電圧 6,900〔V〕の単相変圧器の絶縁耐力試験接続図である。この図に関する問には、4通りの答え（(イ), (ロ), (ハ), (ニ)）が書いてある。それぞれの問に対して答えを1つ選びなさい。

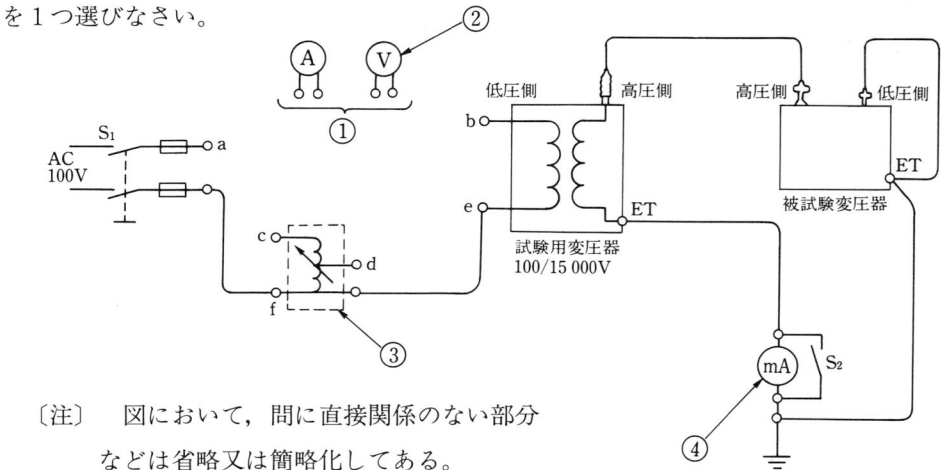

〔注〕 図において、問に直接関係のない部分などは省略又は簡略化してある。

問い		答え						
1	①で示す電流計及び電圧計の接続の組み合わせで正しいものは。	(イ)	電流計をb, dに接続する。電圧計をb, eに接続する。		(ロ)	電流計をa, cに接続する。電圧計をc, fに接続する。		
		(ハ)	電流計をa, cに接続する。電圧計をb, dに接続する。		(ニ)	電流計をc, eに接続する。電圧計をc, fに接続する。		
2	試験電圧の連続印加時間〔分〕は。	(イ)	2	(ロ)	3	(ハ)	5	(ニ)	10
3	②で示す電圧計Ⓥの試験中における指示値〔V〕は。	(イ)	60	(ロ)	69	(ハ)	86	(ニ)	100
4	③で示す機器を使用する目的は。	(イ)	試験用変圧器の保護		(ロ)	被試験変圧器の保護		
		(ハ)	試験電圧の印加時間の設定		(ニ)	試験電圧の調整		
5	④で示す電流計㎃で測定するものは。	(イ)	試験用変圧器の励磁電流		(ロ)	試験用変圧器の一次電流		
		(ハ)	被試験変圧器の漏れ電流		(ニ)	被試験変圧器の励磁電流		
6	絶縁耐力試験終了後，試験電圧を下げた後の作業手順として正しいものは。	(イ)	S_1を開放後，高圧側の印加部を，強制放電した後，検電器で無電圧であることを確認し，接地する。		(ロ)	S_1を開放後，高圧側の印加部を，強制放電した後，接地し，検電器で無電圧であることを確認する。		
		(ハ)	S_1を開放後，高圧側の印加部を，検電器で無電圧であることを確認し，接地する。		(ニ)	S_1を開放後，高圧側の印加部を，接地し，検電器で無電圧であることを確認する。		

解答　1　(イ)　　2　(ニ)　　3　(ロ)　　4　(ニ)　　5　(ハ)　　6　(イ)

1　電流計と電圧計の接続の基本は，電流計は回路に直列に，電圧計は回路に並列にということになる。よって，設問の接続の組み合わせで正しいものは，電流計をb, dに，電圧計をb, eに接続する。の(イ)が答えとなる。

2　表9・2により，設問の連続印加時間は，(ニ)の10分が答えとなる。

3　試験電圧は次式で求められる。

試験電圧＝最大使用電圧×1.5倍＝6 900×1.5＝10 350〔V〕

となる。また，試験中の低圧側の電圧は次式で求められる。

$$100:15\,000 = 試験中の電圧:10\,350$$

$$試験中の電圧 = \frac{100 \times 10\,350}{15\,000} = 69 \text{[V]}$$

4　設問の図記号は電圧調整器である。電圧計を見ながら試験中の電圧を調整することにある。よって，設問の機器の使用目的は，(ニ)の試験電圧の調整が答えとなる。

5　開閉器 S_2 は，被試験変圧器が絶縁破壊した際に流れる大電流によって電流計を破損させないために計測時以外には閉路しておく開閉器である。試験中に流れる被試験変圧器の漏れ電流を電流計によって読み取るときに開閉器 S_2 を開放することになる。

6　絶縁耐力試験の実験後は，必ず被試験器の充電部を接地して残留電荷を放電し，接地の前には試験回路の無電圧を確認しなければならない。よって，設問の絶縁耐力試験終了後の作業手順として正しいものは，(イ)となる。

9・4　接地抵抗測定

(1) 接地抵抗計による測定

測定は，被測定接地極と，一直線上に2ヵ所順次約10mずつ離して補助極を打ち込む。

大地が砂利や砂地の場合，被測定接地極が深い場合，あるいは接地極が広範囲に何極も並列に設けられている場合などには補助極の距離を10m以上に離すことにより，正しい測定値が得られる。

一般に，被測定接地極に近い補助極を第1補助極または電圧電極と呼び，遠い方の補助極を第2補助極または電流電極と呼ぶ。

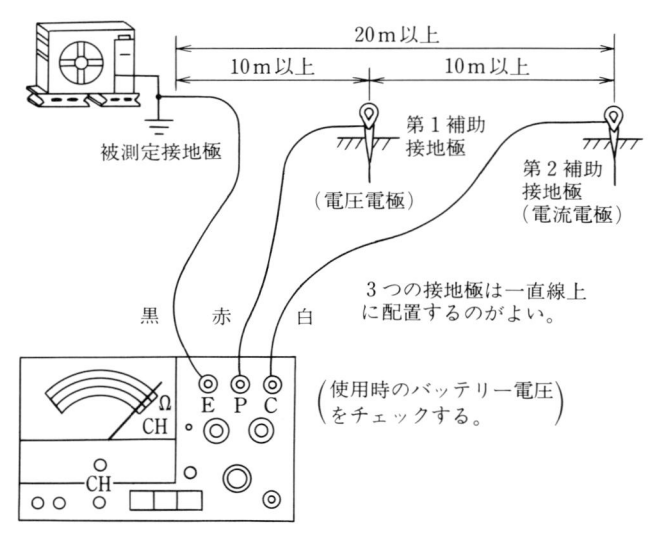

図9・2　接地抵抗測定

(2) 簡易測定法

　大地に埋設された金属管（水道管やガス管）を補助接地極として利用し，被測定補助極との管の抵抗を測定する方法で，E 端子を被測定接地極に，P 端子と C 端子を短絡して，金属製水道管などに接続する。

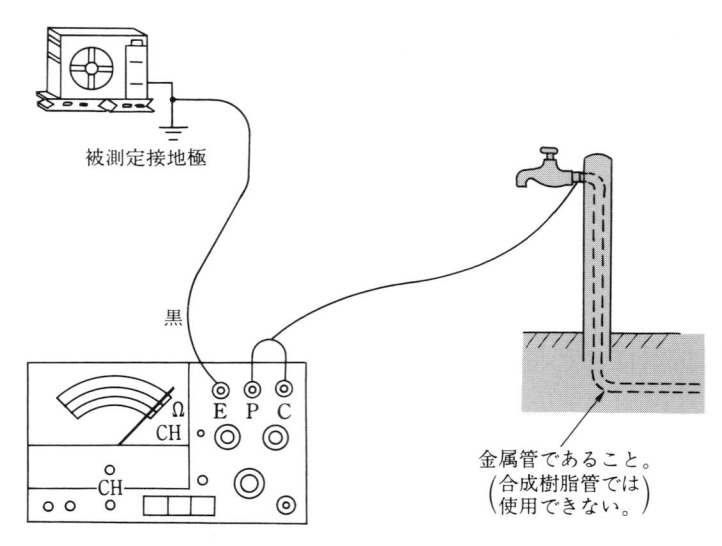

図 9・3　第三種接地工事の簡易測定方法

　この場合，測定して得た抵抗値には，水道管自体の接地抵抗値が含まれているが，水道管やガス管の接地抵抗は低く，測定値そのままを採用しても大差はない。ただし，水道管などには合成樹脂管のような絶縁性の管が使用されている場合があるので注意する。

問題 8　金属製の水道管を利用して，D 種接地工事の接地抵抗測定を簡易測定法で行なう場合，接地抵抗計（アーステスタ）の端子間を電線で接続する端子は。
　(イ)　P 端子と C 端子　　(ロ)　E 端子と C 端子　　(ハ)　E 端子と P 端子
　(ニ)　P 端子と G 端子

解答　(イ)

　接地抵抗値は水道管の接地抵抗値が加わっているが，水道管の接地抵抗は低いのでそのまま採用してかまわない。

問題 9

直続式接地抵抗計（アーステスタ）で接地抵抗を測定する場合，端子の接続方法で正しいものは。

ただし，Xは測定する接地極，Yは補助接地極（電圧電極），Zは補助接地極（電流電極）とする。

なお，接地極は一直線上に配置する。

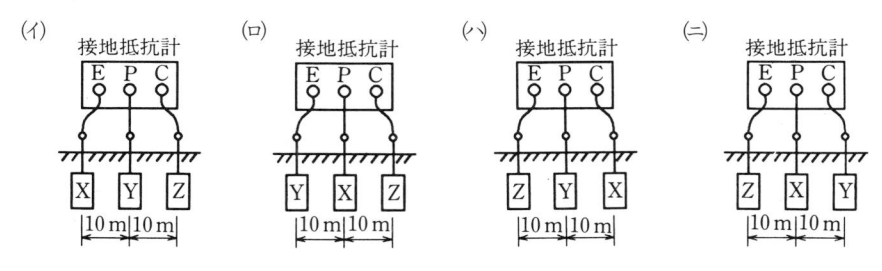

(イ) 接地抵抗計 E P C ／ X Y Z ／ 10m 10m
(ロ) 接地抵抗計 E P C ／ Y X Z ／ 10m 10m
(ハ) 接地抵抗計 E P C ／ Z Y X ／ 10m 10m
(ニ) 接地抵抗計 E P C ／ Z X Y ／ 10m 10m

解答 (イ)

接地抵抗計のE端子には被測定接地極，P端子には電圧電極の補助極，C端子には電流端子の補助極を接続する。

9・5　継電器の試験法

(1) 地絡継電器の試験

地絡継電器の動作は，零相変流器（ZCT）と組み合わせて調整してあるから，試験は必ず組み合わせて行なわなければならない。

(1) 最小動作電流試験

スイッチSを入れ，調整抵抗により徐々に電流を上げて動作値を測定する。零相変流器一次側で，0.1 A程度で動作する。したがって，CTの二次回路には継電器のみをつなぎ，電流計などはつながない。

(2) 動作時間試験

定限時領域までの電流-時間特性を求める。自家用受電端に使用するものは，0.2～0.3秒以下程度のものが望ましい。

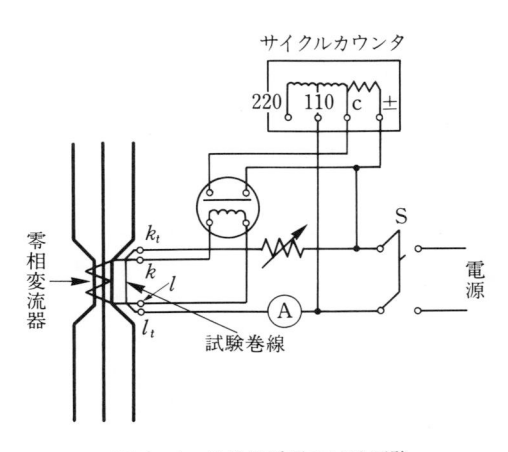

図 9・4 地絡継電器の試験回路

(2) 過電流継電器の試験

(1) 最小動作電流試験

電流整定タップ値に対してOCRの動作する最小電流値を測定する。

許容誤差：タップ値の±10%以内

(2) 動作時間試験

電流整定タップ値の300%, 500%, 700%などの試験電流を流し，OCRとCBが動作するまでの時間を測定する。

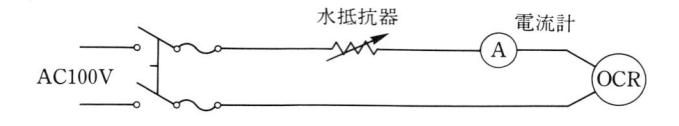

(a) 最少動作電流試験回路図

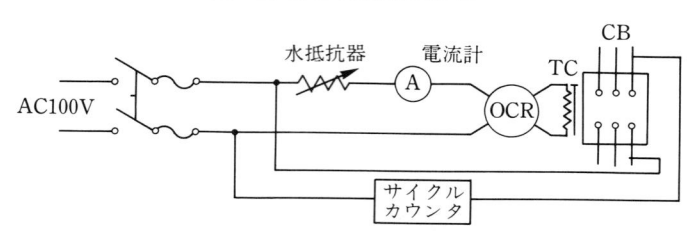

(b) 限時特性試験回路図

図 9・5 過電流継電器の試験回路

問題 10

サイクルカウンタを用いて，測定を行なう試験は。

(イ) 変圧器の変圧比試験　　(ロ) 過電流継電器の動作時間特性試験

(ハ) 変圧器の温度上昇試験　(ニ) 高圧電路の絶縁耐力試験

解答 (ロ)

サイクルカウンタは，交流電源の周波数を加算して指針に表示させる計測器で，継電器や遮断器などの短い動作時間の測定に用いられるものである。

問題 11

図(a)はPF-CB形高圧受電設備の単線結線図である。また，図(b)のグラフはこの回路のOCR+CBおよびPFのそれぞれの動作特性曲線である。

次の問について，解答群の中から正しいものを1つ選び，その記号（(イ), (ロ), (ハ), (ニ)）を〇で囲みなさい。

9・5 継電器の試験法

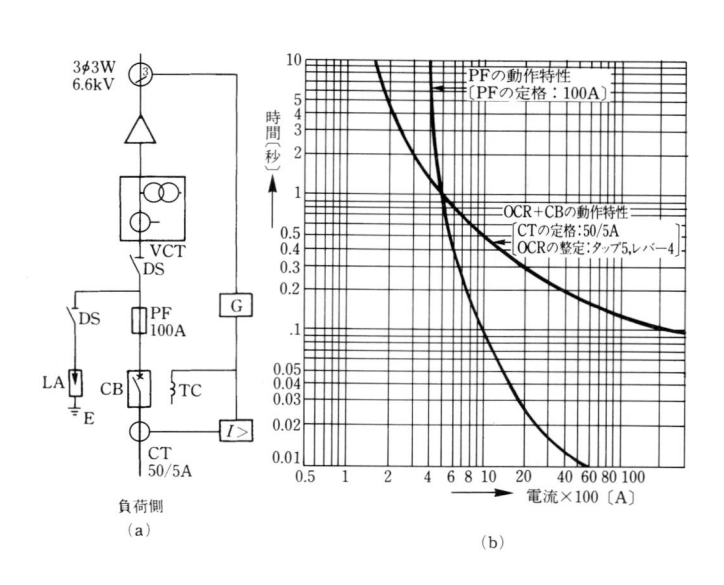

問い		答え			
1	PFを使用する目的は，	(イ) 接地保護	(ロ) 短絡保護	(ハ) 過負荷保護	(ニ) 過電圧保護
2	CT定格の600%過電流が流れた場合は。	(イ) PFが約0.4秒で遮断	(ロ) PF，CB共に約1秒で遮断		
		(ハ) CBが約0.8秒で遮断	(ニ) CBが約2秒で遮断		
3	高圧負荷側において，1000Aの短絡電流が流れる事故が発生した場合は。	(イ) PFが約0.1秒で遮断	(ロ) PF，CB共に約1秒で遮断		
		(ハ) CBが約0.1秒で遮断	(ニ) CBが約0.5秒で遮断		
4	PFとCBがほぼ同時に遮断する電流値〔A〕は。	(イ) 150	(ロ) 400	(ハ) 500	(ニ) 6000

解答　問題は，PF-CB形高圧受電設備の限流ヒューズと遮断器の動作協調等について，与えられた動作特性曲線から解答するものである。

1 (ロ)　2 (ニ)　3 (イ)　4 (ハ)

1　PF-CB形の高圧受電設備でPF（高圧限流ヒューズ）を使用する目的は，短絡保護である。

PF-CB形では，発生確率の小さい短絡事故時の大電流の遮断を限流ヒューズで行ない，負荷電流の開閉や，過負荷電流や地絡電流の遮断を遮断器で行なう。この方式の採用に当たっては，限流ヒューズと遮断器の組み合わせについて，動作時間及び短絡強度協調などに付いて慎重に検討を加えなければならない。

2 CTの定格の600%過電流は，CT定格電流が50Aであるから300Aとなる。与えられた動作特性曲線の電流軸の300AではOCR＋CBの動作特性と交わり動作時間は2秒である。したがって，この過電流ではCBが約2秒遮断することとなる。

3 電流軸1000Aをたどると，PFの動作特性曲線と交わる。その交点の時間軸上の目盛り（秒数）がPFの動作時間であるから，PFが約0.1秒で1000Aの短絡電流を遮断する。

4 PFとCBが同時に遮断する電流値は，両方の動作特性曲線の交わる部分の電流値である。交点の電流軸上の電流値は500Aである。なお，遮断時間は，約1秒で同時に遮断する。

問題12

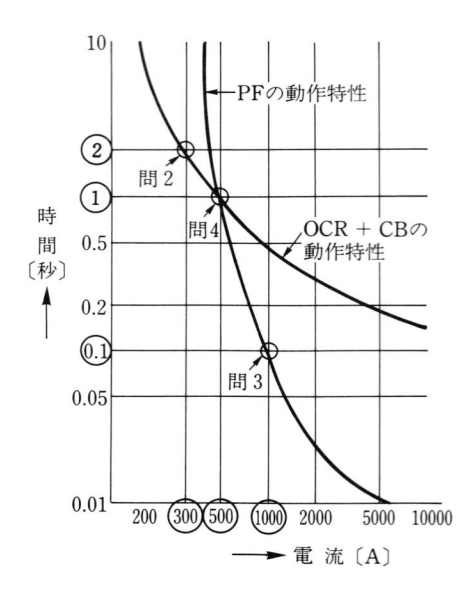

図は，過電流継電器と遮断器の連動試験を行なうための試験機器の配置図である。それぞれの問に対して，4つの答え（(イ)，(ロ)，(ハ)，(ニ)）が書いてある。このうちから答えを1つ選びなさい。

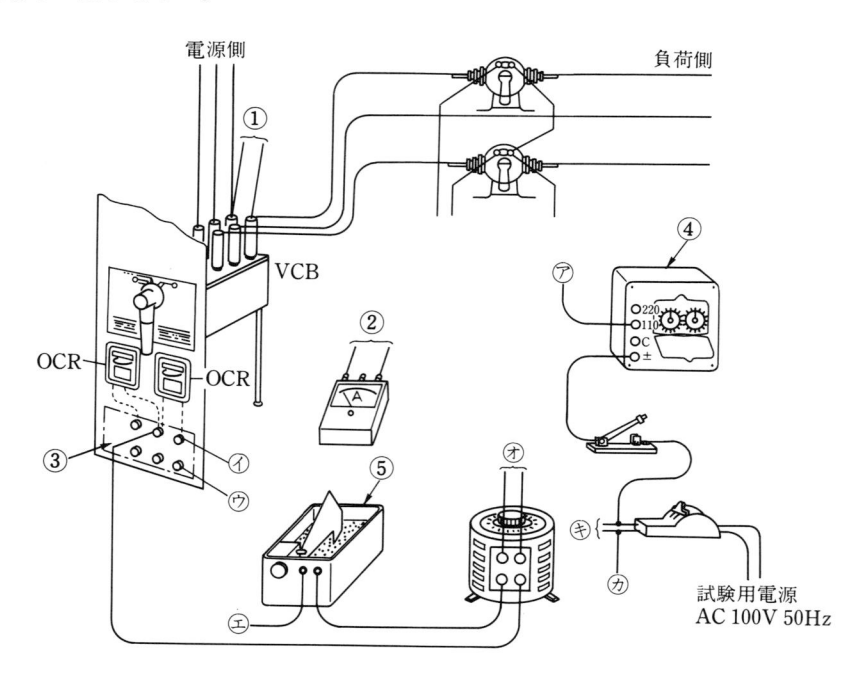

9・5 継電器の試験法

	問い	答え			
1	この試験の目的として正しいものは。	(イ) トリップコイルの特性を測る。	(ロ) 過電流継電器単体の動作時間を測る。	(ハ) 交流遮断器単体の遮断時間を測る。	(ニ) 過電流継電器と交流遮断器と一体の動作時間を測る。
2	①と接続しなければならないものは。	(イ) ⑦と⑪	(ロ) ⑦と⑪	(ハ) ㋔	(ニ) ㋖
3	②と接続しなければならないものは。	(イ) ⑦と㋑	(ロ) ⑦と㋒	(ハ) ㋑と㋓	(ニ) ㋓と㋕
4	③に示す部分の接続で正しいものは。ただし、○─○は端子間を接続することを示す。	(イ)	(ロ)	(ハ)	(ニ)
5	④に示す試験機器の名称は。	(イ) タイムスイッチ	(ロ) サイクルカウンタ	(ハ) 周波数計	(ニ) 継電器試験器
6	過電流継電器の動作時間特性試験における動作時間整定レバーまたはダイヤルの目盛りの位置は。	(イ) 1	(ロ) 3	(ハ) 5	(ニ) 10
7	過電流継電器の内部結線図である。この引出し方式は。	(イ) 変流器二次電流による引出し方式（常時閉路形）	(ロ) 無電圧引き外し方式（常時閉路形）	(ハ) 電圧引き外し方式（常時閉路形）	(ニ) 電圧または無電圧引き外し方式
8	過電流継電器の定格は5〔A〕でタップ整定値4〔A〕において最小動作電流を測定する場合に用いる電流計の定格として適切なものは。	(イ) 3〔A〕	(ロ) 5〔A〕	(ハ) 30〔A〕	(ニ) 50〔A〕

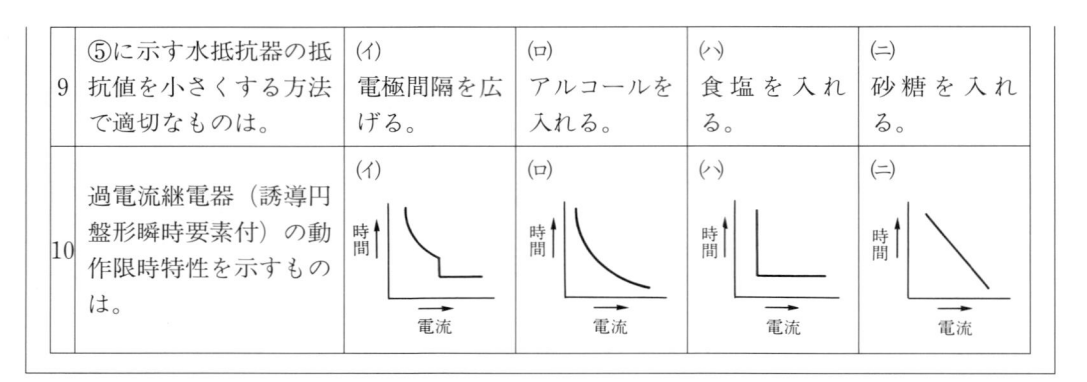

		(イ)	(ロ)	(ハ)	(ニ)
9	⑤に示す水抵抗器の抵抗値を小さくする方法で適切なものは。	電極間隔を広げる。	アルコールを入れる。	食塩を入れる。	砂糖を入れる。
10	過電流継電器（誘導円盤形瞬時要素付）の動作限時特性を示すものは。	(イ) グラフ	(ロ) グラフ	(ハ) グラフ	(ニ) グラフ

解答 1 (ニ)　2 (イ)　3 (ハ)　4 (ロ)　5 (ロ)　6 (ニ)　7 (イ)　8 (ロ)
9 (ハ)　10 (イ)

1　設問は，過電流継電器と遮断器の連動試験を行なうものである。

2　①は遮断器（VCB）の1相の電源側と負荷側の端子であり，遮断器が動作して閉路となるまでの動作時間の接続回路に接続される。

3　②は電流計であるから，過電流継電器（OCR）に流す試験電流の回路に接続される。

4　③は，試験用端子で上段の3端子はOCRに接続，下段の3端子は変流器（CT）の二次側に接続されている。通常は，(ニ)のように上下の端子が短絡片で接続されている。試験中に，変流器の二次側を開放しておくと，二次側に高電圧を生じ絶縁破壊や焼損などを起こすので，必ず短絡しておくこと。

5　サイクルカウンタは，通電している間は指針が回転する。指針の計測値を周波数で割ると動作時間が求められる。

6　OCRには，動作時間整定レバー（またはダイヤル）10のときの限時特性曲線が銘板に記されている。OCRの動作時間はレバー目盛りに比例する。例えば，レバー目盛り10で動作時間が3秒なら，レバー目盛り4では$3\times(4/10)=1.2$秒で動作する。

7　問の内部結線図 $T_1\sim T_2C_2$ 間の図記号は，b接点（通常は「閉」動作したとき「開」となる接点）を示す。電路へは図のように接続され，高圧電路の過電流は変流器（CT）二次電流としてOCRの主コイルを流れ，次いで閉路接点を開路して遮断器CBの引き外しコイルTCを流れてCBを遮断する。

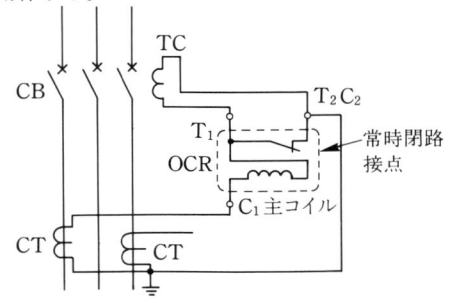

8　限時要素における最小動作電流の許容誤差は，電流整定タップ値の±10%以内である。タップ整定値4Aでは，最小動作電流の範囲は3.6～4.4Aだから，電流計の定格は5Aとなる。

9　水抵抗器は容器内に水を入れ，電極板を上下に移動させて抵抗値を連続的に変えることができる。低抵抗値を得たい場合には食塩を入れる。

10 誘導円盤形瞬時要素付 OCR の動作限時特性は，瞬時要素が動作するまでは電流が大きくなるにつれ，動作時間は短くなる反限時特性を示し，瞬時要素が動作する電流値以上は定限時特性を示す。反限時特性要素は過電流，定限時特性要素は短絡電流の保護として用いられる。

9・6 高圧ケーブル絶縁劣化診断（高圧ケーブル直流漏れ電流法）

高圧ケーブル絶縁劣化測定を行なう場合の直流高圧法は，被測定ケーブルに直流電圧を引加し，電圧上昇後の時間的経過にともなう漏れ電流の大きさ，その吸収状態及びキック電流の発生状況などをチャート紙で記録して劣化状態を判断するものである。

正常なケーブルは始め，充電電流と漏れ電流が流れ，その後漏れ電流のみに落ち着き，その値はわずかとなる。

(a) 漏れ電流測定回路

(b)

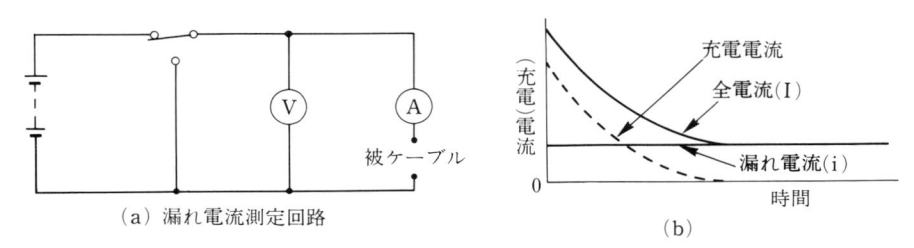

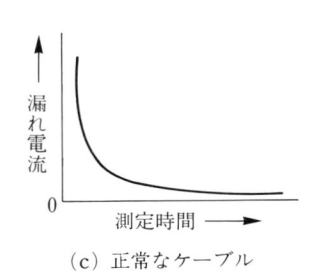

(c) 正常なケーブル

図 9・6

問題 13
高圧ケーブルの絶縁劣化診断を直流漏れ電流測定法で行なったとき，ケーブルが正常であることを示すチャートは。

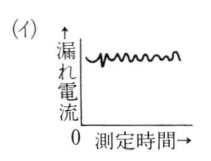

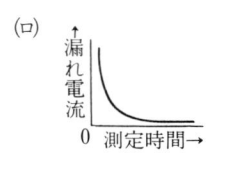

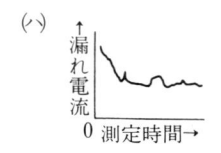

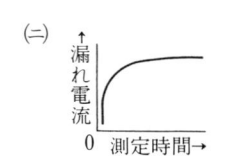

(イ) (ロ) (ハ) (ニ)

解答 (ロ)

章末問題⑨

1	使用電圧 400〔V〕の低圧配線の電路と大地との間の絶縁抵抗の最小値〔MΩ〕は。	(イ) 0.1	(ロ) 0.2	(ハ) 0.3	(ニ) 0.4
2	電気設備の技術基準の解釈において，高圧電路の絶縁耐力試験を交流電圧で行なう場合に，電路と大地との間に加える試験電圧と試験時間との組み合わせとして正しいものは。	(イ) 公称電圧の1.25倍 連続1分間　　(ハ) 最大使用電圧の1.5倍 連続1分間		(ロ) 公称電圧の1.25倍 連続10分間　　(ニ) 最大使用電圧の1.5倍 連続10分間		
3	変圧比 6 600〔V〕/210〔V〕の単相変圧器2台を使用し，結線は低圧側を並列，高圧側を直列に接続して，絶縁耐力試験を行なう場合，試験電圧 10 350〔V〕を発生させるために抵抗側に加える電圧〔V〕は。	(イ) 41.2	(ロ) 82.3	(ハ) 164.7	(ニ) 247.0
4	タップ電圧 6 300/105〔V〕の単相変圧器2台を用いて，6 600〔V〕の電路の絶縁耐力試験を行なうときの結線で正しいものは。	(イ)	(ロ)	(ハ)	(ニ)
5	過電流継電器の最小動作電流の測定と限時特性試験を行なう場合，必要でないものは。	(イ) 電流計	(ロ) 電力計	(ハ) サイクルカウンタ	(ニ) 水抵抗器
6	直流式接地抵抗計（アーステスタ）で接地抵抗を測定する場合，接地極と補助接地極の距離の組み合わせで適当なものは。	(イ) ① 5〔m〕 ② 10〔m〕	(ロ) ① 10〔m〕 ② 15〔m〕	(ハ) ① 10〔m〕 ② 20〔m〕	(ニ) ① 15〔m〕 ② 20〔m〕

第10章 法規

10・1 電気事業法及び電気事業法施行規則

電気事業は事業の特徴から、地域独占性を有する公益事業であって、常に公共的な統制を受けなければならない。

したがって、"電気事業法"の目的は次のように定められている。
① 電気事業の運営の適正、かつ、合理的ならしめることによって、電気の使用者の利益を保護し、電気事業の健全な発達を図ること。
② 電気工作物の工事、維持及び運営を規制することによって、公共の安全を確保し、あわせて公害の防止を図ること。

以上のことから、電気事業法は事業の運営と電気工作物の安全に関する事柄を定めた法律である。

電気事業法施行規則は、法が定めた基本事項を受けて細部事項を規定しているが、保安に関しても細目が定められている。

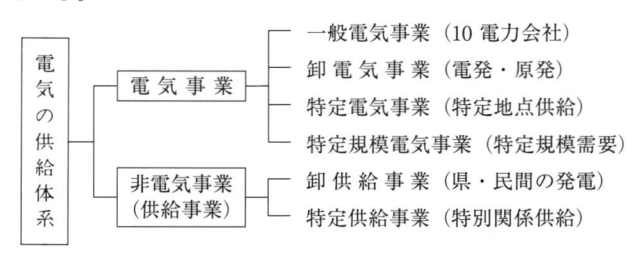

```
                            ┌─ 一般電気事業（10電力会社）
              ┌─ 電気事業 ──┼─ 卸電気事業（電発・原発）
電気の        │              ├─ 特定電気事業（特定地点供給）
供給体系 ─────┤              └─ 特定規模電気事業（特定規模需要）
              │
              └─ 非電気事業 ┬─ 卸供給事業（県・民間の発電）
                 （供給事業）└─ 特定供給事業（特別関係供給）
```

図 10・1 電気の供給体系

（1） 電気の供給体系

電気事業には、一般の求めに応じて電気を供給する**一般電気事業**（地域独占の10電力会社）、一般電気事業者に200万kW以上の発電設備で電気を供給する**卸電気事業**（電源開発㈱と日本原子力発電㈱のみ）、特定の地点に電気を供給する**特定電気事業**さらに電気事業法改正（平成12年3月）に伴い、特定規模需要（受電電力2 000 kW以上かつ特別高圧電線路）に応じ電気の供給を行う**特定規模電気事業**（9社が**特定規模電気事業**に参入－平成13年9月現在）が加わり、四つの形態がある。それぞれに事業規制が課せられている。また、電気を供給する事業であるが電気事業でない非電気事業には、卸供給事業や特別の関係にある者に対する電気の地点供給事業である特定供給事業などがある。これらには公的規制を事業面では課せられない。

(2) 電気工作物の種類

- 電気工作物
  - 事業用電気工作物
    - 電気事業用電気工作物
      - ○一般電気事業者の設置するもの
      - ○卸電気事業者の設置するもの
      - ○特定電気事業者の設置するもの
    - 自家用電気工作物
      - ○特別高圧で受電するもの
      - ○高圧で受電するもの
      - ○600 V 以下で受電するもののうち
         - a 引込線以外の線路で構外電気工作物と接続されているもの
         - b 火薬類など爆発，引火性のものが存在する場所に設置するもの
         - c 鉱山保安法の適用を受ける甲種，乙種炭坑に設置するもの
      - ○小出力発電設備以外の発電設備を有するもの
  - 一般用電気工作物
    - ○上記以外の電気工作物

(注) 小出力発電設備：発電電圧 600〔V〕未満で，出力 20〔kW〕未満の太陽電池または風力発電設備及び出力 10〔kW〕未満の水力（ダムを伴うものを除く）または内燃力の発電設備であって，それらの設備の出力の合計が 20〔kW〕未満のもの。

(3) 工事計画の事前届出に必要な手続き

(1) 事前届出を必要とする工事の範囲

工事計画で事前届出を必要とする工事は次のとおりである。

① 最大電力 1 000 kW 以上または受電電圧 10,000 V 以上の需要設備の設置。

② 最大電力 1 000 kW 未満の需要設備においても，非常用予備発電装置等の設置又は変更の工事を行う場合で特定施設に該当する場合は届出が必要である。

問題 1 電気事業法に基づき，工事計画を届け出なければならないものは。

(イ) 低圧で受電する最大電力 45〔kW〕の需要設備の設置。

(ロ) 高圧で受電する最大電力 300〔kW〕の需要設備の設置。

(ハ) 出力 200〔kW〕の非常用予備発電装置を有し，高圧で受電する最大電力 200〔kW〕の需要設備の設置。

(ニ) 高圧で受電する最大電力 1 000〔kW〕の需要設備の設置。

解答 (ニ)

(2) 手続きと提出書類

事前届出の手続きは，工事開始の30日前までに**所轄経産局長**に届けるが，変更命令がない場合には，届け出た日から30日を経過した後，工事に着手できる。

事前届出を必要とするものは，工事が完了して使用するまでには使用前検査を受け合格しなければ使用できない。

ただし，事前届出を必要とする工事の範囲のうち，最大電力1 000 kW未満であって，受電電圧が10 000 V未満のものは使用前検査を受けることなく使用できるよう緩和されている。

以上の手続きのほか，電気工作物の工事，維持及び運用について保安の監督をするための主任技術者の選任及び保安規程を定め，それぞれ届け出なければならない。

工事計画の事前届出には次の書類を提出する。

① 工事計画届出書　② 工事計画書　③ 関係図面，計算書などの添付書類
④ 工事工程表。なお，変更の工事の場合は，その理由書。

(3) 自家用電気工作物の使用開始届

自家用電気工作物を設置する者は，その自家用電気工作物の使用開始後，遅滞なくその**旨**を経産大臣に届け出なければならない。

(4) 需要設備の最大電力変更報告

需要設備の最大電力の区分（1 000 kW未満および1 000 kW以上の区分をいう）を超えて変更した場合は，遅滞なくその旨を所轄経産局長に報告する。

問題 2　電気関係報告規則の規程に基づき，自家用電気工作物の需要設備の最大電力のみを変更した場合，設置場所を管轄する**経済産業局長**に報告しなければならないものは。

(イ)　変更前 800 [kW] 変更後 1 000 [kW]
(ロ)　変更前 1 100 [kW] 変更後 2 200 [kW]
(ハ)　変更前 3 300 [kW] 変更後 4 200 [kW]
(ニ)　変更前 4 900 [kW] 変更後 3 000 [kW]

解答 (イ)

〔4〕 自家用電気工作物設置者の義務など

(1) 電気設備技術基準の遵守，維持
(2) 主任技術者の選任，届出
　・有資格者（第1，2，3種電気主任技術者）の中から選任するのが原則。
　・認可主任技術者（経済産業局長が認めた者）を選任することができる。

(3) 保安規定の作成，届出
・電気工作物の工事，維持及び運用に関する保安を確保するため保安規程を作成し届け出なければならない。

(5) 電気事業者の供給する電気の維持すべき電圧値

表 10・1

標準電圧	維持すべき値
100 V	101±6 V を超えない値
200 V	202±20 V を超えない値

問題 3 電気事業法施行規則において，一般電気事業者が標準電圧 200〔V〕で電気を供給する場合，供給地点で維持するようつとめなければならない電圧の範囲は．
(イ) 200〔V〕±5〔V〕　(ロ) 202〔V〕±10〔V〕　(ハ) 202〔V〕±20〔V〕
(ニ) 210〔V〕±5〔V〕

解答 (ハ)

(6) 自家用電気工作物の事故報告の義務

(電気関係報告規則第3条)

　自家用電気工作物を設置するものは，設備に事故が発生したときには，事故の種類によって，報告の方式，報告期限および報告先が定めれているので，これに従って報告しなければならない．

　報告には速報と詳報があり，速報は，事故の発生を知ったとき，または，事故が発生したとき（事故の種類によって異なる．以下同じ）から 48 時間以内に事故の発生に日時，及び場所，事故が発生した電気工作物，事故の概要及び原因，応急処置，復旧対策，復旧予定日時などについて，電話，電報などの方法により報告しなければならない．また，報告は，事故の発生を知った日または，事故が発生した日から起算して 30 日以内に電気事故詳報の報告書を提出して行なわなければならない．

　なお，事故の種類による速報及び詳報は表 10・2 のとおりである．

10・1 電気事業法及び電気事業法施行規則　　*233*

表 10・2　主な事故報告

事故内容	速報	詳報	報告先
・感電死傷事故 ・電気火災事故 ・電気工作物に係わる死傷・損壊事故	48時間以内	30日以内	所轄経済産業局長
主要電気工作物の損壊事故　・水力発電所900〔MW〕未満 ・汽力発電所・ガスタービン発電所1 000〔kW〕未満 ・内燃力発電所500〔kW〕以上1 000〔kW〕未満 ・変電所・送電線路50〔kV〕以上100〔kV〕未満	48時間以内	——	所轄経済産業局長
・汽力発電所・ガスタービン発電所1 000〔kW〕以上900〔MW〕未満 ・内燃力発電所1 000〔kW〕以上900〔MW〕未満 ・変電所・送電線路100〔kV〕以上300〔kV〕未満 ・配電線路・需要設備10〔kV〕以上	48時間以内	30日以内	所轄経済産業局長
原子力発電所に関する放射線事故	48時間以内	30日以内	経済産業大臣 所轄経済産業局長
3〔kV〕以上の自家用電気工作物の損壊により一般電気事業者または特定電気事業者に供給支障事故を発生させた事故	48時間以内	30日以内	所轄経済産業局長

問題 4　電気関係報告規則において，受電電圧3 000〔V〕以上の自家用電気工作物の故障，損傷，破壊等により一般電気事業者に供給支障事故を発生させた場合，事故速報の報告期限は。

　(イ)　事故が発生したときから24時間以内。
　(ロ)　事故が発生したときから48時間以内。
　(ハ)　事故が発生した日から起算して7日以内。
　(ニ)　事故が発生した日から起算して30日以内。

解答　(ロ)

問題 5　電気関係報告規則に基づき，自家用電気工作物を設置する者が，感電死傷事故が発生したとき，所轄経済産業局長に対して速報を報告しなければならない期限は，事故の発生を知ったときから何時間以内か。

　(イ)　12時間　　(ロ)　24時間　　(ハ)　36時間　　(ニ)　48時間

解答　(ニ)

問題6 電気関係報告規則において，6.6〔kV〕で受電する自家用電気工作物設置者が，自家用電気工作物について事故が発生したときに所轄の経済産業局長に報告しなくてもよいものは。

(イ) 感電死傷事故
(ロ) 電気火災事故
(ハ) 一般電気事業者に供給支障事故を発生させた事故
(ニ) 停電作業中における高所作業車からの墜落死傷事故

解答 (ニ)

停電作業中の事故は，電気事故として取扱いしないことから，(ニ)は報告する必要はない。

10・2 電気工事士法

(1) 電気工事士法の目的

この法律は，電気工事の作業に従事する者の資格及び義務を定め，もって電気工事の欠陥による災害の発生の防止に寄与することを目的とする。

(2) 電気工事士等の種類

電気工事士法における「電気工事士」とは，「第一種電気工事士」と「第二種電気工事士」をいうが，この他にもネオン工事，非常用予備発電装置の工事，いわゆる特殊電気工事に従事する「特殊電気工事資格者」，自家用の低圧屋内配線の工事である簡易電気工事に従事することができる「認定電気工事従事者」の資格が定められている。それぞれの資格と従事できる作業内容の関係は，表10・3のとおりである。

表10・3

資格の名称 \ 電気工事の種類と従事できる工事	最大電力500 kW未満の自家用電気工作物に係る電気工事 (1.2を除く)	1/簡易電気工事	2/特殊電気工事	一般用電気工作物に係る電気工事
第一種電気工事士	○	○		○
認定電気工事従事者		○		
特殊電気工事資格者			○	
第二種電気工事士				○

(3) 電気工事の範囲

電気工事士法で規定している電気工事とは，「一般用電気工作物又は自家用電気工作物を設置し，又は変更する工事」となっており，本法の対象にならない軽微な工事は，電気工事士施行令で定められている．

(4) 電気工事士等でなくとも従事できる作業

電気工事士法では電気工事士等でなければ，電気工作物の電気工事の作業に従事してはならないと規定されており，無資格者が電気工事に携わることを禁止している．

しかし，中には特に電気工事士等ではなくても保安上問題のない作業もあるので，それらの作業は電気工事士等以外の者であっても行なってよいこととしている．

本法で対象にならない保安上に支障がないと認められる軽微な作業は，電気工事士法施行規則（「省令」）で認められている．

問題 7 電気工事士法において，第一種電気工事士の資格のみでは従事できない自家用電気工作物（最大電力 500〔kW〕未満）の工事は．
(イ) 屋内配線工事　(ロ) 高圧受電設備の工事　(ハ) 高圧架空電線路の工事
(ニ) 非常用予備発電装置の工事

解答 (ニ)

問題 8 電気工事士法において，第一種電気工事士免状の交付を受けている者でなければ電気工事（簡易な電気工事を除く）の作業（保安上支障がない作業は除く）に従事してはならない自家用電気工作物は．
(イ) 送電電圧 22〔kV〕の送電線路
(ロ) 出力 2,000〔kVA〕の変電所
(ハ) 出力 300〔kW〕の水力発電所
(ニ) 受電電圧 6.6〔kV〕，最大電力 350〔kW〕の需要設備

解答 (ニ)

(5) 電気工事士等の義務

(1) 電気設備の技術基準適合義務

電気事業法に基づく技術基準に適合するように工事しなければならない．

(2) 電気工事士等免状の携帯義務

電気工事の作業に従事するときは,電気工事士免状又は認定証を携帯していなければならない。

(3) 電気工事の業務開始届出義務

電気工事を開始したときは,その開始の日から10日以内に「電気工事業務開始届」を都道府県知事に届け出なければならない。届け出た事項に変更があったとき,又は業務を廃止したときも同様である。

(4) 報告を求められたときの提出義務

都道府県知事から工事内容等について報告するように求められた場合は,報告しなければならない。

(5) 第一種電気工事士の定期講習の受講

第一種電気工事士は,やむを得ない事由がある場合を除き,第一種電気工事士免状の交付を受けた日から5年以内に,経済産業大臣に指定する者が行なう自家用電気工作物の保安に関する講習を受けなければならない。

この定期講習は,経済産業大臣が指定する㈶電気工事技術講習センターが実施する。

〔6〕 手続きその他

(1) 第一種電気工事士免状等について

第一種電気工事士免状は次に該当する者に対して,都道府県知事が交付する。
 (a) 第一種電気工事士試験に合格し,かつ,経済産業省令で定める実務経験を有する者
 (b) 経済産業省令で定めるところにより,前項(a)と同等以上の知識及び技能を有していると都道府県知事が認定した者

特殊電気工事資格者認定証及び認定電気工事従事者認定証

それぞれの電気工事について必要な知識及び技能を有していると経済産業局長が認定した者について,経済産業局長が交付する。必要な知識及び技能を有していると認められる者は,省令等で定められている。

(2) 電気工事士試験について

電気工事士試験は,第一種電気工事士試験は自家用電気工作物の保安に関して必要な知識及び技能について,経済産業大臣の「指定試験機関」である㈶電気技術者試験センターが実施する。筆記試験と技能試験の内容は,省令で定められている。

(3) 電気工事の業務開始届出及び変更届

電気工事を開始したとき,都道府県知事に10日以内に届け出る。

問題 9

電気工事士法において，第一種電気工事士に関する記述として誤っているものは。ただし，ここで自家用電気工作物とは，最大電力 500〔kW〕未満の需要設備のことである。

(イ) 第一種電気工事士免状は都道府県知事が交付する。
(ロ) 第一種電気工事士の資格のみでは自家用電気工作物の非常用予備発電装置工事の作業に従事することができない。
(ハ) 第一種電気工事士免状の交付を受けた日から 7 年以内に自家用電気工作物の，保安に関する講習を受けなければならない。
(ニ) 第一種電気工事士は，一般用電気工作物に係る電気工事の作業に従事することができる。

解答 (ハ)

10・3 電気工事の業務の適正化に関する法律

〔1〕 電気工事の業務の適正化に関する法律の目的

電気工事業を営む者の登録等及びその業務の規制を行なうことにより，その業務の適正な実施を確保し，もって一般電気工作物及び自家用電気工作物の保安の確保に資することを目的とする。

〔2〕 電気工事業者の登録等

事業の形態によって「登録電気工事業者」と「通知電気工事業者」に分けられる。この両者を「電気工事業者」という。

(1) 登録電気工事業者

一般電気工作物のみ又は一般用電気工作物及び自家用電気工作物の両方の電気工作物に対してこれを設置し，又は変更する工事業を営もうとする者は，2以上の都道府県の区域内に営業所を設置してその事業を営もうとするときは**経済産業大臣の**，1の都道府県の区域内にのみ営業所を設置してその事業を営もうとするときは当該営業所の所在地を管轄する都道府県知事に申請書を提出して登録を受けなければならない。

登録を受けた者を「登録電気業者」といい，登録電気工事業者登録証が交付されるが，登録の有効期限は 5 年である。

(2) 通知電気工事業者

自家用電気工作物に係る電気工事（自家用電気工事という）だけを行なう電気工事業を営もうとする者は，その事業を開始しようとする日の 10 日前までに，2以上の都道府県の区域内に営業所を設置してその事業を営もうとするときは経済産業大臣に，1の都道府県の区域内にのみ営業

所を設置してその事業を営もうとするときは当該営業所の所在地を管轄する都道府県知事にその旨を通知しなければならない。

(3) 業務規則

(1) 主任電気工事士の設置

登録電気工事業者は，その一般用電気工作物に係る電気工事（一般用電気工事という）の業務を行なう営業所（特定営業所という）ごとに，第一種電気工事士又は電気工事士法による第二種電気工事士免状の交付を受けた後，電気工事に関し3年以上の実務の経験を有する第二種電気工事士を「主任電気工事士」として置かなければならない。

(2) 電気工事士等でない者を電気工事の作業に従事させることの禁止

① 電気工事業者は，その業務に関し，第一種電気工事士でない者を自家用電気工事（特殊電気工事を除く）の作業（軽微な作業を除く）に従事させてはならない。

② 登録電気工事業者は，その業務に関し，第一種電気工事士又は第二種電気工事士でない者を一般用電気工事の作業（軽微な作業を除く）に従事させてはならない。

③ 電気工事業者は，その業務に関し，特殊電気工事資格者でない者を特殊電気工事の作業（軽微な作業を除く）に従事させてはならない。

(3) 電気工事を請け負わせることの制限

電気工事業者は，その請け負った電気工事を当該電気工事に係る電気工事業を営む電気工事業者でない者に請け負わせてはならない。

(4) 電気用品の使用の制限

電気工事業者は，電気用品安全法による特定電気用品及びそれ以外の電気用品で所定の表示が付されている電気用品でなければ，これを電気工事に使用してはならない。

(5) 器具の備え付け

電気工事業者は，営業所の種類ごとに，表10・4の器具を備え付けなければならない。

表10・4

営業所の種類	備え付けなければならない器具	
	共通	個別
自家用電気工作物に係る電気工事を行う営業所	a．絶縁抵抗計 b．接地抵抗計 c．抵抗及び交流電圧を測定することができる回路計	d．継電器試験装置 e．絶縁耐力試験装置　｝必要な場合に使用しうる措置が講じられていれば，備え付けなくともよい。 f．高圧検電器 g．低圧検電器
一般用電気工作物に係る電気工事を行う営業所		

(6) 標識の掲示

電気工事業者は，その営業所及び電気工事の施工場所ごとに，その見やすい場所に，氏名又は名称，登録番号を記載した標識を掲げなければならない。

(7) 帳簿の備付等

電気工事業者は，その営業所ごとに帳簿を備え，電気工事ごとに，次の事項を記載し，記載の日から5年間保管しなければならない。

a．注文者の氏名又は名称及び住所
b．電気工事の種類及び施工場所
c．施工年月日
d．主任電気工事士等及び作業者の氏名
e．配線図
f．検査結果

問題 10 電気工事業の業務の適正化に関する法律において，自家用電気工事の業務を行なう電気工事業者に義務付けられていないものは。

(イ) 営業所及び電気工事の施工場所ごとに標識を掲示しなければならない。
(ロ) 営業所ごとに電気主任技術者を置かなければならない。
(ハ) 営業所ごとに電気工事に関する事項を記載する帳簿を備えなければならない。
(ニ) 営業所ごとに絶縁耐力試験装置を必要なときに使用できるようになっていなければならない。

解答 (ロ)

問題 11 電気工事業の業務の適正化に関する法律による登録電気工事業者の登録の有効期間は。

(イ) 2年　(ロ) 3年　(ハ) 5年　(ニ) 7年

解答 (ハ)

10・4　電気用品安全法

電気用品安全法は，電気用品の製造，輸入，販売等を規制するとともに電気用品の安全性の確保につき自主的な活動を促進することにより，電気用品による危険及び障害の発生を防止するための法律である。

(1) 電気用品の範囲

この法律の規制の対象となる電気用品の全体の範囲は，

① 一般用電気工作物の一部となり，又はこれに接続して用いられる機械器具又は材料であって政令で定められているもの。
② 携帯用発電機であって，政令で定めるもの。

とされている。具体的には，特定電気用品，特定電気用品以外の電気用品に分けて定められている（法第2条）。したがって，高圧ケーブル，100mm²を超える電線等は電気用品に指定されていない。

〔2〕特定電気用品　PSE

電気用品のうちで，構造又は使用方法その他の使用状況から見て，特に危険又は障害の発生するおそれが多いものを定めている。電気用品のうち，主なものをあげると次のとおりである。

○電線（100 V 以上 600 V 以下，100 mm²以下，ゴム絶縁電線，合成樹脂絶縁電線）
○ケーブル（公称断面積 22 mm²以下，線心7本以下）
○配線器具　接続器（100 V 以上 300 V 以下，50 A 以下）
　　　　　　点滅器（100 V 以上 300 V 以下，30 A 以下）
　　　　　　開閉器（100 V 以上 300 V 以下，100 A 以下）
○ヒューズ類（100 V 以上 300 V 以下，1 A 以上 200 A 以下），温度ヒューズ，その他ヒューズ
○電熱器具（100 V 以上 300 V 以下，10 kW 以下），電気便座，電気温水器
○電動力応用機械器具（100 V 以上 300 W 以下），電気ポンプ，自動販売機
○携帯発電機（30 V 以上 300 V 以下）

〔3〕特定電気用品以外の電気用品　PSE

特定電気用品以外の電気用品で，次のようなものがある。

○電線（100 mm² 以下，蛍光灯電線，ネオン電線）
○電線管路および付属品（内径 120 mm 以下），フロアダクト（幅 100 mm 以下），線ぴ（幅 50 mm 以下），ケーブル配線用ジョイントボックス
○ヒューズ（100 V 以上 300 V 以下，1 A 以上 200 A 以下），筒形ヒューズ，栓形ヒューズ
○単相電動機（100 V 以上 300 V 以下），かご形三相誘導電動機（150 V 以上 300 V 以下，3 kW 以下）
○白熱電流，白熱電灯器具，蛍光ランプ，放電灯器具
○電熱器具，電動機・電子応用機器で一般的な家電製品（冷蔵庫，電気がま，電気こたつ，扇風機，掃除機，洗濯機，テレビジョン，インターホン，ラジオなど）

問題 12
電気用品安全法の適用を受ける配線用遮断器の定格電流の最大値〔A〕は。
（イ）50　　（ロ）100　　（ハ）150　　（ニ）200

解答　（ロ）

電気用品安全法の適用を受ける配線用遮断器は特定電気用品として定格 100 A 以下のものである。

問題 13

電気用品安全法の適用を受ける特定電気用品以外の電気用品は。

(イ) インターホン　(ロ) 温度ヒューズ　(ハ) タンブラスイッチ　(ニ) 携帯発電機

解答　(イ)

問題 14

電気用品安全法において，電気用品の適用を受ける電線は。

ただし，電圧は電線の定格電圧，太さは導体の公称断面積である。

(イ)　600 V 150 mm² 3 心のケーブル

(ロ)　600 V 100 mm² 3 心のキャブタイヤケーブル

(ハ)　6 600 V 100 mm² 3 心のケーブル

(ニ)　600 V 150 mm² 2 心のキャブタイヤケーブル

解答　(ロ)

電気用品安全法の適用を受ける電線類は，電線（蛍光灯電線，ネオン電線及び溶接用ケーブル以外のものにあっては，定格電圧が 100〔V〕以上 600〔V〕以下のものに限る）及び電気温床線であり，

ケーブルにおいては，
- 導体の公称断面積 100〔mm²〕以下。
- 線心が 7 本以下。
- 外装がゴム（合成ゴムを含む）又は合成樹脂のものに限る。

キャブタイヤケーブルにおいては，
- 導体の公称断面積 100〔mm²〕以下。
- 線心が 7 本以下。

と定められている。

したがって，600〔V〕100〔mm²〕3 心のキャブタイヤケーブルが適用を受ける。

10·5　電気設備に関する技術基準

電気工作物を設置する者には施設した電気工作物を，技術基準に適合するように維持しなければならない。

そのために，電気設備の関係では"電気設備に関する技術基準を定める省令"（略称 電技）が制定されている。

(1) 電圧の種別（第 2 条）

電技では電圧を，次のように定めている。

① 低圧：直流は 750 V 以下，交流は 600 V 以下のもの

② 高圧：直流は 750 V，交流は 600 V を超え 7000 V 以下のもの
③ 特別高圧：7 000 V を超えるもの

問題 15 電気設備に関する技術基準において，交流電圧の高圧の範囲は。
(イ) 400〔V〕を超え，7 000〔V〕以下
(ロ) 400〔V〕を超え，8 000〔V〕以下
(ハ) 600〔V〕を超え，7 000〔V〕以下
(ニ) 400〔V〕を超え，8 000〔V〕以下

解答 (ハ)

(2) 過電流遮断器の施設（電技解釈第 37・38 条）

(1) 低圧電路に使用するヒューズ

（水平に取り付けた場合）
① 定格電流の 1.1 倍の電流に耐えること。
② 定格電流 30 A 以下の場合，1.6 倍の電流を通じた場合，60 分以内。2 倍の電流を通じた場合，2 分以内に遮断すること。（定格電流 30 A を超える場合は，電技解釈 37-1 表を参照）

(2) 低圧電路に使用する配線用遮断器
① 定格電流の 1 倍の電流で自動的に動作しないこと。
② 定格電流 30 A 以下の場合，1.25 倍の電流を通じた場合，60 分以内。2 倍の電流を通じた場合は，2 分以内に自動的に動作すること。（定格電流 30 A を超える場合は，電技解釈 37-2 表を参照）

(3) 高圧電路に用いる包装ヒューズ
定格電流の 1.3 倍の電流に耐え，かつ 2 倍の電流で 120 分以内に溶断すること。

(4) 高圧電路に用いる非包装ヒューズ
定格電流の 1.25 倍の電流に耐え，かつ 2 倍の電流で 2 分以内に溶断すること。

問題 16 電気設備の技術基準の解釈において，低圧電路に使用する定格電流 30〔A〕以下の配線用遮断器に，定格電流の 1.25 倍及び 2 倍の電流を通じた場合，自動的に動作しなければならない時間の組み合わせとして正しいものは。
(イ) 60 分以内と 2 分以内　(ロ) 60 分以内と 4 分以内
(ハ) 120 分以内と 2 分以内　(ニ) 120 分以内と 4 分以内

解答 (イ)

問題 17 定格電流 20〔A〕の配線用遮断器の電流引外し試験をしたところ，次のような結果であった。電気製品取締法に定める特性に合致するものは。
  (イ) 配線用遮断器に 20〔A〕を通電したところ，120 分で動作した。
  (ロ) 配線用遮断器に 25〔A〕を通電したところ，2 分で動作した。
  (ハ) 配線用遮断器に 25〔A〕を通電したところ，90 分で動作した。
  (ニ) 配線用遮断器に 40〔A〕を通電したところ，4 分で動作した。

解答 (ロ)

　定格電流 30〔A〕以下の配線用遮断器は定格電流の 125〔%〕に等しい電流を通じたときに 60 分以内に自動的に動作しなければならない。
　設問から，定格電流が 20〔A〕とあることから，定格電流を 1.25 倍し，20×1.25＝25〔A〕を通じたとき 60 分以内に自動遮断しなければならない。

〔3〕 **屋内電路の対地電圧の制限（電技解釈第 162 条）**

(1) 白熱電灯または放電灯に電気を供給する屋内の対地電圧は 150 V 以下であること。
　ただし，次の場合は 300 V 以下とすることができる。
　① 白熱電灯または放電灯及びこれらに付属する電線は，人が触れるおそれがないように施設すること。
　② 白熱電灯（機械装置に付属するものを除く）または放電灯用安定器は屋内配線と直接接続して施設すること。
　③ 白熱電灯の電球受口はキーその他の点滅機構のないものであること。

問題 18 対地電圧が 150〔V〕を超え 300〔V〕以下の屋内電路に照明器具を取り付ける場合の施工方法に関する記述として誤っているものは。
  (イ) 照明器具及び配線は人が触れるおそれがないように施設した。
  (ロ) 電球受け口にキー付ソケットを使用した。
  (ハ) 照明器具と屋内配線とは直接接続した。
  (ニ) 照明器具には D 種接地工事を施した。

解答 (ロ)

章末問題⑩

1	電気工事士法において，第一種電気工事士に関する記述として誤っているのは。	(イ)	第一種電気工事士免状は都道府県知事が交付する。	(ロ)	最大電力500〔kW〕未満の自家用電気工作物の特殊電気工事の作業に従事できる。		
		(ハ)	第一種電気工事士免状の交付を受けた日から5年以内に自家用電気工作物の保安に関する講習を受けなければならない。	(ニ)	第一種電気工事士免状を携帯すれば一般用電気工作物に係る電気工事の作業に従事することができる。		
2	電気工事士法において，第一種電気工事士の資格のみで最大電力500〔kW〕未満の自家用電気工作物の需要設備の工事に従事することができない作業は。	(イ)	受電設備工事の作業	(ロ)	屋内配線工事の作業		
		(ハ)	高圧架空電線路工事の作業	(ニ)	ネオン工事の作業		
3	電気工事士法に基づき，第一種電気工事士はやむを得ない事由がある場合を除き，自家用電気工作物の保安に関する最初の講習（定期講習）を受けなければならない期限は。	(イ)	第一種電気工事士免状の交付を受けた日から3年以内	(ロ)	第一種電気工事士試験に合格した日から3年以内		
		(ハ)	第一種電気工事士免状の交付を受けた日から5年以内	(ニ)	第一種電気工事士試験に合格した日から5年以内		
4	電気工事業の業務の適正化に関する法律において，自家用電気工事の業務を行なう営業所に備えなくてよい器具は。	(イ) 絶縁抵抗計		(ロ) 回転計		(ハ) 接地抵抗計	(ニ) 高圧検電器
5	電気用品安全法の適用を受ける配線用遮断器（電動機用以外に使用するもの）の定格電流〔A〕の最大値は。	(イ) 50		(ロ) 100		(ハ) 150	(ニ) 200

6	電気用品安全法に基づく特定電気用品の適用を受けない電線の種類は。	(イ)	600 V ビニル絶縁電線	(ロ)	600 V キャブタイヤケーブル
		(ハ)	ネオン電線	(ニ)	高圧ビニル外装ケーブル
7	電気設備の技術基準の解釈において、高圧電路に過電流遮断器として単体で施設する包装ヒューズの特性は。	(イ)	定格電流の1.1倍の電流に耐え、2倍の電流で60分以内に溶断すること。	(ロ)	定格電流の1.25倍の電流に耐え、2倍の電流で2分以内に溶断すること。
		(ハ)	定格電流の1.3倍の電流に耐え、2倍の電流で120分以内に溶断すること。	(ニ)	定格電流の1.6倍の電流に耐え、2倍の電流で240分以内に溶断すること。

第11章 鑑別

11・1 鑑別資料

　鑑別試験は機器や器具並びに工具などの名称または用途を問うものである。このため，本節では過去において出題回数の多いものなどを取り上げてあるので，各々の品物の名称及び用途をしっかり覚えていただきたい。

鑑別資料

機器などの写真	名称及び用途
	〔名称〕　高圧進相用高圧コンデンサ 〔用途〕　自家用受電室などに取り付けられ，遅れ力率改善用などに用いる。 　　　　電力用コンデンサともいう。
	〔名称〕　溶接機の電撃防止装置（溶接機の左側に付いている） 〔用途〕　導電体に囲まれた中で，アーク溶接する場合に感電防止のために用いる。
	〔名称〕　避雷器（アレスタ） 〔用途〕　高圧電路に，雷などの異常電圧が発生した場合に，電気機器などを保護するために用いる。

機器などの写真	名称及び用途
	〔名称〕 電力需給用計器用変成器（VCT） 〔用途〕 電力取引用装置の一部で，高圧大電流を低圧小電流に変成して電力量計に送り計量する。 　　　　MOF（計器用変成装置）ともいう。
	〔名称〕 柱上変圧器（ポールトランス） 〔用途〕 配電線や自家用変電室などに取り付けられ，電圧を変成する。
	〔名称〕 計器用変圧器（VT） 〔用途〕 電圧計，電力計，力率計などのコイルに一次電圧に比例した電圧を供給するとともに，表示灯の点灯用としても用いる。
	〔名称〕 零相変流器（左），地絡継電器（右） 〔用途〕 電路などに地絡事故が発生すると零相電流が流れるのでそれを検出し，地絡継電器を動作させて遮断器を開路する。
	〔名称〕 キュービクル式高圧受電設備 〔用途〕 小容量の受電設備として用いる。

機器などの写真	名称及び用途
	〔名称〕　変圧器のタップ板 〔用途〕　変圧器内において，高圧側の電圧に応じて，低圧側の電圧を適正な値に調節するのに用いる。
	〔名称〕　配電盤（左側の1面が高圧，右側の面は低圧） 〔用途〕　自家用受電室などに取り付けられ，設備全体の運転操作や監視を行なうために用いる。
	〔名称〕　ネオン変圧器 〔用途〕　ネオン管灯を点灯させるために使用する変圧器。
	〔名称〕　零相蓄雷器（がいし形） 〔用途〕　零相電圧の検出に用いる。
	〔名称〕　変流器（CT） 〔用途〕　高圧の保護継電器，電流計，電力計，力率計などの計測用としての，電流の変成に用いる。

11・1 鑑別資料

機器などの写真	名称及び用途
	〔名称〕 ディーゼル発電機の過給機 〔用途〕 ディーゼル機関の出力を増大させるために用いる。
	〔名称〕 高圧油負荷開閉器または高圧油入開閉器（OS） 〔用途〕 自家用受電室や配電線路に取り付けられ，負荷電流の開閉を行なうが遮断性能はない。
	〔名称〕 高圧真空開閉器（VS） 〔用途〕 高圧電路の開閉を行なうもので，通常の負荷電流の開閉が行なえる。主として架空電線路の開閉，または区分開閉器として用いる。
	〔名称〕 限流ヒューズ付高圧交流負荷開閉器 〔用途〕 高圧負荷回路の開閉及び過電流遮断器として用いる。
	〔名称〕 耐塩高圧カットアウト 〔用途〕 塩害地区に使用する高圧カットアウトで，変圧器の一次側を保護するために用いる。

機器などの写真	名称及び用途
	〔**名称**〕 高圧限流ヒューズ 〔**用途**〕 高圧回路の過電流保護に用いる。
	〔**名称**〕 油遮断器（OCB） 〔**用途**〕 高圧負荷回路を各種継電器と連動させ，また手動によって遮断するのに用いる。
	〔**名称**〕 高圧断路器（ピラジスコン） 〔**用途**〕 キュービクル式高圧受電設備及び地中電線路などの断路器として用い，手動で操作する。
	〔**名称**〕 高圧断路器（モールドジスコン） 〔**用途**〕 ピラジスコンと同様。
	〔**名称**〕 高圧カットアウト 〔**用途**〕 高圧電路あるいは変圧器一次側に取り付け，回路の開閉，過電流保護などに用いる。

機器などの写真	名称及び用途
	〔名称〕 断路器（ジスコン） 〔用途〕 高圧無負荷回路の開閉に用いる。
	〔名称〕 高圧真空遮断器（VCB） 〔用途〕 高圧負荷回路を各種継電器と連動させ、または手動によって遮断するのに用いる。
	〔名称〕 高圧気中負荷開閉器（AS） 〔用途〕 高圧電線路の区分開閉や高圧負荷回路の開閉に用いる。
	〔名称〕 誘導形継電器（3Eリレー） 〔用途〕 電動機回路に取り付け、過負荷、欠相、逆相の三つの保護を行なう。
	〔名称〕 誘導形過電流継電器（OCR） 〔用途〕 高圧配電盤等に埋込取付され、過負荷や過電流を検出して遮断器を動作させる。

機器などの写真	名称及び用途
	〔名称〕 差込み形電流計（音さ形電流計，線路電流計，架線電流計） 〔用途〕 電流の流れている回路を開放しないで電流を測定するときに用いる。
	〔名称〕 携帯用電流計 〔用途〕 交流電流の測定に用いる。
	〔名称〕 力率計（配電盤用） 〔用途〕 力率の測定に用いる。
	〔名称〕 力率計（携帯用） 〔用途〕 力率の測定に用いる。
	〔名称〕 絶縁抵抗計（電池式） 〔用途〕 絶縁抵抗の測定に用いる。

機器などの写真	名称及び用途
	〔名称〕 接地抵抗計（電池式） 〔用途〕 接地抵抗の測定に用いる。
	〔名称〕 電力量計（高圧用）（ワットアワーメーター） 〔用途〕 取引用計器の一種で，電力量の計量を行なう。
	〔名称〕 最大需要電力計（デマンドメータ） 〔用途〕 取引用計器の一種で，最大需要電力の表示に用いる。
	〔名称〕 電力計（単相） 〔用途〕 電力の測定に用いる。
	〔名称〕 平均力率測定用タイムスイッチ 〔用途〕 取引用計器の一種で，電力量計，無効電力量計とセットにして，昼間の平均力率測定などに用いる。

機器などの写真	名称及び用途
	〔**名称**〕 無効電力量計 〔**用途**〕 取引用計器の一種で，無効電力量を計量する。電力量計と組み合わせて力率を測定する。
	〔**名称**〕 サイクルカウンタ 〔**用途**〕 継電器の動作時限などの測定に用いる。
	〔**名称**〕 クランプ形デジタル回路計 〔**用途**〕 あまり精度を必要としない電圧，電流，抵抗の測定に用いる。
	〔**名称**〕 周波数計 〔**用途**〕 周波数の測定に用いる。
	〔**名称**〕 低圧相回転計 〔**用途**〕 低圧三相電路の相回転を測定する。

機器などの写真	名称及び用途
	〔名称〕 クランプ型電流計 〔用途〕 電気回路を切断せずに差し込むことにより電流を測定する。
	〔名称〕 光電式回転計 〔用途〕 電動機などの回転数を測定する。
	〔名称〕 照度計 〔用途〕 照度の測定に用いる。
	〔名称〕 回路計（テスタ） 〔用途〕 あまり精度を必要としない電圧，電流，抵抗などの測定に用いる。
	〔名称〕 検電器テスタ 〔用途〕 検電器が完全かどうか試験するときに用いる（高・低圧両用）。

機器などの写真	名称及び用途
	〔名称〕 高圧検電器 〔用途〕 高圧充電部の充電の有無を調べるためのネオン検電器で，一般に放電開始電圧700 Vで，標準使用電圧は2 000～7 000 Vぐらいである。使用するときは，ゴム手袋を着用して検電する。
	〔名称〕 絶縁耐力試験器（左側が操作部，右側が高圧発生部） 〔用途〕 変圧器などの絶縁耐力試験のときに用いる。
	〔名称〕 水抵抗器 〔用途〕 各種電気機器などの試験の際，電流の調整用として用いる。
	〔名称〕 しゅう動形電圧両調整器（スライダック） 〔用途〕 任意の電圧を得るための電圧調整用として用いる。
	〔名称〕 絶縁トロリー線 〔用途〕 クレーンなどの移動用機器に電気を供給するのに用いる。

機器などの写真	名称及び用途
	〔**名称**〕 耐火ケーブル 〔**用途**〕 非常用電源回路の配線に用いる。
	〔**名称**〕 ケーブルの末端処理部（ケーブルヘッド）の雨覆 〔**用途**〕 雨覆は屋外の施設に当たって，雨水の浸透による事故防止のための端末に取り付ける。
	〔**名称**〕 フィーダバスダクト 〔**用途**〕 電流容量の大きい幹線部分に用いる。
	〔**名称**〕 圧縮直線スリーブ 〔**用途**〕 架空電線などで電線を直接接続する場合に用いる。
	〔**名称**〕 三さ分岐菅 〔**用途**〕 3心ケーブルの端末処理部に挿入してケーブル分岐部を保護するために用いる。

機器などの写真	名称及び用途
	〔名称〕 ラインスペーサ 〔用途〕 高圧架空電線の線間距離を維持するのに用いる。
	〔名称〕 B型スリーブ 〔用途〕 電線の直接接続に用いる。
	〔名称〕 高圧用屋内支持がいし（フレームがいしまたはドラムがいし） 〔用途〕 変電設備などで母線（高圧部分の電線）を支持するがいし。
	〔名称〕 玉がいし 〔用途〕 架空電線路の支線の絶縁に用いる。
	〔名称〕 高圧ピンがいし 〔用途〕 高圧架空線の支持に用いる。

機器などの写真	名称及び用途
	〔名称〕 耐塩用高圧ピンがいし 〔用途〕 高圧架空電線の支持に用いる。
	〔名称〕 高圧引込がい管 〔用途〕 高圧配線が屋外から屋内に入る場合，または屋内から屋外に出る場合などに，壁面などの貫通する部分に用いる。
	〔名称〕 高圧耐張がいし（中），高圧耐がいし用引留金具（右） 〔用途〕 耐張がいしは高圧架空電線の引留箇所に用いる。また，引留金具は耐張がいしに取り付ける金具である。
	〔名称〕 チェンパイプレンチ 〔用途〕 金属管相互をカップリングで接続するとき，管またはカップリングにチェンをからませてねじ込むのに用いる。
	〔名称〕 呼び線挿入器（スチールワイヤ） 〔用途〕 電線管の中に通線したり管内を清掃するときに用いる。

機器などの写真	名称及び用途
	〔名称〕 油圧式パイプベンダ 〔用途〕 油圧を利用して太い電線管を曲げるのに用いる。
	〔名称〕 テッカーウェルド 〔用途〕 テルミットの熱を利用して溶接するもので，ボックスのボンドなどを加工するときに用いる。
	〔名称〕 電線皮はぎ器（ワイヤストリッパ） 〔用途〕 絶縁電線などの被覆のむき取りに用いる。
	〔名称〕 活線用張線器（活線用シメラー） 〔用途〕 高圧架空電線のたるみを取るとき，充電したままで使用できる。
	〔名称〕 ノックアウトパンチ 〔用途〕 金属製キャビネットに油圧を利用して電線管用の穴をあけるのに用いる。

機器などの写真	名称及び用途
	〔名称〕 無墜落柱上安全帯 〔用途〕 電柱上など高所作業中の墜落を防止するために用いる。
	〔名称〕 柱上作業台 〔用途〕 柱上作業の際，仮足場として使用し，作業の安全を図るのに用いる。
	〔名称〕 高圧活線作業用保護（防護）ゴムシート 〔用途〕 高圧の活線作業において充電部を覆い作業の安全を図るのに用いる。
	〔名称〕 高圧活線作業用防護上着 〔用途〕 高圧活線作業を行なう際に着用し作業の安全を図るのに用いる。
	〔名称〕 電気用高圧ゴム手袋 〔用途〕 高圧活線作業を行なう際に着用し作業の安全を図るのに用いる。

機器などの写真	名称及び用途
	〔名称〕 油圧式圧着工具のヘッド 〔用途〕 電線を圧着接続するときに用いる。
	〔名称〕 延線ローラー 〔用途〕 電線またはケーブルを配線するとき，損傷しないように用いる。
	〔名称〕 手動油圧式圧縮工具 〔用途〕 油圧を利用して電線を接続する際にスリーブを圧縮するのに用いる。
	〔名称〕 高圧カットアウト用操作棒またはPC操作棒 〔用途〕 高圧カットアウト用フック棒ともいわれ，高圧(プライマリ)カットアウトの開閉やヒューズ交換の際のふたの取り外しなどに用いる。
	〔名称〕 鋲打銃（ドライブイット） 〔用途〕 器具などを取り付ける際，火薬を利用してコンクリートなどにドライブピンを打ち込むのに用いる。

機器などの写真	名称及び用途
	〔名称〕 手動油圧式圧着工具 〔用途〕 油圧を利用して電線を接続する際にスリーブを圧着するのに用いる。
	〔名称〕 短絡接地用具 〔用途〕 高圧電線路の停電作業を行なう際，誤って送電された場合に，作業者に対する保護措置として，停電作業箇所の電源側を短絡接地しておくために用いる。
	〔名称〕 電動機保護用配線用遮断器（モータブレーカ） 〔用途〕 電動機の運転で過負荷状態になったとき遮断し，電動機を保護するもの。
	〔名称〕 同上 〔用途〕 上記と同様，電動機保護用配線用遮断器である。
	〔名称〕 電磁開閉器（マグネットスイッチ） 〔用途〕 交流600V以下で用い，電磁石の励磁により閉路し，減磁によって開路する接触子をもち，かつ電気回路のひんぱんな開閉に耐える開閉部と過電流保護装置をそなえ，操作開閉器などにより操作される。電灯・電熱・電動機など一般回路の遠方操作や自動制御などに広く用いられる。

機器などの写真	名称及び用途
	〔名称〕 配線用遮断器 〔用途〕 低圧屋内配線の過電流保護に使用する。
	〔名称〕 スターデルタ始動器（またはスターデルタ転換器） 〔用途〕 かご形誘導電動機の始動用として用いる。
	〔名称〕 電圧計用切換開閉器 〔用途〕 配電盤に取り付け，電圧計指示切換えに使用する。
	〔名称〕 漏電遮断器 〔用途〕 低圧電路に地絡電流が流れた場合，電路を遮断する。
	〔名称〕 ライティングダクトと器具 〔用途〕 移動用照明器具の給電用として用いる。写真はライティングダクトに電灯を取り付けた例である。

機器などの写真	名称及び用途
	〔名称〕 フロアダクト用ジャンクションボックス 〔用途〕 フロアダクト工事において，ダクトが交差したり，または曲がる箇所に設けるもので，電線の引き入れ及び接続は必ずこの中で行なう。
	〔名称〕 銅帯接続用クランプ 〔用途〕 変電設備などで電線の代わりに銅帯を使用する場合，これをしめ付けて接続する。
	〔名称〕 防水形コードコネクタボディと差し込みプラグ 〔用途〕 機器用コードに使用するもので防水形のもの。
	〔名称〕 光電式自動点滅器 〔用途〕 街路灯などの自動点滅器として用いる。
	〔名称〕 プライマリカットアウト用ヒューズ筒 〔用途〕 変圧器の一次側の保護及び開閉に用いる高圧カットアウトにヒューズを装置するために用いる。

機器などの写真	名称及び用途
	〔名称〕 支線用巻付グリップ 〔用途〕 架空電線路の支線アンカと支線を接続するのに用いる。
	〔名称〕 耐圧防爆形押しボタンスイッチ 〔用途〕 火薬類，セルロイド，ガソリンなどを取り扱う危険な場所で，電灯照明の点滅に用いる。
	〔名称〕 耐圧防爆形ハンドランプ 〔用途〕 火薬類，セルロイドなどを取り扱う危険場所で使用する移動用照明器具。
	〔名称〕 耐圧防爆形コンセント 〔用途〕 火薬類，セルロイド，ガソリンなどを爆発性物質を取り扱う場所に使用するコンセント。
	〔名称〕 耐圧防爆形ジャンクションボックス 〔用途〕 火薬類，セルロイド，ガソリンなどを取り扱う危険場所で電線の接続や分岐をする箇所に用いる。

機器などの写真	名称及び用途
	〔名称〕 ケーブル埋設標識シート 〔用途〕 高圧地中電線路の埋設箇所を表示し，掘削工事によるケーブルの損傷事故を防止する。
	〔名称〕 接地極付埋込コンセントと接地極付差し込みプラグ 〔用途〕 接地を必要とする器具を使用するときに用いる。

章末問題⑪

1	写真①の矢印で示す品物の名称は。	(イ)	高圧ピンがいし	(ロ)	高圧支持がいし
		(ハ)	高圧中実がいし	(ニ)	高圧耐張がいし
2	写真②で示す品物の名称は。	(イ)	ライティングダクト	(ロ)	二種金属製線ぴ
		(ハ)	フロアダクト	(ニ)	金属ダクト
3	写真③に示す品物の名称は。	(イ)	より返し金物（より戻し金物）	(ロ)	引留装置
		(ハ)	張力調整装置	(ニ)	ケーブルグリップ
4	写真④に示す品物の用途は。	(イ)	電路の開閉に用いる。	(ロ)	零相電圧の検出に用いる。
		(ハ)	高圧絶縁電線の支持に用いる。	(ニ)	電流を変成する。
5	写真⑤に示す品物の用途は。	(イ)	張力のかかる電線の接続に用いる。	(ロ)	パイプ母線の接続に用いる。
		(ハ)	電線接続における水切りに用いる。	(ニ)	電線の分岐接続に用いる。

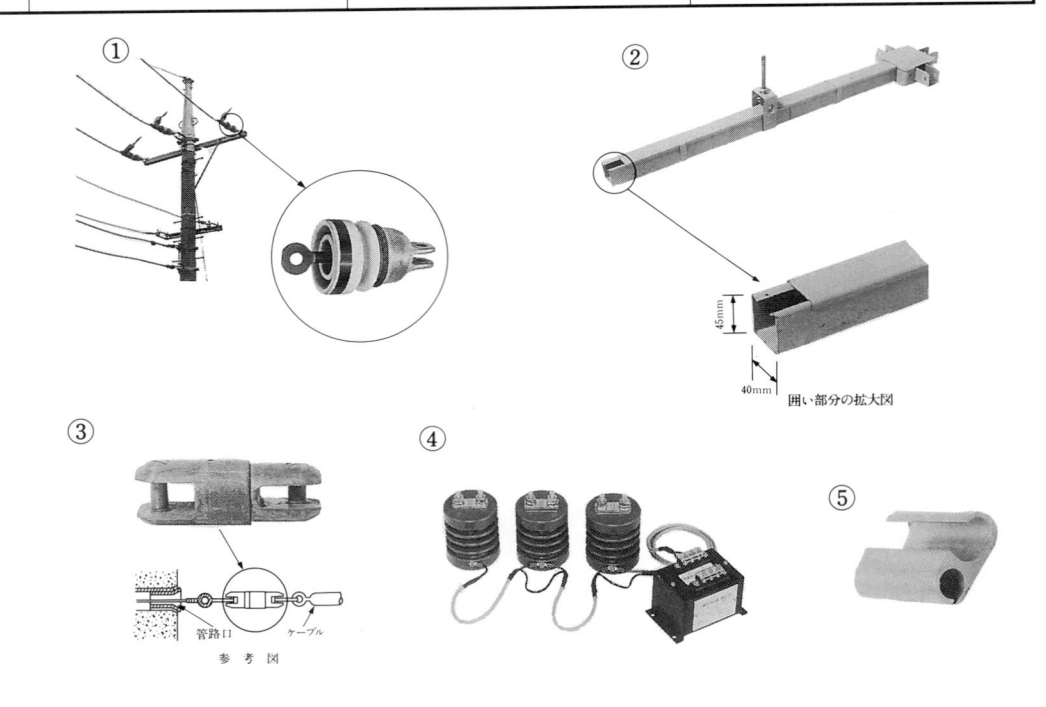

①

②

③ 参考図

④

⑤

6	写真⑥に示す品物の用途は。	(イ)	高圧配電線を補強する。	(ロ)	高圧配電線の振動を防止する。
		(ハ)	高圧配電線に一次的に装着して感電等の事故を防止する。	(ニ)	高圧配電線の腐食を防止する。
7	写真⑦に示す品物の矢印で示す部分の用途は。	(イ)	雷による異常電圧・電流を大地に逃がす。	(ロ)	負荷が単相回路か三相回路かによって切り替える。
		(ハ)	低圧側の電圧を適正値に調整する。	(ニ)	変圧器に過負荷電流を遮断する。
8	写真⑧に示す品物の矢印で示す部分を使用して測定するものは。	(イ) 電流	(ロ) 電圧	(ハ) 照度	(ニ) 周波数
9	写真⑨の矢印で示す部分の目的は。	(イ)	異常電圧からコンデンサを保護する。	(ロ)	コンデンサに流入する高調波を吸収する。
		(ハ)	コンデンサの内部短絡時の事故電流を遮断する。	(ニ)	コンデンサの開放時に残留電荷を放電する。
10	写真⑩に示す品物の矢印で示す電線の接続先は。	(イ)	分電盤の金属製外箱	(ロ)	接地線
		(ハ)	電流計（mA）	(ニ)	分電盤内の負荷側の中性線導体

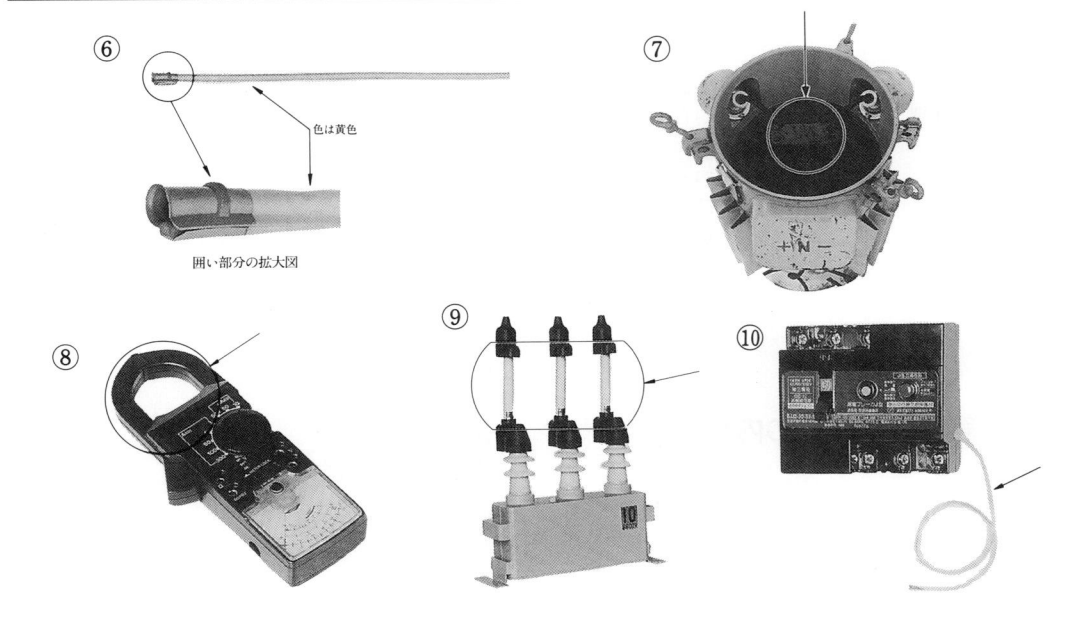

⑥ 色は黄色
囲い部分の拡大図

⑦

⑧

⑨

⑩

第12章 技能試験

12・1 技能試験の内容

技能試験は筆記試験の合格者と筆記試験を免除された者に対して，次に掲げる事項の全部または一部について行なわれます．

① 電線の接続
② 配線工事
③ 電気機器，蓄電池および配線器具の配置
④ 電気機器，蓄電池，配線器具ならびに電気工事用の材料および工具の使用方法
⑤ コードおよびキャブタイヤケーブルの取付け
⑥ 接地工事
⑦ 電流，電圧，電力および電気抵抗の測定
⑧ 自家用電気工作物の検査
⑨ 自家用電気工作物の操作および故障箇所の修理

技能試験の出題形式は，下記に示す内容で行われます．

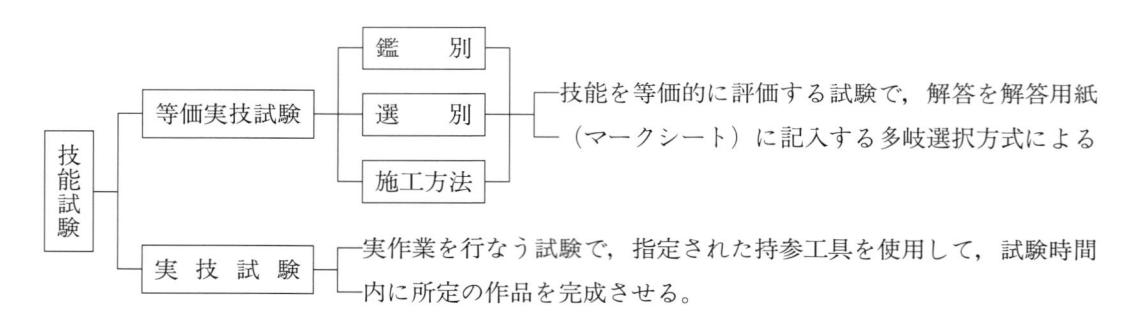

```
技能試験 ─┬─ 等価実技試験 ─┬─ 鑑 別 ─┐
         │                ├─ 選 別 ─┤── 技能を等価的に評価する試験で，解答を解答用紙
         │                └─ 施工方法 ─┘   （マークシート）に記入する多岐選択方式による
         └─ 実 技 試 験 ──── 実作業を行なう試験で，指定された持参工具を使用して，試験時間
                              内に所定の作品を完成させる．
```

〔1〕 等価実技試験の内容

等価実技試験の出題内容を表12・1に示す．

表 12・1

問題	問題内容	問題数	試験時間
鑑別	高圧受電設備に施設する機器や計器および高低圧配線工事を施工するときに必要な工具材料等の品物を写真で示し，その名称，用途，使用目的等を問う。	10	1時間30分
選別	高圧受電設備の単線結線図又は電動機の制御回路を示し，その施工に必要な機器，材料，工具等を別に用意された「機器材料等選別写真」から選別する。	10	
施工方法等	高圧電線路から需要家構内柱を経由して高圧受電設備に至る電線の見取図や高圧設備の機器配置図，結線図等を示し，図中の機器，材料等の施工方法，使用方法等を問う。 高圧受電設備の試験回路，試験用機器の配置図等を示し，結線方法，試験方法等を問う。 低圧電気設備の施工図(平面図)を示し，その施工方法，使用材料等を問う。	20	

(2) 実技試験の内容

実技試験の過去の出題内容を表 12・2 に示す。

表 12・2

問題	電気回路	配線工事
1	電灯（引掛ローゼット）の点滅回路 （タイムスイッチ・自動点滅器による） 他の負荷への電源送り回路	ビニル外装ケーブル工事 金属管工事
2	三相誘導電動機の正転逆転運転回路 （三極双投型ナイフスイッチによる） 電源表示用電灯回路	ビニル外装ケーブル工事
3	高圧母線より分岐した計器用変圧器による電圧測定回路	高圧母線工事（IV）計器用変圧器の一次側（KIP），二次側（IV）配線

(a) 指定工具

①ペンチ ②ドライバ（プラス，マイナス） ③ナイフ ④スケール

⑤ウォーターポンププライヤ ⑥リングスリーブ用圧着工具

(b) 試験時間

45分〜55分間程度で実施される。

12・2 受験上及び答案用紙記入上の注意事項

1．等価実技試験受験上の注意事項

(1) 机の上に座席票が貼ってありますから，あなたの席かどうか確認し，間違えないように注意して下さい。

また，座席票の記載内容に，誤り，変更等があれば，座席票の変更内容欄に正しいものを記入して下さい。

(2) 机の上に出してよいものは，**受験票，鉛筆，鉛筆削り，プラスチック消しゴム，時計**（電卓機能及び通信機能のないもの）に限ります。

(3) **電子式卓上計算機（電卓）及び計算尺の使用は認められません。**

(4) **通信機能のある機器**（ポケットベル，移動電話，通信機器のある時計等）**は，使用できません。**

2．答案用紙記入上の注意事項

　この試験は電子計算機で採点を行なうので，答案用紙に記入する際には，記入する方法を間違えないように特に注意することが必要です。以下に答案用紙記入上の注意事項を記しましたので，よく読んで十分理解しておいて下さい。

(1) 筆記用具は，**濃度 HB の黒鉛筆**を使用し，記入を訂正する場合は，**プラスチック消しゴム**で消して下さい。また，消しくずは残さないようにして下さい。

(2) マークに当たっては，次の良い例にならって記入して下さい。

　　　（マーク記入例）

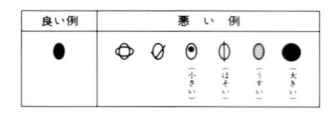

(3) 答案用紙には**受験番号，氏名，生年月日，試験地**を必ず記入することになっています。特に**受験番号は正しくマーク**しているか受験票と照合して確認して下さい。

　　　（受験番号記入例）　　受験番号　2110379 E の場合

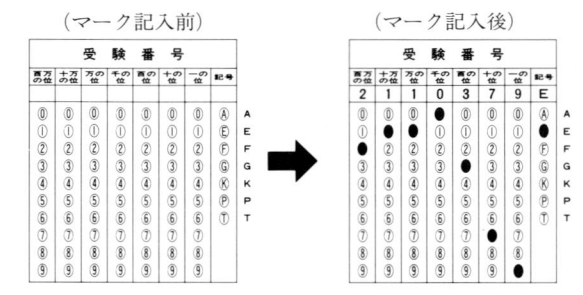

　　　（マーク記入前）　　　　　　　　　（マーク記入後）

(4) 問題の解答については，次の例にならって答案用紙の解答欄の符号にマークして下さい。

　　　（解答記入例）

問　い	答　え			
日本で一番人口の多い都道府県は。	イ．北海道	ロ．東京都	ハ．大阪府	ニ．沖縄県

　　　正解は「ロ」ですから，答案用紙には，

　　　（マーク記入前）　　　　　　　（マーク記入後）

のように正解と思う選択肢符号の枠内をマークして下さい。（枠内を濃く完全に塗りつぶして下さい）

(5) 試験は，多肢選択式で，**正解は，1問につき1つだけ**です。従って，1問につき2つ以上選択した場合には，その問については零点となります。

(6) 記入欄以外の余白及び裏面には，何も記入しないで下さい。

(7) 答案用紙は，折り曲げたり汚したりしないで下さい。

　　以上の記入方法の指示に従わない場合には採点されませんので，特に注意して下さい。

便利で役立つ暗算法

付録

われわれが，日常または試験場において計算問題を解く場合，いかに早く，そして正確に計算するかが問題を解く場合のポイントである。

例えば，試験場等で問題を解くとき，計算に時間がかかり過ぎて他の問題の解答をあせったため，間違いが多かったという例は少なくない。従って，これらの計算を，より早く，かつ正確に解く方法を知っていれば，あらゆるときに役立つと思う。このことから，常識として知っておきたい暗算的解法を以下に述べて参考に供したので試験場等で役立ててほしい。

〔1〕 ある数を5倍，25倍，125倍する場合などの解き方

5の倍数の掛け算を暗算で行なう場合は，次のよう表せることを頭に入れておく。

$$5=\frac{10}{2} \qquad 25=\frac{100}{4} \qquad 125=\frac{1\,000}{8}$$

故に，ある数 □ に，5，25，125を掛けるときは，次のように表すことができる。

$$□×5=□×\frac{10}{2}, \qquad □×25=□×\frac{100}{4},$$

$$□×125=□×\frac{1\,000}{8}$$

したがって，ある数を5倍するときは，その数を2で割って10倍する。例えば，

$$82×5=\frac{82}{2}×10=410 \qquad 68×5=\frac{68}{2}×10=340$$

同様に，ある数を25倍するときは，その数を4で割って100倍する。例えば，

$$64×25=\frac{64}{4}×100=1\,600 \qquad 82×25=\frac{82}{4}×100=2\,050$$

また，ある数を125倍するときは，その数を8で割って1 000倍する。例えば，

$$64×125=\frac{64}{8}×1\,000=8\,000 \qquad 36×125=\frac{36}{8}×1\,000=4\,500$$

〔2〕 ある数を1/5倍，1/25倍する場合などの解き方

前記〔1〕項と逆数の関係にあるから，ある数 □ を5，25，125で割るときは次のように表すことができる。

$$\boxed{} \times \frac{1}{5} = \boxed{} \times \frac{2}{10} \qquad \boxed{} \times \frac{1}{25} = \boxed{} \times \frac{4}{100}$$

$$\boxed{} \times \frac{1}{125} = \boxed{} \times \frac{8}{1\,000}$$

したがって，ある数を5で割るときは，その数を2倍して10で割る。例えば，

$$24 \times \frac{1}{5} = \frac{24 \times 2}{10} = 4.8, \qquad 36 \times \frac{1}{5} = \frac{36 \times 2}{10} = 7.2$$

同様に，ある数を25で割るときは，その数を4倍して100で割る。例えば，

$$55 \times \frac{1}{25} = \frac{55 \times 4}{100} = 2.2, \qquad 350 \times \frac{1}{25} = \frac{350 \times 4}{100} = 14$$

(3)　15^2，25^2 など2乗する場合などの解き方

2ケタの累乗計算（2乗計算）で，1の位が5の場合にかぎり，10の位をAとすれば，2乗計算は次のような計算式で求めることができる。

$$A(A+1) \times 100 + 25$$

例えば，15^2 を計算する場合は，上式に $A=1$ を代入すればよい。したがって，

$$15^2 = 1 \times (1+1) \times 100 + 25 = 200 + 25 = 225$$

同様に，$25^2 \sim 95^2$ までは，$A=2 \sim A=9$ を上式に代入して計算すれば，それぞれ次のようになる。

$$25^2 = 2 \times 3 \times 100 + 25 = 600 + 25 = 625$$
$$35^2 = 3 \times 4 \times 100 + 25 = 1\,200 + 25 = 1\,225$$
$$45^2 = 4 \times 5 \times 100 + 25 = 2\,000 + 25 = 2\,025$$
$$55^2 = 5 \times 6 \times 100 + 25 = 3\,000 + 25 = 3\,025$$
$$65^2 = 6 \times 7 \times 100 + 25 = 4\,200 + 25 = 4\,225$$
$$75^2 = 7 \times 8 \times 100 + 25 = 5\,600 + 25 = 5\,625$$
$$85^2 = 8 \times 9 \times 100 + 25 = 7\,200 + 25 = 7\,225$$
$$95^2 = 9 \times 10 \times 100 + 25 = 9\,000 + 25 = 9\,025$$

> 一般的な式で説明してみると，
> $$(10A+5)^2 = 100A^2 + 2 \times 10A \times 5 + 25 = 100A^2 + 100A + 25$$
> $$= 100A(A+1) + 25 \quad \text{となり，}$$
> 100の位は $A(A+1)$，残りは25を加えるだけでよいのである。

〔4〕 簡単に解ける電気関係の計算法

(1) 三角形の場合

(a) 三辺の比が 5：4：3 の場合

この三角形を応用した計算例はたくさんあるが，三辺の比が 5：4：3 であることを見抜くかどうかで，大いに時間を損するかどうか，また，間違いも少なくできるか否かが，かかっている。

$\cos\theta = \dfrac{4}{5} = 0.8$

$\sin\theta = \dfrac{3}{5} = 0.6$

$\tan\theta = \dfrac{3}{4} = 0.75$

図 1

(b) 三辺の比が 5：3：4 の場合

三角形の三辺の比が，5：4：3 または 5：3：4 の割合は，力率改善用のコンデンサの容量計算に一番多く用いられる例である。

図 2 から分かるように，$\cos\theta_1 = 0.6$，$\cos\theta_2 = 0.8$ であるから，例えば，力率 60％ の負荷を 80％ に改善するためには図中の C に相当するコンデンサ容量を設置しなければならない。

図の大きい方（力率改善前）も 5：3：4，小さい方（力率改善後）もまた，5：4：3 で共通の部分（負荷電力）を 12 とおくと，それぞれの辺は □ の中の数になる。したがって，改善に要するコンデンサ容量（C）は，

$$C = 16 - 9 = 7$$

となり，負荷電力 12 に対して 7/12 だけ必要なことがわかる。

例えば，360 kW の負荷で，力率 60％ から 80％ に改善するためには，いくらのコンデンサ容量が必要だろうか。

図 3 から，$C = 480 - 270 = 210$〔kVA〕

図 2

図 3

となる。また，図 2 の要領で解くと負荷 300 kW の $\dfrac{7}{12}$ すなわち，$360 \times \dfrac{7}{12} = 210$ となり，図 3 から求めた場合と一致することがわかる。

(2) 三相交流の場合

三相交流の場合，必ずといってよいほど計算は $\sqrt{3}$ がでてくる。$\sqrt{3}$ の計算は，計算方法によって大分時間がかかり，かつ間違いやすいので，この計算では次のような点に注意するとよい。

① 計算で $\sqrt{3}$ 倍するときは最後に計算する（開平する）ことである。最初に計算すると数字が複雑になり，最後まで苦労する。

② 計算で $\dfrac{1}{\sqrt{3}}$ 倍するときは，$\dfrac{1}{\sqrt{3}} = \dfrac{\sqrt{3}}{3}$ であるから，$\dfrac{\sqrt{3}}{3}$ として計算し，後は①に従って計算する。ただし，次に示すような電流計算のときを除く。

③ 三相交流の負荷電流を求める場合

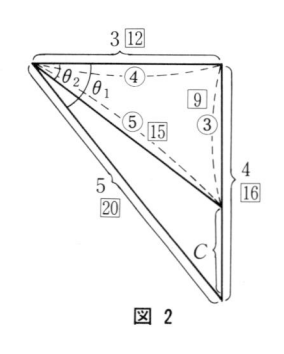

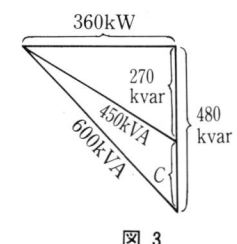

$$I = \frac{W}{\sqrt{3}\,V \cos\theta}$$

の式から算定する場合に分母が非常に簡単な数になるときがある。

例えば，$V=3.2\,\mathrm{kV}$，$\cos\theta=0.9$ のときを計算してみる。

$\sqrt{3}\times 3.2 \times 0.9 \fallingdotseq 5$ となり，電力 W を5で割っただけで電流 I が算定できるのである。

また電圧が，$6.4\,\mathrm{kW}$ 力率が90%のときには，$\sqrt{3}\times 6.4 \times 0.9 \fallingdotseq 10$

となり，電力の1/10が電流となる。ただし，電流の単位は，電力 W が〔kW〕のときは〔A〕，電力 W が〔W〕のときは，〔mA〕となる。

このように $\sqrt{3}\,V\cos\theta$ が5または10となる場合を表にすると次表のようになる。

力率〔%〕($\cos\theta$)	電圧〔kV〕	$\sqrt{3}\,V\cos\theta$〔kV〕	電圧〔kV〕	$\sqrt{3}\,V\cos\theta$〔kV〕
100	2.9	5	5.8	10
96	3.0	5	6.0	10
94.5	3.05	5	6.1	10
93	3.1	5	6.2	10
91.5	3.15	5	6.3	10
90	3.2	5	6.4	10
88.8	3.25	5	6.5	10
87.5	3.3	5	6.6	10

これを参考にして電圧が $30\,\mathrm{kV}$ では $\sqrt{3}\,V\cos\theta$ は50，$60\,\mathrm{kV}$ では，100，$150\,\mathrm{kV}$ では250となる。概算を出すときから，その他で計算したものを検算するときに活用するとよいと思う。また，実際にこれを記憶しておけば，受験または職場で大いに役立つことは必至である。

章末問題の解答

付録

第 1 章問題の解答

問題 1　(ニ)　　問題 2　(ニ)　　問題 3　(ニ)　　問題 4　(ハ)　　問題 5　(ロ)　　問題 6　(ロ)
問題 7　(イ)　　問題 8　(イ)　　問題 9　(イ)　　問題 10　(ニ)　　問題 11　(ロ)　　問題 12　(ロ)
問題 13　(ロ)　　問題 14　(ハ)　　問題 15　(ハ)　　問題 16　(イ)　　問題 17　(ロ)　　問題 18　(ハ)
問題 19　(ロ)　　問題 20　(イ)　　問題 21　(イ)　　問題 22　(ロ)　　問題 23　(イ)　　問題 24　(イ)
問題 25　(ハ)　　問題 26　(ロ)　　問題 27　(ロ)　　問題 28　(ロ)　　問題 29　(ハ)　　問題 30　(ハ)
問題 31　(イ)

第 2 章問題の解答

問題 1　(ニ)　　問題 2　(イ)　　問題 3　(ニ)　　問題 4　(ロ)　　問題 5　(ニ)　　問題 6　(ロ)
問題 7　(ロ)　　問題 8　(ハ)　　問題 9　(ハ)　　問題 10　(イ)　　問題 11　(ハ)　　問題 12　(ハ)
問題 13　(イ)　　問題 14　(ハ)　　問題 15　(ニ)

第 3 章問題の解答

問題 1　(イ)　　問題 2　(イ)　　問題 3　(ハ)　　問題 4　(ロ)　　問題 5　(ニ)
問題 6　光束, 20, 短　　問題 7　(ハ)　　問題 8　(ニ)　　問題 9　(ニ)　　問題 10　(ハ)

第 4 章問題の解答

問題 1　(イ)　　問題 2　(ハ)　　問題 3　(ニ)　　問題 4　(イ)　　問題 5　(イ)　　問題 6　(ニ)
問題 7　(ハ)　　問題 8　(ロ)　　問題 9　(ハ)　　問題 10　(ニ)　　問題 11　(イ)　　問題 12　(ハ)

第 5 章問題の解答

問題 1　(ニ)　　問題 2　(ロ)　　問題 3　(ハ)　　問題 4　(ロ)　　問題 5　(ハ)　　問題 6　(ロ)
問題 7　(ニ)　　問題 8　(ロ)　　問題 9　(イ)　　問題 10　(ロ)

第 6 章問題の解答

問題 1　(イ)　　問題 2　(ハ)　　問題 3　(ニ)　　問題 4　(ニ)　　問題 5　(イ)　　問題 6　(イ)
問題 7　(イ)　　問題 8　(ニ)　　問題 9　(イ)　　問題 10　(ロ)　　問題 11　(ハ)　　問題 12　(ハ)
問題 13　(ロ)　　問題 14　(ロ)　　問題 15　(ロ)　　問題 16　(ニ)　　問題 17　(ロ)　　問題 18　(ロ)

第7章問題の解答

問題1

1 (イ)　2 (ハ)　3 (イ)　4 (ニ)　5 (ハ)　6 (イ)　7 (ロ)　8 (ロ)
9 (ニ)　10 (イ)

問題2

1 (ロ)　2 (イ)　3 (イ)　4 (ハ)　5 (ニ)

第8章問題の解答

問題1 (イ)　問題2 (ロ)　問題3 (イ)　問題4 (ニ)　問題5 (イ)　問題6 (ハ)
問題7 (ニ)　問題8 (ロ)　問題9 (ロ)　問題10 (ニ)　問題11 (ロ)　問題12 (イ)
問題13 (ニ)　問題14 (ニ)　問題15 (ニ)　問題16 (ニ)　問題17 (ハ)　問題18 (イ)
問題19 (ニ)

第9章問題の解答

問題1 (ニ)　問題2 (ニ)　問題3 (ハ)　問題4 (ロ)　問題5 (ロ)　問題6 (ハ)

第10章問題の解答

問題1 (ロ)　問題2 (ニ)　問題3 (ハ)　問題4 (ロ)　問題5 (ロ)　問題6 (ニ)
問題7 (ハ)

第11章問題の解答

問題1 (ニ)　問題2 (ニ)　問題3 (イ)　問題4 (ロ)　問題5 (ニ)　問題6 (ハ)
問題7 (ハ)　問題8 (イ)　問題9 (ハ)　問題10 (ロ)

〈執筆者紹介〉

三橋 純（みつはし じゅん）	東京電力(株) 東電学園高等部
千木良 賢（ちぎら まさる）	東京電力(株) 東電学園高等部
藤巻 輝之（ふじまき てるゆき）	東京電力(株) 東電学園高等部
五戸 敬士（ごと けいじ）	東京電力(株) 東電学園高等部

第一種電気工事士テキスト　第3版

1998年 1月10日 第1版1刷発行	編 者　東電学園高等部
2000年 6月10日 第2版1刷発行	発行者　学校法人　東京電機大学
2003年 7月20日 第3版1刷発行	代表者　丸山孝一郎
	発行所　東京電機大学出版局
	〒101-8457
	東京都千代田区神田錦町2-2
	振替口座　00160-5-71715
	電話（03）5280-3433（営業）
	（03）5280-3422（編集）

印刷　三立工芸㈱
製本　渡辺製本㈱
装丁　高橋壮一

Ⓒ Tokyo Denki University Press
2003
Printed in Japan

＊無断で転載することを禁じます。
＊落丁・乱丁本はお取替えいたします。

ISBN 4-501-11120-8　C3054

電気工学図書

合格精選320題
電験三種問題集

山本忠勝 著
B6判 324頁

過去の出題傾向を分析して，表ページに問題，裏ページに解答および解説を掲載。ポケット判でどこでも学習可能。受験前の総まとめ・弱点克服に最適。

電気設備技術基準
審査基準・解釈

東京電機大学 編
B6判 458頁

電気設備技術基準およびその解釈を読みやすく編集。関連する電気事業法・電気工事士法・電気工事業法を併載し，現場技術者および電気を学ぶ学生にわかりやすいと評判。

基礎テキスト
電気理論

間邊幸三郎 著
B5判 224頁

電気の基礎である電磁気について，電界・電位・静電容量・磁気・電流から電磁誘導までを，例題や練習問題を多く取り入れやさしく解説。

基礎テキスト
電気・電子計測

三好正二 著
B5判 256頁

初級技術者や高専・大学・電験受験者のテキストとして，基礎理論から実務に役立つ応用計測技術までを解説。

基礎テキスト
電気応用と情報技術

前田隆文 著
B5判 192頁

照明，電熱，電動力応用，電気加工，電気化学，自動制御，メカトロニクス，情報処理，情報伝送について，広範囲にわたり基礎理論を詳しく解説。

第一種電気工事士テキスト
第2版

電気工事士試験受験研究会 編
B5判 288頁

今までに出題された問題の傾向を十分に検討し，基礎理論から鑑別の写真までを体系的にまとめてあるので，学校の教科書や独学で学ぶ人に最適である。

電気法規と電気施設管理

竹野正二 著
A5判 320頁

電気関係の法令に重点をおき，大学生から高校生まで理解できるようにやさしく解説。電気施設管理は，高専や短大の学生及び電験第二種受験者が習得しておかなければならない基本的な事項をまとめた。

基礎テキスト
回路理論

間邊幸三郎 著
B5判 274頁

直流回路・交流回路の基礎から三相回路・過渡現象までを平易に解説。難解な数式の展開をさけ，内容の理解に重点を置いた。

基礎テキスト
発送配電・材料

前田隆文/吉野利広/田中政直 共著
B5判 296頁

発電・変電・送電・配電等の電力部門および電気材料部門を，基礎に重点をおきながら，最新の内容を取り入れてまとめた。

理工学講座
基礎　電気・電子工学　第2版

宮入庄太/磯部直吉/前田明志 監修
A5判 306頁 2色刷

電気・電子技術全般を理解できるように編集した。大学理工学部の基礎課程のテキストに最適。2色刷

＊定価，図書目録のお問い合わせ・ご要望は出版局までお願い致します．

第一種電気工事士の資格取得手続の流れ

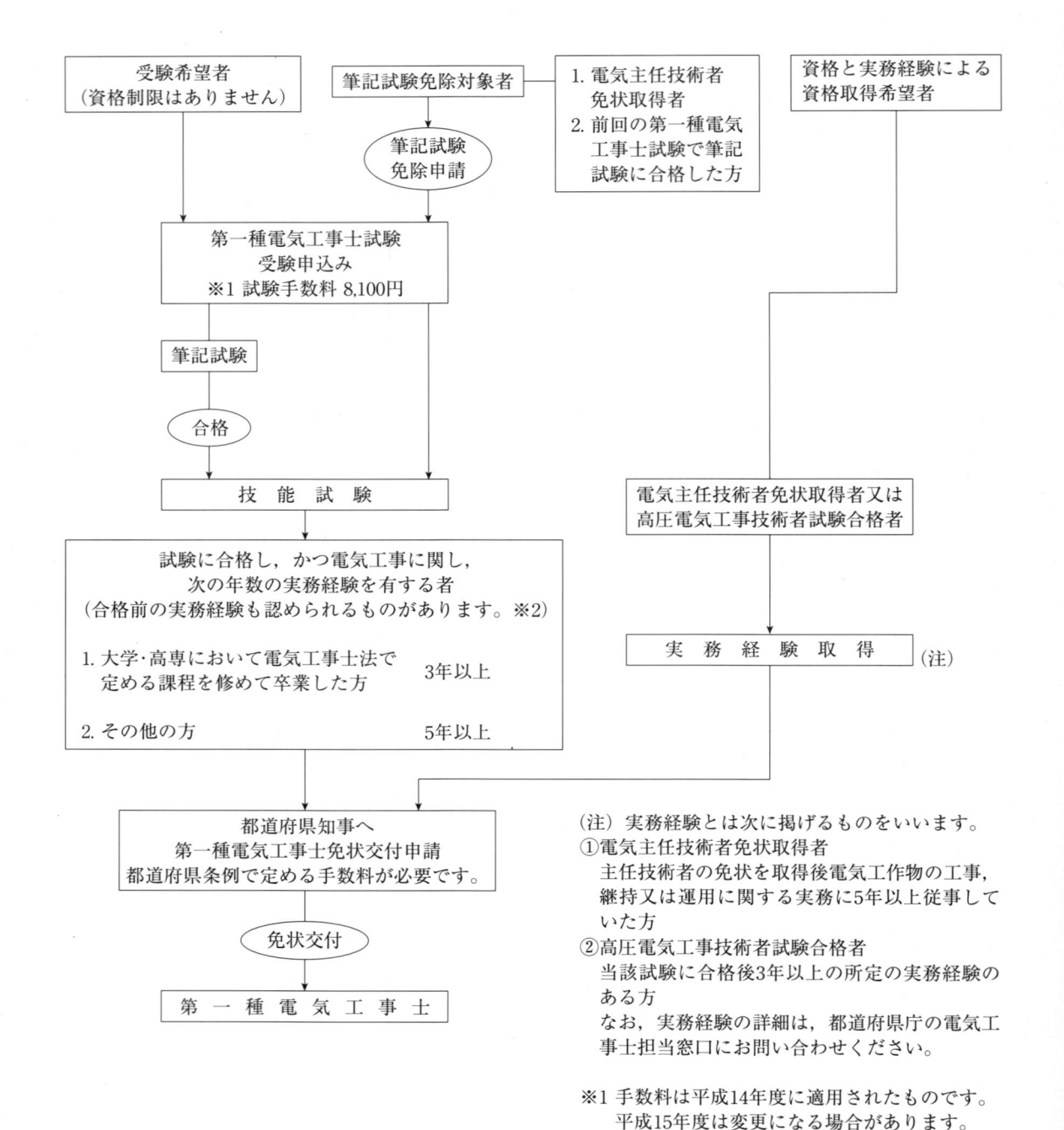

```
┌──────────────┐   ┌──────────────┐  ┌──────────────────┐    ┌──────────────────┐
│  受験希望者   │   │筆記試験免除  │  │1. 電気主任技術者 │    │資格と実務経験による│
│(資格制限は    │   │対象者        │──│   免状取得者     │    │資格取得希望者     │
│ありません)    │   │              │  │2. 前回の第一種電気│    │                  │
└──────┬───────┘   └──────┬───────┘  │   工事士試験で筆記│    └─────────┬────────┘
       │                  │          │   試験に合格した方│              │
       │              ┌───▼────┐     └──────────────────┘              │
       │              │筆記試験 │                                      │
       │              │免除申請 │                                      │
       │              └───┬────┘                                       │
       ▼                  │                                            │
┌──────────────────────┐  │                                            │
│第一種電気工事士試験   │  │                                            │
│受験申込み             │◄─┘                                            │
│※1 試験手数料 8,100円 │                                               │
└──────┬───────────────┘                                               │
       │                                                               │
   ┌───▼────┐                                                          │
   │筆記試験 │                                                          │
   └───┬────┘                                                          │
     ( 合格 )                                                           │
       │                                                               │
   ┌───▼──────────┐                                                    │
   │  技 能 試 験  │◄───────────────────────────┐                      │
   └───┬──────────┘                             │                      │
       │                                ┌──────┴──────────────┐        │
       ▼                                │電気主任技術者免状取得│        │
┌─────────────────────────────────┐    │者又は高圧電気工事技術│        │
│試験に合格し,かつ電気工事に関し,│    │者試験合格者          │        │
│次の年数の実務経験を有する者     │    └──────────┬──────────┘        │
│(合格前の実務経験も認められる    │               │                    │
│ものがあります。※2)              │               ▼                    │
│                                 │    ┌─────────────────────┐        │
│1. 大学・高専において電気工事士  │    │  実 務 経 験 取 得  │(注)    │
│   法で定める課程を修めて卒業    │    └──────────┬──────────┘        │
│   した方          3年以上       │               │                    │
│2. その他の方      5年以上       │               │                    │
└──────────────┬──────────────────┘               │                    │
               │                                  │                    │
               ▼                                  │                    │
┌──────────────────────────────┐                 │                    │
│都道府県知事へ                │◄────────────────┴────────────────────┘
│第一種電気工事士免状交付申請   │
│都道府県条例で定める手数料が   │
│必要です。                    │
└──────────────┬───────────────┘
           ┌───▼────┐
           │免状交付 │
           └───┬────┘
               ▼
      ┌────────────────────┐
      │第 一 種 電 気 工 事 士│
      └────────────────────┘
```

(注)実務経験とは次に掲げるものをいいます。
①電気主任技術者免状取得者
　主任技術者の免状を取得後電気工作物の工事,継持又は運用に関する実務に5年以上従事していた方
②高圧電気工事技術者試験合格者
　当該試験に合格後3年以上の所定の実務経験のある方
　なお,実務経験の詳細は,都道府県庁の電気工事士担当窓口にお問い合わせください。

※1 手数料は平成14年度に適用されたものです。平成15年度は変更になる場合があります。
※2 詳しくは,都道府県の担当窓口にお問い合わせください。